BIBLIOTHÈQUE DU CULTIVATEUR

PUBLIÉE

AVEC LE CONCOURS DU MINISTRE DE L'AGRICULTURE

COMPTABILITÉ ET GÉOMÉTRIE AGRICOLES

CALCULS, BARÈME, POIDS ET MESURES, ARPENTAGE, CUBAGE, LEVÉ DES PLANS

PAR LEFOUR

INSPECTEUR GÉNÉRAL DE L'AGRICULTURE

DEUXIÈME ÉDITION

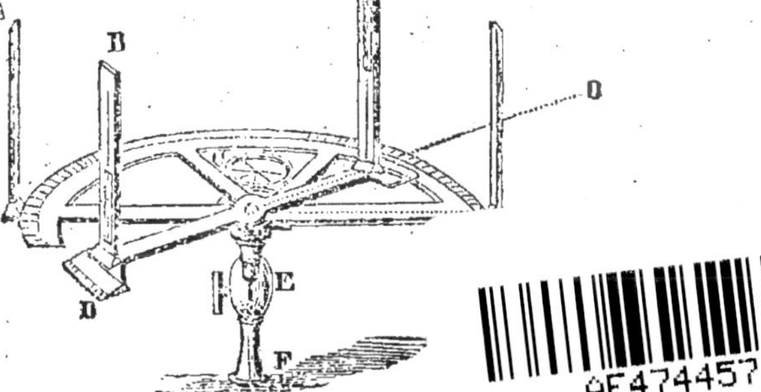

PARIS
LIBRAIRIE AGRICOLE DE LA MAISON RUSTIQUE
26, RUE JACOB, 26

COMPTABILITÉ ET GÉOMÉTRIE

AGRICOLES

MONTEREAU. — IMPRIMERIE DE LÉON ZANOTE.

BIBLIOTHÈQUE DU CULTIVATEUR

PUBLIÉE

AVEC LE CONCOURS DU MINISTRE DE L'AGRICULTURE

COMPTABILITÉ ET GÉOMÉTRIE AGRICOLES

CALCULS ET BARÊMES, SYSTÈME MÉTRIQUE
COMPTABILITÉ
ARPENTAGE, CUBAGE, NIVELLEMENT ET LEVÉ DES PLANS

PAR LEFOUR

INSPECTEUR GÉNÉRAL DE L'AGRICULTURE

DEUXIÈME ÉDITION

PARIS
LIBRAIRIE AGRICOLE DE LA MAISON RUSTIQUE
26, RUE JACOB, 26

1864

COMPTABILITÉ ET GÉOMÉTRIE AGRICOLES

PREMIÈRE PARTIE

CALCULS ET DONNÉES NUMÉRIQUES

CHAPITRE PREMIER. — CALCUL DÉCIMAL.

§ 1er. — *Système décimal.*

Dans un nombre écrit, les chiffres, à partir du premier à gauche, expriment des quantités de dix en dix fois plus petites à mesure qu'ils occupent une place plus éloignée sur la droite. De ce principe résulte une propriété très-importante du système décimal, c'est que si on divise successivement l'unité en parties de dix en dix fois plus petites, ces parties, qu'on nomme fractions décimales ou simplement décimales, peuvent s'énoncer et s'écrire de la même manière que les unités et à leur suite; seulement, pour distinguer le nombre fractionnaire du nombre entier, on est convenu de placer une virgule entre l'unité et le premier chiffre décimal; ainsi 25,2 exprime 25 unités 2 dixièmes.

Lorsque dans le nombre il n'y a pas d'unité, on la remplace par un zéro : ainsi 2 dixièmes s'écrivent 0,2. On remplace également par des zéros les différents ordres de décimales manquant à droite de la virgule, il faut un zéro par chaque ordre de décimales manquant; on écrit trois centièmes, 0,03; quatre millioniémes, 0,000004.

On ne change pas la valeur d'un nombre décimal en écrivant ou en supprimant des zéros à sa droite; 0,2500 ou 0,25 ont la même valeur.

Pour lire un nombre décimal, on énonce d'abord la partie entière, s'il en existe, puis la partie décimale, comme si c'était un nombre entier, mais en indiquant l'ordre décimal.

3,8 s'énonce : 3 unités 8 dixièmes.
44,15 — 44 unités 15 centièmes.
0,06 — 6 centièmes.
7,054 — 7 unités, 54 millièmes.
0,0015 — 15 dix-millièmes.
0,16842 — 16842 cent millièmes.
0,004352 — 4352 millioniémes.

On pourrait lire un nombre décimal de plusieurs autres manières;

ainsi 2,154 s'énonce 2 unités 154 millièmes, on dirait encore 2 unités 1 dixième 5 centièmes 4 millièmes, mais la première méthode est plus usitée.

Le tableau suivant présente l'ordre et les rapports des chiffres décimaux :

0,1	dixième.
0,02	centièmes.
0,003	millièmes.
0,0004	dix-millièmes.
0,00005	cent millièmes.
0,000006	millionièmes.
0,0000007	dix-millionièmes.
0,00000008	cent millionièmes.
0,000000009	billionièmes.

On multiplie ou on divise un nombre décimal par 10, 100, 1000..., en déplaçant la virgule et la reportant de 1, 2, 3... rangs vers la droite s'il s'agit de multiplier ou vers la gauche si on doit diviser le nombre.

Si le nombre des chiffres ne permet pas ce transport de la virgule, on le rend possible en ajoutant des zéros à la droite du dernier chiffre décimal ou à la gauche de la partie entière, par exemple : 67,25 × 1000 = 67251, et 59,635 : 10000 = 0,00599635.

§ II. — *Opérations sur les nombres décimaux.*

L'addition des nombres décimaux se fait de la même manière que celle des nombres entiers ; seulement on sépare, à l'aide d'une virgule, à la droite du résultat, autant de chiffres qu'il y a de décimales dans celui des nombres additionnés qui en a le plus. *Exemple.*

```
182
  4,32
  0,43
  0,021
-------
186,771
```

La **soustraction** des nombres décimaux se fait également comme celle des nombres entiers : si les deux nombres n'ont pas le même nombre de chiffres décimaux, on y supplée par des zéros qu'on ajoute à celui qui en a le moins.

Exemple. Soit à soustraire 18,215 de 21,3. On dispose ainsi l'opération :

```
21,300
18,315
------
 2,985
```

Si, au lieu d'être décimal, le plus grand nombre était entier, on opérerait de même. Soit 0,045 à soustraire de 1215, on aura :

$$1215,000 - 0,045 = 1214,955.$$

La multiplication des nombres décimaux s'effectue en faisant le produit des nombres donnés sans tenir compte de la virgule : mais après l'opération on sépare, par une virgule sur la droite, autant de décimales qu'il y en a dans les deux facteurs. Soit à multiplier 23,41 par 9,34. On a pour produit 218,6494.

Si le produit n'avait pas assez de chiffres pour qu'on put séparer le nombre de chiffres décimaux, on suppléerait par des ZÉROS placés à sa gauche. Ainsi $0,449 \times 0,024 = 0,010776$.

Division. Pour diviser deux nombres décimaux l'un par l'autre, on les ramène à avoir le même nombre de chiffres après la virgule en ajoutant, s'il le faut, des zéros à la droite de l'un deux, puis, en faisant abstraction de la virgule, on opère la division des nombres ainsi obtenus.

Soit, par exemple, 0,36 à diviser par 0,045 : on posera :

0,360	0,045
00	8

Preuve. $0,045 \times 8 = 0,360$.

CHAPITRE II. — FRACTIONS ORDINAIRES.

§ Ier. — *Nature et valeur des fractions.*

On entend par *fraction* une quantité plus petite que l'unité.

On écrit une fraction à l'aide de deux chiffres placés l'un au-dessus de l'autre et séparés par un trait. Ainsi : $\frac{5}{7}$ signifie cinq septièmes. Le chiffre inférieur se nomme *dénominateur*, parce qu'il indique en combien de parties l'unité est divisée. Le chiffre supérieur se nomme *numérateur*, parce qu'il indique combien on prend de ces parties.

Pour énoncer une fraction, on énonce d'abord le *numérateur*, ensuite le *dénominateur*; mais on ajoute au nom de celui-ci la terminaison *ième*. Par exemple, pour énoncer $\frac{7}{20}$, on prononcera *sept vingtièmes*; pour énoncer $\frac{4}{5}$, on prononcera *quatre cinquièmes*.

Il faut seulement excepter de la terminaison générale les fractions dont le dénominateur est 2 ou 3, ou 4, qui se prononce *moitié* ou *demie*, *tiers*, *quart*. Ainsi ces fractions $\frac{1}{2}$, $\frac{2}{3}$, $\frac{3}{4}$ se prononceraient *un demi*, *deux tiers*, *trois quarts*.

La valeur de la fraction dépend du rapport entre eux des chiffres du numérateur et du dénominateur. Si le dénominateur égale le numérateur, la fraction égale l'unité $\frac{2}{2} = 1$.

Si le numérateur est plus grand que le dénominateur, la fraction est plus grande que l'unité : $\frac{5}{4} = 1\frac{1}{4}$.

Si le numérateur est plus petit que le dénominateur, la fraction est plus petite que l'unité : $\frac{4}{5} = 1 - \frac{1}{5}$.

Plus le numérateur d'une fraction est grand, le dénominateur restant le même, plus la fraction a de valeur, et *vice-versâ :* ainsi $\frac{4}{5}$ a plus de valeur que $\frac{3}{5}$.

Plus le dénominateur est grand, le numérateur restant le même, plus la valeur de la fraction est petite : $\frac{6}{12}$ a moins de valeur que $\frac{6}{9}$.

De là les conséquences qui suivent :

En multipliant le numérateur par un certain nombre, on rend la fraction ce nombre de fois plus grande. Exemple : La fraction $\frac{35}{6}$ est 7 fois plus grande que $\frac{5}{6}$.

En multipliant le dénominateur par un certain nombre, on rend la fraction un même nombre de fois plus petite. Exemple : $\frac{5}{42}$ est une fraction 7 fois plus petite que $\frac{5}{6}$.

En divisant le numérateur par un nombre quelconque, on rend la fraction un même nombre de fois plus petite. Exemple : $\frac{4 : 2}{10} = \frac{2}{10}$.

En divisant le dénominateur par un nombre quelconque, on rend la fraction un même nombre de fois plus grande. Ex.. $\frac{4}{12 : 2} = \frac{4}{6}$.

On ne change pas la valeur d'une fraction en multipliant ou divisant les deux termes par le même nombre.

§ II. — *Simplifications et réductions des fractions.*

On opère sur les fractions les mêmes calculs que sur les nombres entiers ; mais, avant de les soumettre à ces calculs et pour simplifier ces opérations, on fait subir aux fractions diverses transformations ou réductions.

Les principales consistent :

1° A réduire des entiers, ou des entiers et des fractions réunis, en fractions ;

2° A réduire ou transformer la fraction en entiers ;

3° A réduire les fractions à leur plus simple expression ;

4° A réduire les fractions au même dénominateur ;

5° A transformer une fraction ordinaire en fraction décimale, ou une fraction décimale en fraction ordinaire.

Pour *réduire un entier en fraction*, on multiplie ce nombre par le dénominateur qu'on a choisi, et sous ce produit on écrit le dénominateur, soit, par exemple, 24 unités à réduire en cinquièmes, on a

$$24 = \frac{24 \times 5}{5} = \frac{120}{5}.$$

Si l'entier est accompagné d'une fraction, on procède de la même manière, ainsi

$$7+\frac{3}{4}=\frac{7\times 4}{4}+\frac{3}{4}=\frac{31}{4}.$$

Pour extraire les entiers contenus dans un nombre fractionnaire, on divise le numérateur par le dénominateur, et à la partie entière du quotient on ajoute une fraction ayant pour numérateur le reste de la division, et pour dénominateur celui des nombres fractionnaires.

$$\text{Ainsi } \frac{38}{9}=4+\frac{2}{9}.$$

On *réduit une fraction à sa plus simple expression* en réduisant les deux termes aux nombres les plus petits possibles; on juge ainsi plus facilement la grandeur de la fraction; on apprécie mieux, en effet, $\frac{8}{28}$ que $\frac{344}{1204}$, bien que ces deux fractions soient équivalentes.

On peut arriver à ce résultat de deux manières différentes: 1° en supprimant les facteurs communs au numérateur et au dénominateur à mesure qu'on les aperçoit 2° en cherchant le plus grand commun diviseur des deux termes de la fraction, et en les divisant par ce plus grand commun diviseur.

Mais il est essentiel d'abord de connaître les principaux caractères de divisibilité des nombres. Voici quelques-uns de ces caractères :

Tout nombre est divisible par 2 lorsque son dernier chiffre est un chiffre pair ou un 0.

Tout nombre dont la somme des chiffres, ajoutés ensemble comme les unités simples égale 3 ou un *multiple* de 3, sera divisible par 3.

Par exemple : 54231 est divisible par 3, parce que les chiffres, 5, 4, 2, 3, 1 font 15, qui est 5 fois 3.

La même chose a lieu pour le nombre 9 quand les chiffres ajoutés ensemble font 9 ou un multiple de 9.

Tout nombre est divisible par 4 lorsque le nombre exprimé par ses deux derniers chiffres de droite est divisible par 4 : Ainsi 1564 est divisible par 4, parce que 64 est divisible par 4.

Tout nombre terminé par un 5 ou par un zéro est divisible par 5. Tout nombre, terminé par deux zéros ou par 25, est divisible par 25; il est évidemment divisible par 10, 100, 1000, etc., quand il est terminé par un, deux, trois zéros.

Tout nombre est divisible par 6 lorsqu'il est pair et que la somme de ses chiffres est divisible par 3.

Tout nombre est divisible par 8 lorsque ses trois derniers chiffres à droite forment un nombre divisible par 8 ou se composent de trois zéros.

On appelle *nombre premier* tout nombre qui ne peut être divisé exactement que par lui-même. Ainsi, 1, 3, 5, 7, 11, etc., sont des nombres premiers.

Pour trouver le plus grand commun diviseur de deux nombres, 86 et 384 par exemple, voici le procédé employé : divisez le plus grand nombre par le plus petit, celui-ci par le reste 24 de la division, le premier reste 24 par le second 12 et le second par le troisième, et ainsi de suite jusqu'à ce que la division se fasse sans reste. Le dernier diviseur est alors le plus grand commun diviseur demandé.

Pour *réduire deux fractions au même dénominateur*, on multiplie les deux termes de la première par le dénominateur de la seconde, et les deux termes de la seconde par le dénominateur de la première. Soit $\frac{3}{4}$ et $\frac{4}{5}$ à réduire au même dénominateur. $\frac{3 \times 5}{4 \times 5} = \frac{15}{20}$ et $\frac{4 \times 4}{5 \times 4} = \frac{16}{20}$. $\frac{15}{20}$ et $\frac{16}{20}$ sont deux fractions équivalentes à $\frac{3}{4}$ et $\frac{4}{5}$.

Si les nombre des fractions à réduire est plus considérable, on multiplie les deux termes de chaque fraction par le produit des dénominateurs de toutes les autres. Soit $\frac{1}{5}$, $\frac{4}{8}$, $\frac{2}{4}$, $\frac{1}{2}$ à réduire au même dénominateur. Commençant par la première fraction à gauche, on fait le produit des dénominateurs des trois autres fractions $5 \times 4 \times 2 = 40$, et on multiplie par ce nombre les deux termes de cette fraction $\frac{1}{5}$; on obtient $\frac{40}{120}$. On exécute la même opération sur la seconde fraction $\frac{4}{8}$, dont on multiplie les deux termes par le produit des dénominateurs $3 \times 4 \times 2 = 24$, et on a $\frac{96}{120}$. En opérant de même sur les deux autres fractions, on arrive à convertir les fractions $\frac{1}{5}$, $\frac{4}{8}$, $\frac{2}{4}$, $\frac{1}{2}$ en $\frac{40}{120}$, $\frac{96}{120}$, $\frac{30}{120}$, $\frac{60}{120}$.

§ III. — *Opérations sur les fractions.*

Addition. Si les fractions ont le même dénominateur, on ajoutera tous les numérateurs et l'on donnera à la somme le dénominateur commun de ces fractions. Ainsi, pour additionner $\frac{2}{7}$, $\frac{3}{7}$, $\frac{5}{7}$, j'ajoute les numérateurs 2, 3, 5, et j'ai par conséquent $\frac{10}{7}$ que je réduis à $1\ \frac{3}{7}$.

Si les fractions n'ont pas le même dénominateur, on commencera par les y réduire d'après ce qui a été enseigné, après quoi on ajoutera ces nouvelles fractions de la manière qui vient d'être prescrite. Ainsi on propose d'ajouter $\frac{3}{4}$, $\frac{2}{3}$, $\frac{4}{5}$; je change ces trois fractions en trois autres $\frac{45}{60}$, $\frac{40}{60}$, $\frac{48}{60}$, dont la somme est $\frac{133}{60}$ qui se réduit à $2\ \frac{13}{60}$.

Soustraction. Si les deux fractions proposées ont le même dénominateur, on retranchera le numérateur de l'une du numérateur de l'autre, et l'on donnera au reste le dénominateur commun de ces deux fractions. S'il est question de retrancher $\frac{5}{9}$ de $\frac{8}{9}$, le reste sera $\frac{3}{9}$ qui se réduit à $\frac{1}{3}$.

Si de $9\ \frac{5}{8}$ on voulait retrancher $4\ \frac{7}{8}$, comme on ne peut ôter $\frac{7}{8}$ de $\frac{5}{8}$, on emprunterait sur 9 une unité, laquelle, réduite en huitièmes et ajoutée à $\frac{5}{8}$ ferait $\frac{13}{8}$, desquels, ôtant $\frac{7}{8}$, il resterait $\frac{6}{8}$; ôtant ensuite 4 de 8 qui restent après l'emprunt, il resterait en tout $4\frac{6}{8}$ ou $4\frac{3}{4}$.

Si les fractions n'ont pas le même dénominateur, on les réduira; après quoi on fera la soustraction comme il vient d'être dit. Ainsi, pour ôter $\frac{2}{3}$ de $\frac{3}{4}$, je change ces fractions en $\frac{8}{12}$ et $\frac{9}{12}$, et, retranchant 8 de 9, il me reste $\frac{1}{12}$.

Multiplication. Pour multiplier une fraction par un nombre entier, ou un nombre entier par une fraction, il faut, dans les deux cas, multiplier le numérateur par l'entier sans changer le dénominateur; ainsi $\frac{2}{7} \times 4 = \frac{2 \times 4}{7} = \frac{8}{7}$, et $4 \times \frac{2}{7} = \frac{4 \times 2}{7} = \frac{8}{7}$.

Pour multiplier une fraction par une fraction, il faut multiplier le numérateur de l'une par le numérateur de l'autre, et le dénominateur par le dénominateur. Par exemple, pour multiplier $\frac{2}{3}$ par $\frac{4}{5}$, on multipliera 2 par 4, ce qui donnera 8 pour numérateur; multipliant pareillement 3 par 5, on aura 15 pour dénominateur, et par conséquent $\frac{8}{15}$ pour le produit.

Division. Pour diviser une fraction par un nombre entier, on multiplie le dénominateur par le nombre entier sans toucher au numérateur; exemple : $\frac{5}{7}$ divisé par $4 = \frac{5}{7 \times 4} = \frac{5}{28}$.

Pour diviser un nombre entier par une fraction, on multiplie le nombre entier par la fraction-diviseur renversée; soit : 4 à diviser par $\frac{5}{7}$, on a $\frac{7 \times 4}{5} = \frac{28}{5} = 5\frac{3}{5}$.

Pour diviser une fraction par une fraction, on multiplie la fraction-dividende par la fraction-diviseur renversée. Exemple : $\frac{7}{8}$ à diviser par $\frac{6}{9} = \frac{7 \times 9}{8 \times 6} = \frac{63}{48}$.

§ IV. — *Conversion des fractions ordinaires en fractions décimales.*

Cette réduction a une très-grande importance; le calcul des fractions décimales étant, comme on l'a vu, beaucoup plus simple.

Pour convertir une fraction ordinaire en fraction décimale, on divise le numérateur par le dénominateur. En effet, soit $\frac{4}{5}$ à convertir en fraction décimale; les $\frac{4}{5}$ de l'unité étant la même chose que le quart de 5 unités, je divise 4 par 5.

$$\begin{array}{r|l} 4{,}0 & 5 \\ \hline & 0{,}8 \end{array}$$

Il arrive souvent que la division ne s'arrête pas; dans ce cas on pousse l'approximation autant qu'il est nécessaire, et on complète, si l'on veut, le quotient à l'aide des fractions ordinaires.

Ainsi $\frac{5}{7} = 0{,}714\ldots$ Si on ne veut le résultat qu'à moins d'un centième près, on prendra 0,71. On pousse l'approximation à un millième, en prenant 0,714; à un dix-millième avec 0,7142, etc. L'ordre du

chiffre qui termine la fraction indique le degré d'approximation de la fraction.

Les fractions ordinaires qui ne peuvent pas être converties exactement en fractions décimales se nomment fractions périodiques, parce qu'après un certain nombre de chiffres posés au quotient, si on continue la division, la même série de chiffres se reproduit, comme on le verrait en continuant la division dans l'exemple ci-dessus.

Pour convertir une fraction décimale en une fraction ordinaire, il suffit d'écrire comme dénominateur le nombre décimal, abstraction faite de la virgule, et pour numérateur 1, suivi d'autant de zéros qu'il y avait de chiffres décimaux ; ainsi 0,34 s'écrit $\frac{34}{100}$ 3,5 s'écrit $\frac{35}{10}$.

TABLE DE FRACTIONS ORDINAIRES RÉDUITES EN FRACTIONS DÉCIMALES DE 1/2 A 1/99.

1/2	0,5000	1/35	0,0285...	1/68	0,0147...
1/3	0,3333...	1/36	0,0277...	1/69	0.0144...
1/4	0,2500	1/37	0,0270...	1/70	0,0142...
1/5	0,2000	1/38	0,026 ...	1/71	0,0140...
1/6	0,1666...	1/39	0,0256...	1/72	0,0138...
1/7	0,14 8	1/40	0,0250	1/73	0,0136...
1/8	0,1250	1/41	0,02439...	1/74	0,0135...
1/9	0,1111	1/42	0,0238 ..	1/75	0,0133...
1/10	0,1000	1/43	0,02327...	1/76	0,0131...
1/11	0,0909...	1/44	0.0227...	1/77	0,01298...
1/12	0,0833...	1/45	0 0222...	1/78	0,0128...
1/13	0,0769...	1/46	0,0217...	1/79	0,0126 ..
1/14	0,0714..	1/47	0,02127...	1/80	0,0125...
1/15	0,0666...	1/48	0,0208...	1/81	0,0123...
1/16	0,0625	1/49	0,0204...	1/82	0,0121...
1/17	0,0588...	1/50	0,0200	1/83	0,0120...
1/18	0,0555...	1/51	0,0196...	1/84	0,01 9...
1/19	9,0526...	1/52	0,0192...	1/85	0,0118...
1/20	0,0500	1/53	0,01883...	1/86	0, 116...
1/21	0,0476...	1/54	0,0185...	1/87	0,0114...
1/22	0,0455...	1/55	0,0181...	1/88	0,0113...
1/23	0,04348 ..	1/56	0,0178...	1/89	0,0112...
1/24	0,04166...	1/57	0,0175...	1/90	0,0111...
1/25	0.4000	1/58	0,0172. .	1/91	0,01099 ..
1/26	0,0384...	1/59	0,0169...	1/92	0,01082...
1/27	0,0370...	1/60	0,0166 ..	1/93	0,0107...
1/28	0,0357...	1/61	0,0163...	1/94	0,0106...
1/29	0,0344...	1/62	0,0161...	1/95	0,0105...
1/30	0,0333...	1/63	0,01 8...	1/96	0,0104...
1/31	0,0322...	1/64	0,0156...	1/97	0,0163...
1/32	0,0312 ..	1/65	0,0153...	1/98	0,0102...
1/33	0,0303...	1/66	0,0151...	1/99	0,0101...
1/34	0,0294...	1/67	0,0149...	1/100	0,0100...

Fractions de fractions. Il arrive souvent dans le calcul qu'on arrive à des subdivisions de fractions, ou autres fractions ; ainsi, un nombre peut représenter les $\frac{4}{5}$ de $\frac{1}{3}$. Pour opérer sur des quantités de cette espèce, on réduit d'abord la fraction de fraction à une fraction simple, en multipliant les deux termes de la fraction de fraction par les deux termes de la fraction qu'elle subdivise; on a ainsi $\frac{4 \cdot 1}{3 \times 5} = \frac{4}{15}$, et on opère sur la fraction réduite les opérations d'addition, soustraction, etc., qu'il s'agit d'effectuer.

Il est évident, en effet, que les quatre cinquièmes d'une moitié sont les quatre dixièmes du tout.

CHAPITRE III. — NOMBRES COMPLEXES.

On appelle nombres complexes, par opposition aux nombres décimaux, les nombres qui se subdivisent en d'autres nombres ou *parties aliquotes* dont la sous-division n'est pas assujettie au système décimal. Il y a deux unités de mesure encore usitées en France qui rentrent dans cette catégorie : l'une sert de base à la division du *temps*, l'autre à celle de la *circonférence.*

Le jour, temps pendant lequel la terre fait sa révolution sur elle-même, se divise en 24 heures, l'heure en 60 minutes, la minute en 60 secondes.

La circonférence a été divisée en 360 degrés, le degré en 60 minutes, la minute en 60 secondes, la seconde en 60 tierces.

On écrit les nombres complexes en séparant les subdivisions de l'unité et en indiquant par une lettre la nature de chaque unité. Ainsi 3 jours 4 heures 10 minutes s'écriraient : $3^j\ 4^h\ 10^m$.

Les quatre opérations de l'arithmétique s'effectuent sur les nombres complexes d'après un procédé beaucoup moins simple que celui de la numération décimale. Les occasions qui peuvent se présenter pour le cultivateur d'avoir recours à ces calculs sont si rares qu'il nous paraît superflu de consacrer de longs développements à cette méthode. Dans les cas peu fréquents où se trouveront des nombres complexes, on pourra les ramener aux calculs des fractions ordinaires ou décimales de la manière suivante :

Addition. Soit un calcul sur le temps et ses sous-multiples; on veut faire la somme de :

jours	heures	minutes
2	5	18
10	7	40
5	14	28

On fait séparément la somme des jours, des heures, des minutes; on obtient 86 minutes, 27 heures, 17 jours. Or, 86 minutes = $\frac{86}{60}$ d'heure, ou 1^h 26^m, 27 heures = $\frac{27}{24}$ de jour, ou 1 jour 3 heures. On a donc, en dernier résultat, 17 jours + 1 jour = 18 jours, 3 heures + 1 heure = 4 heures; on a de plus 26 minutes. Somme totale, 18^j 4^h 26^m.

Soustraction. Soit à soustraire 3^j 21^h 15^m de 8^j 18^h 40^m. On réduit chacun des deux nombres en unités du dernier ordre, en minutes. A cet effet, on multiplie les jours par 24 × 60 ou 1440, et les heures par 60. On obtient ainsi 5595 minutes à soustraire de 12640. 12640 — 5595 = 7045.

Reste 7045 minutes. On revient aux jours en divisant par 1440, et aux heures en divisant par 60.

Multiplication. Si, au lieu d'une soustraction, on avait à opérer une multiplication sur les mêmes nombres, 3^j 21^h 15^m à multiplier par 8^j 18^h 40^m, on comprend qu'on aurait à faire la même réduction; puis, au lieu de faire une soustraction, on multiplierait 12640 par 5595. 12640 × 5595 = 70720800.

On retrouverait les jours en divisant par 1440, et les heures en divisant par 60.

Division. Si on a bien compris ce qui précède, la division n'offrira pas plus de difficultés que les opérations précédentes. Un attelage a fait en 5 heures 43 minutes 32 kilomètres, combien emploie-t-il de temps par kilomètre? 5^h 43^m = 5 × 60 + 43 = 343 minutes. On a donc 343 minutes à diviser par 32, résultat 10^m, $\frac{23}{32}$. On aurait pu obtenir plus de précision en divisant les minutes en secondes. Un cheval fait 8 kilomètres à l'heure, on demande quelle est sa vitesse par seconde. La question se réduit à diviser 8000 mètres par 3600 secondes.

Les monnaies et les mesures étrangères peuvent encore fournir une occasion de calculs de nombres complexes.

CHAPITRE IV. — RÈGLES DE TROIS ET PROPORTIONS.

On nomme règle de trois une opération très-fréquente en arithmétique, à l'aide de laquelle, connaissant trois nombres de quatre qui sont entre eux dans un certain rapport, on trouve le quatrième.

Par exemple, quatre attelages ont labouré 25 hectares, on demande combien d'hectares laboureront 8 attelages de même force et travaillant le même nombre d'heures.

On résout les problèmes de cette espèce par deux méthodes, l'une appelée méthode des *proportions*, l'autre méthode de la réduction à l'unité.

§ 1er. — *Proportions.*

Lorsque, dans quatre quantités comparées entre elles, le rapport des deux premières est égal au rapport des deux dernières, ces quatre quantités forment une proportion.

De même qu'il y a deux sortes de rapports, le rapport par différence et le rapport par quotient, il y a encore deux sortes de proportions, la proportion par différence et la proportion par quotient.

Cette dernière espèce étant surtout employée en arithmétique, on lui conservera exclusivement le nom de proportion.

Les quatre quantités 3, 15, 4, 20 forment une proportion, parce que 3 est contenu dans 15 comme 4 l'est dans 20. Pour marquer qu'elles sont en proportion, on les écrit ainsi : 3 : 15 :: 4 : 20, c'est-à-dire qu'on sépare les deux termes de chaque rapport par deux points, et les deux rapports par quatre points. Les deux points signifient *est à*, et les quatre points signifient *comme*; de sorte qu'on dit : 3 *est à* 15 *comme* 4 *est à* 20.

Quand l'un des termes est inconnu, on le remplace par une lettre appartenant ordinairement aux dernières de l'alphabet : x, y, z.

Si, dans cette proportion, 20 était inconnu, on écrirait ainsi la proportion, 3 : 15 :: 4 : x.

Le premier et le dernier terme de la proportion se nomment les *extrêmes*; le deuxième et le troisième se nomment les *moyens*.

Comme il y a deux rapports, et par conséquent deux antécédents et deux conséquents, on dit, pour le premier rapport, *premier antécédent*, *premier conséquent*, et pour le second, *second antécédent*, *second conséquent*.

Quand les deux termes moyens d'une proportion sont égaux, la proportion se nomme proportion *continue*. La proportion 5 : 20 :: 20 : 80 est une proportion continue que, par abréviation, on écrit ainsi : ∺ 5 : 20 : 80. Dans ce cas, le produit du moyen par lui-même est égal au produit des deux extrêmes.

Si quatre quantités sont en proportion, elles y seront encore si l'on met les extrêmes à la place des moyens et les moyens à la place des extrêmes.

La proportion continuera également à subsister si on change les places des extrêmes et celles des moyens.

On peut, sans troubler une proportion, multiplier ou diviser les deux antécédents par le même nombre; il en est de même à l'égard des conséquents.

Mais la propriété fondamentale de la proportion consiste en ce que *le produit des extrêmes est égal à celui des moyens;* par exemple dans la proportion 3 : 15 :: 4 : 20, 3 × 20 = 60 et 15 × 4 = 60.

De cette propriété fondamentale de la proportion géométrique, il suit que, si, connaissant les trois premiers termes d'une proportion, on voulait déterminer le quatrième, il faudrait *multiplier le second par le troisième, et diviser le produit par le premier;* car il est évident qu'on aurait le quatrième terme en divisant le produit des deux extrêmes par le premier terme; or, ce produit est le même que celui des moyens; donc on aura aussi le quatrième terme si on divise le produit des moyens par le premier terme.

Ainsi, l'on demande quel serait le quatrième terme d'une proportion dont les trois premiers seraient 3 : 8 :: 12. Je multiplie 8 par 12, ce qui me donne 96 que je divise par 3; le quotient 32 est le quatrième terme demandé, en sorte que 3, 8, 12, 32 forment une proportion: en effet, le premier rapport est $\frac{3}{8}$, et le second est $\frac{12}{32}$ qui, en divisant les deux termes par 4, est aussi $\frac{3}{8}$.

Par un semblable raisonnement, on voit qu'on peut trouver tout autre terme de la proportion lorsqu'on en connaît trois.

Si le terme qu'on veut trouver est un des extrêmes, il faudra multiplier les deux moyens, et diviser par l'extrême connu. si, au contraire, on veut trouver un des moyens, il faudra multiplier les deux extrêmes, et diviser par le terme moyen connu.

On comprend dès lors comment on arrive par les proportions à résoudre les règles de trois. Mais pour qu'un problème puisse se résoudre à l'aide des proportions, *il faut que dans les trois nombres connus donnés pour en trouver un quatrième, il y en ait deux de même espèce et un troisième de la même nature que celui qu'on cherche.* On forme le premier rapport des deux nombres donnés de même nature et le deuxième rapport des deux autres en représentant le nombre inconnu par x. Les nombres ainsi disposés, on s'assure si x devient un certain nombre de fois plus grand ou plus petit que le nombre de même espèce, lorsque le nombre d'espèce différente correspondant à x devient également plus grand ou plus petit.

Exemple. 25 hectolitres de froment ont coûté 360 fr., combien coûteront 15 hectolitres du même grain? On voit de suite qu'il existe un rapport entre les 25 hectolitres de froment et les 360 fr. de la première partie de la proportion et les 15 hectolitres de froment et x fr de la deuxième. On peut donc établir une proportion entre ces deux nombres. Mais si, au lieu de ce problème, on énonçait celui ci: Si 25 hectolitres de froment ont coûté 360 fr., combien coûteront 15 hectolitres d'orge? le rapport serait rompu ; il n'y aurait plus de proportion.

Pour bien disposer la proportion, *écrivez le dernier rapport composé de deux nombres de même espèce, dont le second est l'inconnu, en lui donnant pour conséquent* x *de la manière suivante* : 360 *fr.* : x.

Examinez ensuite si, d'après l'état de la question, le dernier terme x *doit être plus grand ou plus petit que le terme précédent. S'il doit être plus petit, disposez les deux termes encore non écrits de manière que le plus petit de ces termes soit le conséquent multiplie l'avant-dernier, et que le plus grand le divise.* C'est le cas de la proportion ci-dessus ; on écrit alors :

$$\overset{\text{hect.}}{25} : \overset{\text{hect.}}{15} :: \overset{\text{fr.}}{360} : x;$$

$$\text{d'où } x = \frac{15 \times 360}{25} = 216.$$

Si le dernier terme x, au contraire, doit être plus grand que le conséquent, comme dans cette autre proportion : si 15 hectolitres de froment ont coûté 225 fr., combien coûteront 25 hectolitres ? *disposez les deux termes encore non écrits, de manière que le plus grand de ces termes soit le conséquent et multiplie l'avant-dernier, et que le plus petit le divise.* La proportion se pose ainsi, 15 : 225 :: 25 : x.

$$\text{d'où } x = \frac{25 \times 225}{15} = 374.$$

§ II. — *Règles de trois simple et composée.*

Le problème qu'on vient de résoudre appartient à la règle qu'on a nommée *règle de trois* et qu'on divise en plusieurs espèces. La règle de trois est *directe* quand des quatre quantités qui entrent dans l'énoncé de la question, les deux principales doivent se contenir l'une et l'autre dans le même ordre que les deux autres quantités. Cette règle se nomme *simple* quand l'énoncé des questions auxquelles on l'applique ne renferme jamais plus de quatre quantités dont trois sont connues et la quatrième à trouver.

40 ouvriers ont fait en un certain temps 268 mètres de fossés, on demande combien 60 en pourraient faire dans le même temps. Il y a similitude dans les espèces de chaque rapport, et proportion possible entre eux ; les deux rapports sont directs, puisque le nombre de mètres augmentera en raison directe du nombre des ouvriers. Suivant la règle ci-dessus, on écrit le rapport dont le terme cherché est le conséquent : 268 : x.

Puis, comme x devra être plus grand que 268, on donne le plus grand terme comme conséquent au premier rapport. On a, 40 : 60 :: 269 : x.

On peut simplifier en divisant les deux premiers termes par 20; alors la proportion se dispose ainsi :

$$2 : 3 :: 268 : x;$$

$$\text{d'où } x = \frac{268 \times 3}{2} = 402.$$

Les 60 ouvriers feraient donc 402 mètres de fossés.

La règle *de trois inverse et simple* diffère de la règle de trois directe, dont nous venons de parler, en ce que des quatre quantités qui entrent dans l'énoncé de la question pour laquelle on fait cette opération, les deux principales doivent se contenir l'une l'autre, dans un ordre inverse à celui des deux autres quantités qui leur sont relatives.

30 hommes ont fait un certain ouvrage en 25 jours; combien faudra-t-il d'hommes pour faire le même ouvrage en 10 jours? On voit qu'il faut, dans ce second cas, d'autant plus d'hommes que le nombre de jours est moindre, c'est-à-dire un nombre d'hommes en *raison inverse* de celui de jours; ainsi le nombre d'hommes cherché doit contenir le nombre de 30 hommes, autant que le nombre de 25 jours, relatif à ceux-ci, contient le nombre de 10 jours relatif à ceux-là. Il ne s'agit donc que de trouver le quatrième terme d'une proportion qui commencerait par ces trois-ci :

$$10^{j} : 25^{j} :: 30^{h} : x;$$

c'est-à dire de multiplier 30 par 25, et de diviser le produit 750 par 10, ce qui donne 75.

La règle de *trois composée* ne diffère de la règle de trois simple qu'en ce que le rapport de la quantité cherchée à la quantité de même espèce qui entre dans l'énoncé n'est pas donné par le rapport simple des deux autres quantités seulement, mais par plusieurs autres rapports qu'il s'agit de déterminer.

Exemple. 30 hommes ont fait 132 mètres d'ouvrage en 18 jours; combien 54 hommes en feront-ils en 28 jours?

On pourrait d'abord ne s'occuper que du rapport des nombres d'hommes, et poser la proportion suivante : 30 : 54 :: 132 : x; on trouve pour la valeur de x 237 mètres; et, en posant une deuxième proportion, 18 : 28 :: 237 : y, on en tire $y = 369$.

On peut encore se dispenser de calculer la valeur de x dans la première proportion, en raisonnant sur ce nombre comme s'il était connu; pour ce faire on désignerait par x l'inconnue de la première proportion, et par y l'inconnue de la deuxième. On dirait $30 : 132 :: 54 : x$, et $18 : 28 :: x : y$; multipliant ensuite chacun des termes l'un par l'autre, ce qui ne change pas le rapport, on aurait :

$$30 \times 18 : 132 \times 28 :: 54 \times x : x \times y.$$

On peut supprimer x dans les deux termes sans changer la proportion. Il reste alors la proportion simple, $30 \times 18 : 132 \times 28 : 54 : y$. D'où $y = 369$.

Dans la plupart des cas, on se dispense de ces combinaisons de proportions un peu compliquées, et on ramène la règle de trois *composée* à la règle de trois simple par un raisonnement facile : En effet, 30 hommes travaillant pendant 18 jours ne font autre chose que le travail de 18 fois 30 hommes en un jour ou 540 hommes; que 54 hommes travaillant pendant 28 jours font l'ouvrage de 28 fois 54 hommes ou 1512 hommes, ce qui nous ramène à la proportion ci-dessus : $30 \times 18 : 54 \times 28 :: 132 : x$.

§ III. — *Solution par la réduction à l'unité.*

La solution des problèmes de la règle de trois, par la réduction à l'unité, a quelque analogie avec ce dernier procédé. Soit en effet le problème suivant : 5 attelages ont labouré en 8 jours 15 hectares, on demande combien 3 attelages en laboureront en 12 jours. On voit qu'il y a dans la question trois rapports, dont chaque terme dépend du terme qui lui est corrélatif. Pour faire ressortir ces relations on les dispose ainsi :

1er rapport connu,	attelages	5 : 3
2e —	jours	8 : 12
3e rapport cherché,	hectares	15 : x.

Après avoir tiré une ligne horizontale, on écrit d'abord le premier chiffre ou rapport cherché 15, puis on raisonne ainsi : Si 5 attelages ont labouré 15 hectares, 1 attelage labourerait la cinquième partie de 15 hectares ; on divise

$$\frac{15 \times 3 \times 12}{5 \times 8} = \frac{3 \times 3 \times 6}{4} = 13,5$$

par le chiffre 5, qu'on pose au rang des dénominateurs. Si au lieu d'un attelage il y en avait trois, ils feraient trois fois plus d'ouvrage ; on multiplie par 3, en écrivant 3 au rang des numérateurs On continue, et, en passant au rapport des jours, on dit : si au lieu de 8 jours l'attelage ne labourait que 1 jour, il ne ferait que la huitième partie du travail ; on divise par 8. Enfin, si au lieu de 8 jours on travaillait 12 jours, on ferait 12 fois autant d'ouvrage ; il faut donc multiplier par 12. On simplifie les fractions comme on l'a indiqué (page 7), et on trouve que les trois attelages laboureraient 13 h. 50.

Pour vérifier l'opération on la pose de manière que l'un des termes connus dans la précédente opération devienne le terme cherché dans la seconde. Ainsi on pourra dire : si 5 attelages ont employé 8 jours à labourer 15 hectares, combien 3 attelages en emploieront-ils pour labourer 13^h 50. Posant le calcul comme dans l'opération précédente, on doit trouver 12 jours.

§ IV. — *Règles d'intérêt.*

L'intérêt est le loyer d'un capital argent. La loi a fixé le prix de ce loyer ; on ne peut excéder ce prix sans commettre le délit d'usure ; l'intérêt légal est de 5 % pour les prêts civils, de 6 pour les prêts commerciaux.

Lorsque l'intérêt s'ajoute au capital pour produire lui-même un intérêt, il est dit *intérêt composé.*

Les calculs auxquels donnent lieu les intérêts se résolvent facilement par les proportions et rentrent dans les règles de trois simples ou composées ; on en donnera seulement ici quelques exemples pour mieux faire saisir le mécanisme de la proportion ; nous appliquerons le même cas à plusieurs questions différentes. 1° Connaissant la somme et le taux d'intérêt, on demande le revenu. Combien 4500 fr. à 5 % donnent-ils d'intérêt ? $100 : 4500 :: 5 : x$.

$$x = \frac{4500 \times 5}{100} = 225.$$

2° Connaissant le taux d'intérêt et le revenu, on demande la somme. Quel capital représentent à 5 % 225 fr. de revenu ?

$$5 : 225 :: 100 : x,$$

$$x = \frac{225 \times 100}{5} = 4500.$$

3° Connaissant la somme et le revenu, on demande le taux d'intérêt. Si 4500 fr. ont produit par an 225 fr., quel est l'intérêt du capital ? $4500 : 100 :: 225 : x$, et $x = 5$.

4° Si, au lieu de l'intérêt d'une année, on voulait connaître celui de plusieurs années, il n'y a évidemment qu'à multiplier l'intérêt d'un an par le nombre d'années d'intérêt. On demande l'intérêt de 4500 fr. pendant trois ans : il suffit de changer la proportion ci-dessus $100 : 4{,}500 :: 5 : x$ en celle-ci : $100 : 4500 \times 3 :: 5 : x$, ou, en faisant la multiplication, $100 : 13500 :: 3 : x$; d'où $x = 675$. Si on connaissait l'intérêt, il n'y aurait évidemment qu'à multiplier par 3.

On dit quelquefois prêter *au denier* 15, 20, 25, ce qui signifie que le capital produit 1 fr. d'intérêt par 15, 20 ou 25 fr. Prêter au denier 20 n'est autre chose que prêter à 5 p. 100. Combien produisent 4,500 fr. au denier 20? La proportion suivante donne la solution de la question. 20 : 4500 :: 1 : x.

$$x = \frac{4500}{20} = 225.$$

Les questions relatives à la *rente* du sol se résolvent de la même manière. Exemple : Une terre de 35000 fr est louée sur le pied de 2 et demi % de sa valeur ; quel est son revenu? 100 : 35000 :: 2,5 : x.

$$x = \frac{35000 \times 2,5}{100} = 875.$$

On veut vendre une terre à 2 et demi, c'est-à-dire en retirer un prix tel qu'il représente le capital d'un revenu de 2 et demi p. 100. La terre rapporte 2525 fr.; combien devra-t-on la vendre? On pose la proportion suivante : 2,5 : 2525 :: 100 : x.

$$x = \frac{2525 \times 100}{2,5} = 101000.$$

Les questions *d'escompte* se rattachent à celles d'intérêt. On appelle escompte la remise d'intérêts qu'on consent à faire sur un billet dont on touche le montant avant son échéance. L'escompte est dit *en dehors* quand on retient seulement l'intérêt de la somme payée ; il est dit *en dedans* quand on prélève l'intérêt de toute la somme portée sur le billet. On calcule également l'escompte avec facilité à l'aide de proportions

On veut escompter un billet de 600 fr. à 45 jours, l'escompte étant à 6 % par an pris en dedans; on demande combien on recevra. On pose la proportion suivante : 100 × 360 : 600 × 45 :: 6 : x.

$$x = \frac{600 \times 6 \times 45}{100 \times 360} = \frac{45}{10} = 4,50.$$

On recevra donc 600 — 4 fr 50 c. = 595 fr. 50 c.

Il y a quelque analogie entre les questions d'escompte et celles que peut faire naître la bonification de 4 au cent ou 4 % accordée sur la livraison de certaines marchandises agricoles, il peut exister quelques différences dans le résultat, suivant le mode de prélèvement de cette bonification. Ainsi un fermier vend 416 moutons à 25 fr. ; il donne un escompte de 4 % ; il recevra 9984 fr. ; s'il eût donné comme 4 au 100 les 16 moutons en sus de 400, il aurait reçu 10,000 fr.

Il peut être utile pour le cultivateur de calculer les intérêts *composés* d'une somme qu'il avance en culture et qu'il doit retirer intégralement à la fin de son bail par des annuités successives. On indiquera plus loin quelques-uns de ces calculs à l'occasion des progressions. On trouve ces calculs faits dans les tables.

TABLES D'INTÉRÊTS.

Intérêts simples.

Le tableau suivant renferme le calcul des intérêts de 100 fr. par jour, depuis 1 jusqu'à 30 jours, sur quatre taux différents, le plus généralement appliqués ; il est facile avec les chiffres du tableau de recomposer l'intérêt à des taux différents. Par exemple : à 2 °/o, en divisant par 2 les chiffres de la colonne à 4 °/o ; à 3, en opérant de même à l'aide de la 4e colonne ; à 2 1/2 °/o ceux de la 3e. Nous ne donnons pas l'intérêt par mois, parce que le calcul par jour est généralement plus employé et plus régulier, et nous le rendons facile par la table.

Afin qu'on puisse obtenir une plus grande exactitude dans le calcul des jours d'intérêt lorsque le nombre est considérable, nous répétons ici la multiplication par jour avec quelques décimales de plus. Pour obtenir l'intérêt d'une somme quelconque, on la multipliera d'abord par le nombre de jours d'intérêts échus, puis par le chiffre suivant :

		Pour l'année de 360 j.	— de 365 j.			Pour l'année de 360 j.	— de 365.
à 2	°/o	0,55555	0,54794	à 5 1/2	°/o	1,52777	1,50678
à 2 1/2	»	0,69475	0,68493	à 6	»	1,66666	1,64282
à 3	»	0,83333	0,82191	à 6 1/2	»	1,80555	1,78080
à 3 1/2	»	0,97222	0,95890	à 7 1/2	»	2,08333	2,0547
à 4	»	1,11111	1,09589	à 8 1/2	»	2,36111	2,3285
à 4 1/2	»	1,25000	1,23287	à 9 1/2	»	2,63888	2,6027
à 5	»	1,3892	1,36986				

Ainsi 2,550 fr. à 5 °/o (année de 360) donnent pour l'intérêt de 35 jours 2550×35=89250, qui, multiplié par 1 c. 389=123986101, retranchant 4 chiffres décimaux qui représentent des fractions de centimes, il reste pour l'intérêt demandé 123 fr. 98 c. Le même intérêt, calculé par année de 365 jours, serait 122 fr. 35. Soit à escompter à 6 °/o (année de 360 jours) un billet de 250 fr. à 160 jours d'échéance, on multiplie 250 par 160, ce qui donne 40000, qui, multiplié par 1 c. 1666, chiffre de notre tableau, produit 6 fr. 66 c.

TABLEAU D'INTÉRÊTS SIMPLES

AU JOUR, AU MOIS, A L'ANNÉE.

JOURS.	A 3 1/2 °/o. ANNÉE DE		A 4 °/o. ANNÉE DE		A 4 1/2 °/o. ANNÉE DE		A 5 °/o. ANNÉE DE		A 6 °/o. ANNÉE DE	
	360	365	360	365	360	365	360	365	360	365
	centim.	centim.	centim.	centim.	centim.	centim.	centim.	centim.	centim.	centim
1	0.972	0,958	1,111	1.096	1,250	1,232	1.388	1,369	1.666	1.643
2	1.944	1,916	2.222	2,191	2,500	2,465	2 776	[illegible],739	3.332	3.287
3	2 902	2.876	3 3 3	3 287	3.750	3 693	4,164	4 109	4,998	4,931
4	3.874	3,834	4.441	4,383	5,000	4,931	5 552	5,479	6.664	6 575
5	4.860	4,794	5,555	5,479	6,250	6,164	6,940	6,849	8.330	8,219
6	5,832	5.753	6,666	6.575	7 500	7 397	8,328	8.219	9.996	9 863
7	6 804	6,712	7,777	7,671	8,7 0	8 630	9.716	9 589	11,662	11,506
8	7,776	7,671	8,888	8,767	10.000	9,863	11,104	10,958	13 328	13,150
9	8.758	8,630	9.999	9,863	11.270	11 095	12.49	12.328	14.994	14.794
10	9,723	9.589	11,110	10,958	12,500	12,328	13,880	13,698	16.6 0	16.438
11	10 694	10,547	12.221	12,054	13.750	13 561	15,[illegible]68	15,068	18,326	18,821
12	11,666	11.506	13,332	13,150	15,000	14.794	16,656	16,438	19.992	19.726
13	12,638	12,46	14,4 3	14,246	16,250	16 027	18,044	17,808	21 658	21,3 9
14	13,610	13,424	15,554	13 812	17.500	17,260	19 482	19,178	23,324	23 013
15	14.582	14 383	16.665	16,438	18,750	18.493	20.820	20,547	24,990	24 657
16	15.564	15,342	17.776	17,534	20,000	19,726	22,208	21.917	27.636	26,301
17	16.636	16,301	18.887	18 630	21,250	20 958	24,596	[illegible]3.287	29,322	27,945
18	17,508	17,260	19,998	19,726	22,500	22,191	24.984	24,657	3[illegible].988	29.589
19	18,480	18,219	20.009	20,821	23,750	23,414	26.372	26.0[illegible]7	32,654	31,232
20	19,444	19.178	22,220	2[illegible] 917	25.000	24,657	27,760	27,397	34.320	32 876
21	20,416	20 136	22,331	[illegible]3,013	26,250	25,890	29,148	28,767	35,986	34.520
22	21,498	21 095	24,442	24,109	27,500	27,123	30,536	30,136	37,652	3[illegible] 164
23	22,260	22.054	25 553	25,205	2 750	28.356	31,924	3[illegible],506	39,318	37,808
24	23.232	23 013	26,664	26 301	30,000	[illegible]9,589	33,312	32,876	40 984	[illegible]9,452
25	24.284	23.972	27.775	27 397	31,250	30 82	34 700	34.246	42,650	41.095
26	25.272	24,931	28.886	28,493	32,500	32,054	3[illegible],088	35,616	44,316	42 739
27	26,244	25.890	29,997	[illegible]9.588	33.750	33,287	37,476	36,986	45,982	44,385
28	27.216	26,849	31.108	30 684	35 000	34,520	38,864	3[illegible] 356	46,664	46 027
29	28,188	27,808	32.219	31.780	36.250	35,773	40.252	39,726	48,344	47 671
30	29,160	28.767	33.330	32.876	37,500	36,986	41.640	41,095	50,000	49 315
40	38,888	38.359	44,444	43,835	50,000	49,314	55,488	54,794	66,665	6[illegible],080
50	48.611	47,945	55,555	54.794	72.500	61,643	69.460	68,493	80 333	82,600
60	58,333	57,534	66.666	65.753	75,000	73,971	83 332	82.191	99,996	[illegible]9,120
70	6[illegible],955	69 123	77 777	76,423	[illegible]1,500	86,300	97,244	95,890	116.66	1[illegible]5,51
80	[illegible],777	76,712	88,888	87,671	100.00	98 629	111.32	109.58	1[illegible]3.33	138.16
90	[illegible]499	86,301	99.999	98,622	112 50	110,95	1[illegible]5,03	113 28	149 99	148.58
100	[illegible]222	95.890	111,111	109,58	1[illegible]5 00	1[illegible]3 [illegible]8	138,89	136,98	166.66	165 [illegible]0
200	19.444	19.178	222.22	219 17	250,00	246.57	277,78	[illegible]73 97	333.33	[illegible]30.40
300	29,166	28,767	333,33	[illegible] 0.76	375 0[illegible]	3[illegible]0 86	416,67	410,95	500 08	485 56
360	35,199	34,520	999,96	394,5[illegible]	450,00	443.83	500,00	493,12	600,00	591,78

Intérêts composés.

Parmi les questions qui se rattachent aux ***intérêts composés*** il en est deux sortes qui se présentent le plus fréquemment. Les unes sont relatives à la valeur qu'un capital peut acquérir ou perdre [illegible] suite de l'accumulation des intérêts composés ; les autres cherchent et les valeurs et le temps qui sont nécessaires pour acquitter une dette par des payements successifs en capital et intérêts, ce qu'on nomme *amortissement* ou *annuités.*

La valeur qu'une somme acquiert d'année en année par les intérêts accumulés, et les intérêts des intérêts, peut se calculer à l'aide des colonnes 1, 2, 3 du tableau suivant. On demande, par exemple, à quel chiffre s'élève une somme de 8420 fr. qu'on laisse placée pendant 25 ans sans toucher les intérêts, en stipulant que ces intérêts s'ajouteront tous les six mois au capital et produiront de nouveaux intérêts. On prend dans la 2e colonne du tableau les chiffres de la 15e année 20975 qu'on multiplie par 8420, somme placée. On obtient 17660f,9500. Autre exemple : on achète 30000 fr. une lande qu'on veut vendre au bout de huit ans, quel prix devra-t-on obtenir pour le capital et les intérets composés à 5 %. capitalisés seulement une fois par an? On multiplie 30,000 fr. par le chiffre 1,4775 trouvé à la 8e année de notre 3e colonne, et le produit 44325 fr. est le prix demandé, en tenant compte des intérêts capitalisés deux fois par an.

On peut demander au contraire quelle est la valeur actuelle d'une somme de 25000 fr., qui n'est remboursable que dans quinze ans, et qu'on suppose produire intérêt à 5 %, payable annuellement. Pour répondre à la question, prenez dans la 3e colonne le chiffre de la 15e année et divisez par ce chiffre la somme de 25,000 fr. Vous aurez pour quotient 2,322 fr.

Annuités. Les trois dernières colonnes sont destinées à faciliter le calcul des annuités. Toutes trois sont établies dans l'hypothèse de l'intérêt à 5 %, toutefois la quatrième colonne suppose qu'il se capitalise tous les six mois, et la cinquième seulement tous les ans. La dernière colonne est destinée à faire connaître la rente qu'il faut payer pendant un nombre d'années pour amortir, capital et intérêts, une somme de 100 fr. Cette dernière colonne se comprend à la première vue ; on voit que si on veut amortir 100 fr. au bout de 22 ans, il faudra payer par an, intérêts à 5 %, compris, 7 fr. 95 c. Si la somme est de 1000, 2000 fr., etc., on recule la virgule de un, deux ou trois chiffres.

Revenons aux deux colonnes précédentes. 1° On met de côté par exemple *chaque année* 1 % de son revenu, soit 25 fr., qu'on accumule avec les intérêts capitalisés tous les six mois, quelle somme posséderait-on la douzième année? Prenez dans la quatrième colonne le chiffre correspondant à la douzième année, 16,783 et multipliez-le par 25 fr., montant de l'annuité, le produit donnera la somme capitalisée, soit 419 fr. 70 c.

Si, au contraire, on demandait en combien d'années on arriverait, avec une annuité de 25 fr. par an, à former un capital de 419 fr. 70 c., on diviserait ce capital par le chiffre d'annuité 25. On obtiendrait alors le chiffre 16,783, et, en cherchant dans la colonne 3, on trouverait le chiffre à la 12ᵉ année, ce qui indiquerait qu'il faut douze ans pour constituer ce capital. Le capital n'est pas toujours exactement formé avec l'année. Mais la différence en plus ou en moins est facile à savoir. On opère de même sur la 5ᵉ colonne, quand l'intérêt se capitalise seulement tous les ans. Pour les intérêts autres que 4 % et pour des périodes plus longues, nous renvoyons aux tables et preuves de MM. Pégrère, Picard, etc.

TABLE DES JOURS ÉCOULÉS ENTRE DEUX ÉPOQUES.

Cette table, que nous donnons page 25, utile dans une foule de circonstances, l'est particulièrement pour le calcul des intérêts.

On en comprendra l'usage à la première vue. Par exemple : on demande combien il y a de jours écoulés du 15 juin au 10 octobre, on voit que du 1ᵉʳ janvier au 15 juin il y a 166 jours, et du 1ᵉʳ janvier au 10 octobre 283; on déduit 166 de 283, reste 117 jours, ou 116 jours (le jour du terme n'étant pas compris). Si on demande le nombre de jours du 10 octobre au 20 février, on ajoute 83 jours restant à courir jusqu'au 1ᵉʳ janvier, et 51 jours du 1ᵉʳ janvier au 20 février, on a $83 + 51 = 134$ jours, ou 133 jours. Dans les années bissextiles on tient compte du jour excédant du mois de février.

Nombre (n.) d'années.	Valeur à la fin de (n.) années de 1 fr. et intérêts composés, à 5 o/o par an, capitalisés.		Annuité de 1 fr. avec intérêts composés à 5 o/o, capitalisés par moitié.		Rente nécessaire pour l'amortissement, capital et int. d'une somme de 100 f. pendant (n.) années.
	par semestre.	par année.	tous les semest.	tous les ans.	
1	2	3	4	5	6
1	1,0506	1,0500	1,0506	1.0500	
2	1,1036	1,1025	2,1544	2,1525	53,75556
3	1,1594	1,1576	3.3141	3,3101	36.70004
4	1,2184	1,2155	4,5322	4,5256	28.200[illegible]5
5	1,2800	1.2763	5.8126	5,8019	22,96800
6	1.3448	1.3401	7.1575	7,1420	19.71140
7	1,4129	1,4071	8,5704	8,5491	17,27796
8	1,4845	1,4775	10,054	10,0265	15,46419
9	1 5596	1,5513	11,614	11,5778	14 06601
10	1.6386	1,6289	13,253	13.2067	12,95055
11	1.7215	1,7103	14.974	14,9171	12.03669
12	1.8087	1,7959	16,783	16.7129	11,28247
13	1,9002	1 8857	18,683	18,5986	10.64647
14	1,9964	1,9799	20,680	20.5785	10,10196
15	2,0975	2.0289	22,779	22,6574	9,63408
16	2,2037	2,1829	24.981	24.8403	9.22754
17	2 3153	2,2920	27.296	27,1323	8.87004
18	2,4325	2,4066	29.729	29.5390	8 55333
19	2 5556	2,5270	32,285	32,0659	8,27339
20	2.6850	2.6533	34.970	34,7192	8.02267
21	2,8209	2,7860	37.791	37,5052	7,80080
22	2,9638	2,9253	40,755	40.4304	7,59622
23	3.1138	3.0315	43,868	43,5020	7.41339
24	3,2714	3.2251	47,140	46.7210	7,24657
25	3,4371	3.3864	50,577	50.1134	7.09367
26	3 6111	3,5557	54.188	53.6691	6,95553
27	3.7939	3.7355	57 982	57,4025	6.83139
28	3,9859	3 9201	61.968	61,3227	6.71104
29	4,1877	4.1161	66.156	65,4388	6,60618
30	4,3991	4,3219	70,556	69,7607	6.50310
31	4.62[illegible]5	4.5380	75,178	74,2988	6,41219
32	4.8565	4,7649	80,035	79 0637	6.32792
33	5.1024	5,0032	85,137	84,0669	6.24874
34	5 3607	5,2534	90,498	89 3203	6,17227
35	5,6321	5,5160	96.130	94.8363	6 10621
36	5,9172	5.7918	102,047	100,6281	6.04105
37	6 2167	6,0814	108 264	106.7095	5.98370
38	6 5315	6,3855	114,795	113.0950	5.99168
39	6.8621	6,7048	121,658	119,7997	5.87693
40	7,2095	7,0400	128,867	126.8497	[illegible] 82771
41	7,5745	7.3920	136.442	134,2317	[illegible]8202
42	7,9580	7,7616	144,400	141.9933	[illegible],73999
43	8,3608	8,1497	152,761	150,1430	5 70022
44	8,7831	8.5572	161,545	158.7001	5,14789
45	9,2288	8.9850	170.774	167,6851	[illegible]840
46	9,6960	9,4343	180,470	177,1194	[illegible]247
47	10,1869	9.9060	190,657	187,0254	5,[illegible]6122
48	10,7026	10,4013	201,558	197,4266	5,53125
49	11,2444	10.92[illegible]3	212.604	208,3480	5,50368
50	11,8137	11,4674	224,417	219,8154	5,47119

Jours écoulés depuis le 1er janvier et à parcourir jusqu'au 31 décembre, pour les années de 365 jours.

Quantième	Janvier		Février		Mars		Avril		Mai		Juin		Juillet		Août		Septemb.		Octobre		Novembre		Décembre	
	Écoulé	Reste	Écoulé	Reste	Écoulé	Reste	Écoulé	Reste	Écoulé	Reste	Écoulé	Reste	Écoulé	Reste	Écoulé	Reste	Écoulé	Reste	Écoulé	Reste	Écoulé	Reste	Écoulé	Reste
1	1	365	32	334	60	306	91	275	121	245	152	214	182	184	213	153	244	122	274	92	305	61	335	31
2	2	364	33	333	61	305	92	274	122	244	153	213	183	183	214	152	245	121	275	91	306	60	336	30
3	3	363	34	332	62	304	93	273	123	243	154	212	184	182	215	151	246	120	276	90	307	59	337	29
4	4	362	35	331	63	303	94	272	124	242	155	211	185	181	216	150	247	119	277	89	308	58	338	28
5	5	361	36	330	64	302	95	271	125	241	156	210	186	180	217	149	248	118	278	88	309	57	339	27
6	6	360	37	329	65	301	96	270	126	240	157	209	187	179	218	148	249	117	279	87	310	56	340	26
7	7	359	38	328	66	300	97	269	127	239	158	208	188	178	219	147	250	116	280	86	311	55	341	25
8	8	358	39	327	67	299	98	268	128	238	159	207	189	177	220	146	251	115	281	85	312	54	342	24
9	9	357	40	326	68	298	99	267	129	237	160	206	190	176	221	145	252	114	282	84	313	53	343	23
10	10	356	41	325	69	297	100	266	130	236	161	205	191	175	222	144	253	113	283	83	314	52	344	22
11	11	355	42	324	70	296	101	265	131	235	162	204	192	174	223	143	254	112	284	82	315	51	345	21
12	12	354	43	323	71	295	102	264	132	234	163	203	193	173	224	142	255	111	285	81	316	50	346	20
13	13	353	44	322	72	294	103	263	133	233	164	202	194	172	225	141	256	110	286	80	317	49	347	19
14	14	352	45	321	73	293	104	262	134	232	165	201	195	171	226	140	257	109	287	79	318	48	348	18
15	15	351	46	320	74	292	105	261	135	231	166	200	196	170	227	139	258	108	288	78	319	47	349	17
16	16	350	47	319	75	291	106	260	136	230	167	199	197	169	228	138	259	107	289	77	320	46	350	16
17	17	349	48	318	76	290	107	259	137	229	168	198	198	168	229	137	260	106	290	76	321	45	351	15
18	18	348	49	317	77	289	108	258	138	228	169	197	199	167	230	136	261	105	291	75	322	44	352	14
19	19	347	50	316	78	288	109	257	139	227	170	196	200	166	231	135	262	104	292	74	323	43	353	13
20	20	346	51	315	79	287	110	256	140	226	171	195	201	165	232	134	263	103	293	73	324	42	354	12
21	21	345	52	314	80	286	111	255	141	225	172	194	202	164	233	133	264	102	294	72	325	41	355	11
22	22	344	53	313	81	285	112	254	142	224	173	193	203	163	234	132	265	101	295	71	326	40	356	10
23	23	343	54	312	82	284	113	253	143	223	174	192	204	162	235	131	266	100	296	70	327	39	357	9
24	24	342	55	311	83	283	114	252	144	222	175	191	205	161	236	130	267	99	297	69	328	38	358	8
25	25	341	56	310	84	282	115	251	145	221	176	190	206	160	237	129	268	98	298	68	329	37	359	7
26	26	340	57	309	85	281	116	250	146	220	177	189	207	159	238	128	269	97	299	67	330	36	360	6
27	27	339	58	308	86	280	117	249	147	219	178	188	208	158	239	127	270	96	300	66	331	35	361	5
28	28	338	59	307	87	279	118	248	148	218	179	187	209	157	240	126	271	95	301	65	332	34	362	4
29	29	337	0	0	88	278	119	247	149	217	180	186	210	156	241	125	272	94	302	64	333	33	363	3
30	30	336	0	0	89	277	120	246	150	216	181	185	211	155	242	124	273	93	303	63	334	32	364	2
31	31	335	0	0	90	276	0	0	151	215	0	0	212	154	243	123	0	0	304	62	0	0	365	1

§ V. — *Règle de société.*

Le but de la règle de société est de partager un nombre proposé en parties qui aient entre elles des rapports donnés.

Le procédé donné pour arriver à ce but est fondé sur ce que, dans plusieurs rapports égaux, la somme de tous les antécédents est à la somme de tous les conséquents comme l'un des antécédents est à son conséquent. Elle se réduit donc, 1° à faire un total des parties proportionnelles données ; 2° à faire autant de règles de trois qu'il y a de parties à trouver, et dont chacune aura pour premier terme la somme des parties proportionnelles données, pour second terme le nombre proposé à diviser, et pour troisième terme l'une des parties proportionnelles données. Ainsi, on demande, par exemple, à partager 120 en 3 parties qui soient entre elles dans les mêmes rapports que les nombres 4, 3 et 2. On fait la somme des trois parties proportionnelles $4 + 3 + 2 = 9$, et on pose les trois proportions suivantes :

$$9 : 120 :: 4 :$$
$$9 : 120 :: 3 :$$
$$9 : 120 :: 2 :$$

dont on trouvera que les quatrièmes termes sont $53\frac{1}{3}$, 40, $26\frac{2}{3}$, qui ont entre eux les rapports demandés, et qui composent en effet le nombre 120. On peut se dispenser de la dernière en retranchant du nombre proposé la somme des autres parties, quand on les a trouvées.

Autre exemple. — 4 propriétaires de vaches mettent le lait de leur étable en commun pour la fabrication du fromage. Le 1er a fourni 1200 litres, le 2e 700, le 3e 400, le 4e 230 ; le produit en fromage est de 230 francs à partager entre les associés proportionnellement au lait fourni ; quelle est la part de chacun ? Raisonnant comme dans l'exemple précédent on fait la somme du lait = 2530 litres et on pose les proportions :

$$2530 : 230 :: 1200 : x = \frac{1200 \times 230}{2530} = 109{,}09$$
$$\text{Id.} : \text{id.} :: 700 : x = \frac{700 \times 230}{2530} = 63{,}63$$
$$\text{Id.} : \text{id.} :: 400 : x = \frac{400 \times 230}{2530} = 36{,}36$$
$$\text{Id.} : \text{id.} :: [illegible] : x = \frac{230 \times 230}{2530} = 20{,}90$$
$$229{,}98$$

On abrége ces opérations par la réduction à l'unité. On dirait : la totalité du lait mis en commun par les associés étant 2530 litres et le fromage produit 230 kilog., le fromage sera donc la 230e partie du lait ou les $\frac{230}{2530} = \frac{1}{11}$. Si on multiplie par ce rapport le nombre de litres fourni par chaque associé, on a la part de fromage appartenant à chacun. Ainsi le premier aurait $\frac{1200 \times 1}{11} = 109,09$; le deuxième $\frac{700 \times 1}{11} = 63,63$; le troisième $\frac{400 \times 1}{11} = 36,36$; le quatrième $\frac{230 \times 1}{11} = 20,90$. Si, au lieu de la fraction $\frac{1}{11}$, on eût dû opérer avec celle de $\frac{230}{2530}$, qui eût exigé cinq fois une multiplication par 230 et une division par 2530, on aurait encore pu simplifier l'opération en réduisant $\frac{230}{2530}$ en une fraction décimale qui eût été 0,0909; mais dans ce cas on poussera la transformation jusqu'au sixième chiffre, si on veut qu'en multipliant la plus haute mise, 1200 litres, on arrive au résultat vrai à un centime près pour chaque associé, comme ci-dessus.

§ VI. — *Règle de fausse position.*

La règle de fausse position s'emploie souvent pour résoudre des questions qui appartiennent à la règle de société, dont elle diffère en ce qu'au lieu de prendre les parties proportionnelles telles qu'elles sont données par l'énoncé de la question, il faut en prendre une ou deux arbitrairement, et y faire subordonner les autres conformément à la question, ce qui rend le calcul un peu plus facile. La règle est dite *simple* quand on n'a fait qu'une seule supposition, *double* quand on en établit deux.

Règle de fausse position simple. On propose de partager 640 francs entre trois personnes, dont la seconde ait le quadruple de la première, et la troisième deux fois et $\frac{1}{3}$ autant que les deux autres ensemble.

Je choisis arbitrairement, pour représenter la première partie, le nombre 3, dont je puis prendre commodément le $\frac{1}{3}$. La première partie étant 3, la seconde sera 12, et la troisième sera 35. La question est réduite à partager 640 en trois parties, qui soient entre elles comme les trois nombres 3, 12 et 35.

La règle d'une fausse position sert aussi à résoudre des questions qui sont en quelque façon l'inverse de celles de la règle de société, puisqu'il s'agit de revenir de la somme de quelques parties d'un nombre à ce nombre même, comme dans l'exemple qui suit :

On demande de trouver un nombre dont le $\frac{1}{3}$, le $\frac{1}{5}$ et les $\frac{3}{7}$ fassent 808. Je prends un nombre dont je puisse avoir commodément le $\frac{1}{3}$, le $\frac{1}{5}$ et les $\frac{3}{7}$ (ce qui est facile en multipliant les trois dénominateurs). Ce nombre sera 105; j'en prends le $\frac{1}{3}$ qui est 35; le $\frac{1}{5}$ qui est 21; et les $\frac{3}{7}$ qui sont 45, j'ajoute les trois nombres et j'ai 101, qui est composé des parties de 105 de la même manière que 808 l'est de celles du nombre en question : donc le nombre en question doit avoir le même rapport à 808, que 105 à 101 ; il doit donc être le quatrième terme d'une proportion qui commencerait par ces trois-ci :

$$101 : 105 :: 808 : x.$$

Ce quatrième terme est 840, dont 808 renferme en effet le $\frac{1}{3}$, le $\frac{1}{5}$ et les $\frac{3}{7}$.

§ VII. — *Règle d'alliage, de mélanges et moyennes.*

En général, pour trouver la moyenne entre plusieurs quantités, on fait la somme de toutes ces quantités et on la divise par le nombre des quantités additionnées. Ainsi une personne veut avoir la moyenne du rapport de son pas au mètre ; elle parcourt plusieurs fois (soit 5 fois) une longueur de 1000 kilomètres, et elle divise par 5000 le nombre de pas qu'elle a faits. Il en est de même des moyennes des prix des produits. On additionne les prix d'un certain nombre d'années, 10 par exemple, et on divise par 10 ; le quotient est la moyenne cherchée ; quelquefois on diminue les années d'extrême cherté, d'extrême bon marché.

Mais les quantités dont on déduit les moyennes doivent avoir entre elles une certaine similitude dans leur nature, leur qualité, leur valeur, etc. Si on voulait, par exemple, obtenir la moyenne de la production en froment d'une ferme dont les terres seraient de fertilité fort diverse, il faudrait prendre la moyenne de chacune des classes bien distinctes et l'étendue des terres de chacune de ces classes pour arriver à une moyenne générale.

On demande, par exemple, le nombre de têtes de bétail qu'entretient par hectare une ferme de 80 hectares qui possède 6 bœufs, 8 chevaux, 4 vaches et 8 élèves de différents âges, 6 porcs, 200 moutons, brebis et agneaux. Il est évident que si on se contentait d'additionner le nombre des têtes de bétail et d'en diviser la somme par 80 hectares, on aurait une moyenne par hectare ; mais cette moyenne ne donnerait qu'une idée tout à fait inexacte de l'importance des bestiaux entretenus par la ferme. On pourrait, comme l'ont conseillé quelques auteurs, ramener tous les animaux à une unité fictive de tête de bétail. Cette tête de bétail serait représentée par une tête pour les grands bestiaux et plusieurs pour les petits. On a ainsi proposé de compter pour une tête 1 bœuf, 1 cheval, 1 vache, 10 moutons, 6 porcs, etc. Cette méthode laisse encore de trop grandes incertitudes ; aussi a-t-on reconnu qu'il était plus simple d'estimer les richesses en bestiaux d'une ferme par le poids brut de ces animaux, et on exprime soit en kilogrammes, soit en quintaux, les existences et la moyenne par hectare.

On calcule encore les moyennes, quand des résultats sont en sens inverse les uns des autres, en faisant la somme de ceux qui sont dans un sens, puis en retranchant la plus petite somme de la plus grande, et en divisant le reste par le nombre total des résultats. Si on avait trouvé dans cinq observations du thermomètre 4 degrés au-dessous de zéro, 5 au-dessus, 1,5 au dessus, 2,8 au-dessous, 5 au-dessus, on aurait 5 + 5 + 1.5 = 11,5, et 4 + 2,8 = 6,8 ; ôtant 6,8 de 11,5, il resterait 4,7 qui, divisés par 5 observations, donneraient, température moyenne, 0^{deg},9 au-dessous de zéro. La même règle peut s'appliquer aux calculs des moyennes d'une série d'années, tantôt en perte, tantôt en bénéfice, dans une exploitation.

On peut rattacher à la règle des moyennes les calculs qu'on peut faire sur les éventualités et les probabilités, qui ont une grande place dans les faits agricoles, les chances de récoltes bonnes ou mauvaises, les chances de grêle, de mortalité des animaux, etc. On tire d'un certain nombre de faits qui se sont produits dans une série d'années plus ou moins longue, des moyennes sur lesquelles on base une prime d'assurance, le prix d'achat ou de location d'une propriété, l'adoption d'une culture. Du reste, l'arithmétique ne vient ici qu'en seconde ligne ; le point essentiel est de recueillir et de bien déterminer les faits qui doivent servir de base aux calculs.

Pour connaître, à l'aide de la *règle d'alliage*, les quantités de chaque espèce qui doivent entrer dans un mélange de deux choses, connaissant le prix de chacune d'elles et le prix moyen du mélange, on cherche la différence entre le prix de chaque chose et le prix moyen. Exemple : On voudrait, avec de l'avoine à 5 fr. 50 c. et de l'avoine à 7 fr. 25 c. l'hectolitre, faire un mélange qui revînt à 6 fr. Combien devra-t-il entrer de chaque espèce dans le mélange? On dispose le calcul de la manière suivante :

Prix de la première espèce, 7f 50c ; différence, 1f 50c.
— de la seconde espèce, 5 50 ; — 0 50
Prix moyen. 6

Les quantités de chaque espèce seront comme les nombres 1,50 et 0,50. Le nombre d'hectolitres de la première espèce devra donc être de $\frac{150}{50}$, ou 3 fois le second.

CHAPITRE V. — PUISSANCES ET RACINES.

§ 1er. — *Nombres carrés, extraction de la racine.*

On appelle *carré* d'un nombre le produit qui résulte de la multiplication de ce nombre par lui-même; ainsi 25 est le carré de 5, parce que 25 résulte de la multiplication de 5 par 5.

La *racine carrée* d'un nombre proposé est le nombre qui, multiplié par lui-même, reproduirait ce même nombre proposé: ainsi 5 est la racine carrée de 25; 7 est la racine carrée de 49.

Un nombre que l'on carre est donc tout à la fois multiplicande et multiplicateur; il est donc deux fois facteur du produit; c'est pour cela qu'on appelle aussi ce produit ou carré la *seconde puissance* de ce nombre.

Un nombre, multiplié une troisième fois par lui-même et ainsi trois fois facteur, prendrait le nom de *cube* ou *troisième puissance*. On indique les puissances par un petit chiffre, placé à droite, un peu au-dessus du nombre, et qu'on nomme *indice*. Ainsi 5^2 signifie deuxième puissance ou carré de 5. La racine carrée s'exprime par le signe $\sqrt{}$. Racine de 16 s'énonce ainsi: $\sqrt{16}$.

Il ne faut d'autre art pour carrer un nombre que de le multiplier par lui-même selon les règles ordinaires de la multiplication; mais pour extraire la racine carrée d'un nombre, c'est-à-dire pour revenir du carré à la racine, il faut une méthode, du moins lorsque le nombre ou carré proposé a plus de deux chiffres.

Lorsque le nombre proposé n'a qu'un ou deux chiffres, la racine en nombres entiers est quelqu'un des nombres:

1, 2, 3, 4, 5, 6, 7, 8, 9,

dont les carrés sont:

1, 4. 9, 16, 25, 36, 49, 64, 81.

Ainsi la racine carrée de 72, par exemple, est 8 en nombre entier, parce que 72 étant entre 64 et 81, sa racine est entre les racines de ceux-ci, c'est-à-dire entre 8 et 9; elle est de 8 et une fraction, fraction qu'à la vérité on ne peut pas assigner exactement, mais dont on peut approcher continuellement, ainsi que nous le verrons plus loin.

Quant aux nombres qui ont plus de deux chiffres c'est en observant ce qui se passe dans la formation du carré que nous trouverons la méthode qu'on doit suivre pour revenir à la racine.

Pour carrer un nombre tel que 54, par exemple:

Après avoir écrit le multiplicande et le multiplicateur comme on le fait habituellement, nous multiplions, comme à l'ordinaire, le 4 supérieur par le 4 inférieur, ce qui fait évidemment le *carré des unités*.

Nous multiplions ensuite le 5 supérieur par le 4 inférieur, ce qui fait le *produit des dizaines par les unités*.

Nous passons après cela au second chiffre du multiplicateur, et nous multiplions le 4 supérieur par le 5 inférieur, ce qui fait le produit des unités par les dizaines, ou *le produit des dizaines par les unités*. Enfin nous multiplions le 5 supérieur par le 6 inférieur, ce qui *fait le carré des dizaines*.

Nous ajoutons ce produit, et nous avons pour le carré le nombre 2916, qui est évidemment composé *du carré des dizaines, plus deux fois le produit des dizaines par les unités, plus du carré des unités* du nombre 54.

Ce que nous venons d'observer étant une conséquence immédiate des règles de la multiplication, n'est pas plus particulier au nombre 54 qu'à tout nombre composé de dizaines et d'unités, en sorte qu'on peut dire généralement que le *carré de tout nombre composé de dizaines et d'unités renfermera le carré des dizaines de ce nombre, deux fois le produit des dizaines par les unités, et le carré des unités.*

Cela posé, comme le carré des dizaines ne peut se trouver que dans les centaines, il est visible que ce carré ne peut faire partie des deux derniers chiffres du carré total.

Pareillement le produit du double des dizaines multipliées par les unités étant nécessairement des dizaines ne peut faire partie du dernier chiffre du carré total. Donc pour revenir du carré 2916 à sa racine, on peut raisonner ainsi. Exemple :

2916	54
25	
416	104

Commençons par trouver *les dizaines* de cette racine : or, la formation du carré nous *apprend qu'il y a dans* 2916 le carré de ces dizaines, et que ce carré ne peut faire partie de ces deux derniers chiffres ; il est donc dans 29, et comme la racine carrée de 29 ne peut être plus de 5, concluons-en que le nombre des dizaines de la racine est 5, et portons-le à côté de 2916, comme on le voit ci-dessus.

Je carre 5, et je retranche le produit 25 de 29 ; il me reste 4 à côté duquel j'abaisse les deux autres chiffres 16 du nombre proposé 2916, ce qui me donne 416.

Pour trouver maintenant *les unités* de la racine, il s'agit de savoir dans quelle partie de 416 est renfermé ce double des dizaines multipliées par les unités : or, nous avons remarqué ci-dessus qu'il ne pouvait faire partie du dernier chiffre ; il est donc dans 41 ; il faut alors diviser 41 par le double 10 des dizaines trouvées : j'écris donc à côté de 41 le double 10 des dizaines, et, faisant la division.

le quotient 4 que je trouve est le nombre des unités que je porte à la droite des 5 dizaines trouvées, en sorte que la racine cherchée est 54.

Il peut arriver que le quotient trouvé de cette manière soit plus fort qu'il ne convient, parce que 41, c'est-à-dire le chiffre qui reste après la séparation du dernier chiffre renferme non-seulement le double des dizaines multiplié par les unités, mais encore les dizaines provenant du carré des unités; c'est pourquoi, pour n'avoir aucun doute sur le chiffre des unités, il faut employer la vérification suivante :

Après avoir trouvé le chiffre 4 des unités, et l'avoir écrit à la racine, je le porte à côté du double 10 des dizaines, ce qui fait 104, dont je multiplie successivement tous les chiffres par le même nombre 4, et je retranche les produits successifs des parties correspondantes de 416; comme il ne reste rien, j'en conclus que la racine est en effet 54.

S'il restait quelque chose, la racine n'en serait pas moins la vraie racine en nombres entiers, à moins que ce reste ne fût plus grand que le double de la racine, augmenté de l'unité; mais c'est ce qu'on n'a point à craindre quand on prend le quotient toujours au plus fort.

De ce que nous venons de dire, il faut conclure que *pour trouver la racine carrée d'un nombre entier quelconque, il faut le séparer en tranches de deux chiffres chacune en partant de la droite, extraire la racine carrée du plus grand carré contenu dans la première tranche à gauche, écrire cette première partie de la racine à la droite du nombre proposé, et soustraire son carré de la tranche sur laquelle on a opéré; ensuite, à côté du reste abaisser la tranche suivante, séparer le dernier chiffre à droite par un trait et diviser la partie à gauche par le double de la racine trouvée, le quotient exprimera les unités du second ordre de la racine cherchée qu'on placera à la suite des premières; pour le vérifier, on l'écrit à la droite du diviseur, on multiplie le tout par ce quotient et on soustrait le produit du reste de la première tranche réunie à la seconde. La soustraction est impossible, ou elle peut s'effectuer : dans le premier cas le quotient est trop fort, il faut le diminuer; dans le second, la différence doit être plus petite que le double des deux premières parties de la racine, augmenté d'une unité, pour que le quotient convienne; s'il n'en était pas ainsi, il serait trop faible, il faudrait y ajouter une unité, puis recommencer la vérification. On continue ce dernier procédé jusqu'à ce que toutes les tranches du nombre soient épuisées.*

De quelque nombre de chiffres que la racine doive être composée, on peut toujours la concevoir formée de deux parties, dont l'une soit des dizaines et l'autre des unités; par exemple, 874 peut être considéré comme représentant 87 dizaines et 4 unités.

Cela posé, quand on a trouvé les deux premiers chiffres de la racine par la méthode qu'on vient d'exposer, on peut aussi trouver la troisième par la même méthode, en considérant ces deux premiers chiffres comme ne faisant qu'un seul nombre de dizaines, et leur appliquant, pour trouver le troisième, tout ce qui a été dit du premier pour trouver le second.

Pareillement, quand on aura trouvé les trois premiers chiffres, s'il doit y en avoir un quatrième, on considérera les trois premiers comme ne faisant qu'un seul nombre de dizaines, auquel on appliquera, pour trouver le quatrième, le même raisonnement qu'on appliquait aux deux premiers pour trouver le troisième, et ainsi de suite.

Lorsque le nombre proposé n'est point un carré parfait, il y a un reste à la fin de l'opération, et la racine carrée qu'on a trouvée est la racine carrée du plus grand carré contenu dans le nombre proposé : alors il n'est pas possible d'extraire la racine carrée exactement, mais on peut en approcher si près qu'on le juge à propos.

Cette approximation se fait commodément par le moyen des décimales. *Il faut concevoir à la suite du nombre proposé deux fois autant de zéros qu'on voudra avoir de décimales à la racine; faire l'opération comme à l'ordinaire, et séparer ensuite par une virgule, sur la droite de la racine, moitié autant de décimales qu'on a mis de zéros à la suite du nombre proposé.* En effet, le produit de la multiplication devant avoir autant de décimales qu'il y en a dans les deux facteurs ensemble, le carré (dont les deux facteurs sont égaux) doit donc en avoir le double de ce qu'a l'un des facteurs, c'est-à-dire le double de ce que doit avoir la racine.

Pour extraire *la racine carrée des fractions* on pourra, pour plus de facilité, réduire les fractions ordinaires en fractions décimales, et on opérera comme sur les nombres entiers; mais il faut employer un nombre de décimales pair et double de ce qu'on veut avoir à la racine, parce que le produit de la multiplication de deux nombres qui ont des décimales devant avoir autant de décimales qu'il y en a dans les deux facteurs, le carré doit en avoir deux fois autant que ce nombre. Ainsi pour tirer la racine carrée de $\frac{1}{4}$, à moins d'un millième près, on réduit $\frac{1}{4}$ en 0,25, et on tire la racine carrée de 0,250000.

§ II. — *Des nombres cubes et extraction de leurs racines cubiques.*

Le cube d'un nombre est son carré multiplié par ce même nombre. 27 cube de 3 = 3 × 3 × 3. Le nombre que l'on cube est *trois fois* facteur; le cube est pour cette raison nommé troisième puissance de ce nombre.

La racine cubique d'un nombre proposé est le nombre qui, multiplié par son carré, produit ce cube. Elle s'exprime par le signe $\sqrt[3]{\ }$; le chiffre 3 indique le cube ou troisième puissance.

Pour extraire la racine cubique lorsque le nombre proposé a moins de quatre chiffres, on n'a pas besoin de méthode, car 1000 étant le cube de 10, nombre au-dessous de 1000, et par conséquent de moins de quatre chiffres, aura pour racine moins que 10, c'est-à-dire moins de deux chiffres. Ainsi tout nombre qui tombera entre deux de ceux-ci :

1, 8, 27, 64, 126, 276, 343, 512, 729

aura sa racine cubique, en nombre entier, entre les deux nombres correspondants de cette suite :

1 2 3 4 5 6 7 8 9.

Tout nombre n'a pas de racine cubique, mais on peut approcher continuellement d'un nombre qui se rapproche lui-même de plus en plus de la racine cherchée.

Puisque le cube résulte du carré d'un nombre multiplié par ce même nombre, il est essentiel de se rappeler ici que *le carré d'un nombre composé de dizaines et d'unités renferme : 1° le carré des dizaines; 2° deux fois le produit des dizaines par les unités; 3° le carré des unités.*

Pour former le cube, il faut donc multiplier ces trois parties par les dizaines, et par les unités du même nombre.

Il en résulte que le cube d'un nombre composé de dizaines et d'unités *contient quatre parties, savoir : le cube des dizaines, trois fois le carré des dizaines multiplié par les unités, trois fois les dizaines multipliées par le carré des unités, et enfin le cube des unités.*

C'est sur ce principe qu'est fondé le procédé d'extraction de la racine cubique. Voici ce procédé :

Soit proposé d'extraire la racine cubique de 79507.

Cube.	Racine.
7 9 5 0 7	4 3
1 5 5 0 7	4 8
1 8	

Pour avoir la partie de ce nombre qui renferme le cube des dizaines de la racine, j'en sépare les trois derniers chiffres, dans lesquels ce cube ne peut être compris, puisqu'il vaut des mille.

Je cherche la racine cubique de 79 : elle est de 4, que j'écris à côté. Je cube 4, et j'ôte le produit 64 de 79 ; il me reste 15 que j'écris au-dessous de 79.

A côté du 15 j'abaisse 507, ce qui me donne 15507, dans lequel il doit y avoir trois fois le carré des quatre dizaines trouvées multipliées par les unités que nous cherchons, plus trois fois ces mêmes dizaines multipliées par le carré des unités, plus enfin le cube des unités.

Je sépare les deux derniers chiffres 07 ; la partie 155 qui reste à gauche renferme trois fois le carré des dizaines multiplié par les unités ; c'est pourquoi, afin d'avoir les unités, je vais diviser cette partie 155 par le triple du carré des quatre dizaines, c'est-à-dire par 48. Je trouve que 48 est trois fois dans 155 ; j'écris donc 3 à la racine.

Pour éprouver cette racine et connaître le reste, s'il y en a, nous pourrions composer les trois parties du cube qui doivent se trouver dans 15507, et voir si elles forment 15507, ou de combien elles en diffèrent ; mais il est aussi commode de faire cette vérification, en cubant tout de suite 43, c'est-à-dire en multipliant 43 par 43, ce qui produit 1849, en multipliant ce produit par 43, ce qui donne enfin 79507. Ainsi, 43 est exactement la racine cubique.

Si le nombre proposé a plus de six chiffres, on opérera de même.

On reconnaît qu'un chiffre écrit à la racine est trop faible si le reste est au moins égal à trois fois le carré de la racine, plus le triple de cette même racine, plus un.

Lorsque l'opération se fait sans reste, le nombre proposé est dit cube parfait, et la racine exacte.

Pour extraire par approximation la racine cubique d'un nombre entier qui n'est pas un cube parfait, on abaisse successivement à la droite du nombre trois zéros autant de fois qu'on veut avoir de chiffres décimaux à la racine, et on continue l'opération.

On peut extraire les racines de tous les degrés par une méthode analogue à celle qu'on emploie pour les racines carrées et cubiques, mais on arriverait à des opérations fort compliquées et fort longues. Il sera plus convenable, pour les élèves ou les personnes qui voudraient s'occuper de ces calculs qui sortent du cercle de l'arithmétique élémentaire, d'étudier les procédés donnés par les logarithmes.

CHAPITRE VI. — DES PROGRESSIONS.

On nomme progression une suite de rapports continus

De même qu'il y a deux sortes de rapports, il y a deux espèces de progressions ; la progression par différence et la *progression* par *quotient*.

§ Ier. — *Progressions par différence.*

Une progression arithmétique est une suite de nombres tels que chacun surpasse celui qui précède ou en est surpassé d'une même quantité qu'on nomme *raison* de la progression. Le signe ÷, mis en tête de la série des nombres, indique la progression.

La progression est *croissante* ou *décroissante*. ÷ 1 . 4 . 7 . 10... est une progression croissante ; ÷ 10 . 7 . 4 . 1... est une progression décroissante. La progression s'énonce en disant : 1 est à 4 comme 4 est à 7, comme 7 est à 10, etc.

On reconnait qu'une série de termes sont en progression par différence quand la somme de deux termes à égale distance des extrêmes est constante et égale à la somme du premier terme et du dernier. Dans la progression ÷ 5 . 10 . 15 . 20 . 25 . 30 . 35, on voit que le deuxième terme 10, qui est à la même distance du premier terme 5 que le terme 30 l'est du dernier terme 35, étant ajouté à 30, donne la même somme 40 que le premier et le dernier terme réunis.

D'après la définition même de la progression par différence, on comprend qu'un terme quelconque d'une progression est composé du premier, plus autant de fois la raison qu'il y a de termes avant lui ; on obtient donc un terme quelconque d'une progression par différence en ajoutant au premier terme autant de fois la raison qu'il y a de termes avant lui si la progression est croissante, en la retranchant si elle est décroissante.

Exemple. Une voiture de fumier dépose 24 tas sur une ligne, à 7 mètres de distance les uns des autres; le premier étant à 7 mètres du commencement de la ligne, à quelle distance est le douzième tas? Les tas forment la progression suivante : : 7. 14. 21. 28., etc. La distance du douzième tas s'obtient en ajoutant à 7 onze fois 7 ou 77.

Si on demandait combien une voiture fera moins de chemin pour déposer le cinquième tas que le quatre-vingtième, la distance du premier tas au quatre-vingtième étant de $7 + (79 \times 7) = 560$ mètres, et celle du cinquième étant de $7 + (4 \times 7) = 35$, on trouve que la différence de chemin est de $560 - 35 = 525$ mètres.

Si, connaissant le dernier terme, le nombre des termes et la raison d'une progression par différence, on veut déterminer le premier terme, on soustrait du dernier terme ou on lui ajoute, selon que la progression est croissante ou décroissante, autant de fois la raison qu'il y a de termes avant le dernier.

Dans l'exemple précédent, la ligne de tas a 560 mètres de longueur, la dernière voiture a fait huit tas nouveaux, toujours à 7 mètres, on demande à quel point de la ligne elle a commencé. Réponse : au 511e mètre de la ligne.

On trouve la *raison* d'une progression par différence dont on connaît le premier terme et le dernier, ainsi que le nombre des termes, en divisant la différence des deux termes par le nombre de termes diminué de 1.

Un fermier a fait un bail progressif qui doit augmenter d'une certaine somme chaque année ; il devait payer la première année 4,000 fr, il paye 9,000 fr. à la onzième année de son bail ; quelle était son augmentation de chaque année? Réponse : 500 fr. En effet, 9,000 — 4,000 = 5,000, et $\frac{5000}{10}$ = 500.

La somme de tous les termes d'une progression par différence est égale à la moitié du résultat que l'on obtient en multipliant la somme des extrêmes par le nombre des termes de la progression. Connaissant donc le premier et le dernier terme et le nombre des termes d'une progression, on en trouve facilement la somme.

Un domestique a 15 ans de service dans une maison ; il devait recevoir 200 fr. la première année et 15 fr. de plus par chaque année ; la dernière année de gages est de 410 fr. Quelle somme totale doit-on lui payer pour ses 15 années de gages? Réponse : 200 + 410 = 610 qui, multipliés par 15, égalent 9150, dont la moitié est 4575.

§ II. — *Progressions par quotient.*

La progression par quotient est une suite de termes dont chacun contient celui qui le précède ou est contenu en lui un même nombre de fois qu'on nomme raison ; ainsi :

$$\div\div 3 : 6 : 12 : 24 : 48 : 96 : 192.$$

est une progression par quotient, parce que chaque terme contient celui qui le précède le même nombre de fois qui est ici 2. Le signe $\div\div$ indique la progression par quotient. Dans toute progression par quotient, le produit des deux termes, à égale distance des extrêmes, est constant et égal, par conséquent, au produit du premier par le dernier.

On applique les propriétés des progressions par quotient à la solution des questions d'intérêt composé et aux calculs les plus difficiles des finances et de la statistique. On pourrait également tirer parti des formules déduites des progressions par quotient pour quelques calculs de la production agricole, l'épuisement des engrais, la croissance des bois, les lois de la reproduction et des croisements ; mais on doit reconnaître que tous les faits de la production animale et végétale sont trop variables, trop subordonnés à des conditions irrégulières, pour qu'il soit toujours possible de les soumettre à des formules rigoureuses.

On se contentera d'énoncer ici quelques règles générales. La connaissance et l'emploi des tables des logarithmes seraient utiles, d'ailleurs, pour abréger les calculs nécessités par l'application de ces règles.

Un terme quelconque d'une progression par quotient s'obtient en multipliant le premier terme par la raison élevée à une puissance marquée par le nombre des termes qui précèdent.

On demande combien, au bout de quatre récoltes, on récoltera de litres de froment dont on a semé 1 décilitre et qu'on suppose devoir produire 12 fois la semence. Le premier terme étant 1 litre et la raison 12, si on multiplie 1 décilitre par $12 \times 12 \times 12 \times 12 \times 12$ ou 12^4, on a 24,882 litres.

Si, connaissant le premier et le dernier terme ainsi que le nombre des termes, on veut trouver la raison d'une progression par quotient, on divise le dernier par le premier terme, et on extrait du quotient une racine d'un degré marqué par le nombre de termes moins 1.

Si, connaissant le premier et le dernier terme ainsi que le nombre des termes, on voulait trouver le produit de tous les termes, on multiplierait entre eux le premier et le dernier terme, on élèverait ce produit à une puissance marquée par le nombre des termes, et on extrairait la racine carrée du résultat.

Si, au lieu du produit, on voulait trouver la *somme* de tous les termes d'une progression croissante, on multiplierait le dernier terme par la raison, on retrancherait du produit le premier terme, et on diviserait le reste par la raison diminuée de 1.

Logarithmes.

Les logarithmes ne sont réellement d'une grande utilité que pour abréger les calculs multiples et compliqués : nous renvoyons pour l'étude de ce système et de son usage aux nombreuses tables déjà publiées et aux instructions qui les précèdent.

Nous recommandons surtout :

Tables portatives de A. Raspal.

Celles jusqu'à 10000 de Lalande, à 5 décimales.

Celles de Callet, allant jusqu'à 108000, et comportant 7 décimales.

	11	12	13	14	15	16	17	18	19	20
11	121	132	143	154	165	176	187	198	209	220
12	132	144	156	168	180	192	204	216	228	240
13	143	156	169	182	195	208	221	234	247	260
14	154	168	182	196	210	224	238	252	266	280
15	165	180	195	210	225	240	255	270	285	300
16	176	192	208	224	240	256	272	288	304	320
17	187	204	221	238	255	272	289	306	323	340
18	198	216	234	252	270	288	306	324	342	360
19	209	228	247	266	285	304	323	342	361	380
20	220	240	260	280	300	320	340	360	380	400
21	231	252	273	294	315	336	357	378	399	420
22	242	264	286	308	330	352	374	396	418	440
23	253	276	299	322	345	368	391	414	437	460
24	264	288	312	336	360	384	408	432	456	480
25	275	300	325	350	375	400	425	450	475	500
26	286	312	338	364	390	416	442	468	494	520
27	297	324	351	378	405	432	459	486	513	540
28	308	336	364	392	420	448	476	504	532	560
29	319	348	377	406	435	464	493	522	551	580
30	330	360	390	420	450	480	510	540	570	600
31	341	372	403	434	465	496	527	558	589	620
32	352	384	416	448	480	512	544	576	608	640
33	363	396	429	462	495	528	561	594	627	660
34	374	408	442	476	510	544	578	612	646	680
35	385	420	455	490	525	560	595	630	665	700
36	396	432	468	504	540	576	612	648	684	720
37	407	444	481	518	555	592	629	666	703	740
38	418	456	494	532	570	608	646	684	722	760
39	429	468	507	546	585	624	663	702	741	780
40	440	480	520	560	600	640	680	720	760	800
41	451	492	533	574	615	656	697	738	779	820
42	462	504	546	588	630	672	714	756	798	840
43	473	516	559	602	645	688	731	774	817	860
44	484	528	572	616	660	704	748	792	836	880
45	495	540	585	630	675	720	765	810	855	900
46	506	552	598	644	690	736	782	828	874	920
47	517	564	611	658	705	752	799	846	893	940
48	528	576	624	672	720	768	816	864	912	960
49	539	588	637	686	735	784	833	882	931	980
50	550	600	650	700	750	800	850	900	950	1000
51	561	612	663	714	765	816	867	918	969	1020
52	572	624	676	728	780	832	884	936	988	1040
53	583	636	689	742	795	848	901	954	1007	1060
54	594	648	702	756	810	864	918	972	1026	1080
55	605	660	715	770	825	880	935	990	1045	1100
	11	12	13	14	15	16	17	18	19	20

	21	22	23	24	25	26	27	28	29	30
11	231	242	253	264	275	286	297	308	319	330
12	252	264	276	288	300	312	324	336	348	360
13	273	286	299	312	325	338	351	364	377	390
14	294	308	322	336	350	364	378	392	406	420
15	315	330	345	360	375	390	405	420	435	450
16	336	352	368	384	400	416	432	448	464	480
17	357	374	391	408	425	442	459	476	493	510
18	378	396	414	432	450	468	486	504	522	540
19	399	418	437	456	475	494	513	532	551	570
20	420	440	460	480	500	520	540	560	580	600
21	441	462	483	504	525	546	567	588	609	630
22	462	484	506	528	550	572	594	616	638	660
23	483	506	529	552	575	598	621	644	667	690
24	504	528	552	576	600	624	648	672	696	720
25	525	550	575	600	625	650	675	700	725	750
26	546	572	598	624	650	676	702	728	754	780
27	567	594	621	648	675	702	729	756	783	810
28	588	616	644	672	700	728	756	784	812	840
29	609	638	667	696	725	754	783	812	841	870
30	630	660	690	720	750	780	810	840	870	900
31	651	682	713	744	775	806	837	868	899	930
32	672	704	736	768	800	832	864	896	928	960
33	693	726	759	792	825	858	891	924	957	990
34	714	758	782	816	850	884	918	952	986	1020
35	735	770	805	840	875	910	945	980	1015	1050
36	756	792	828	864	900	936	972	1008	1044	1080
37	777	814	851	888	925	962	999	1036	1073	1110
38	798	836	874	912	950	988	1026	10 4	1102	1140
39	819	858	897	936	975	1014	1053	1092	1131	1170
40	840	880	920	960	1000	1040	1080	1120	1160	1200
41	861	902	943	984	1025	1066	1107	1148	1189	1230
42	882	924	966	1008	1050	1092	1134	1176	1218	1260
43	903	946	989	1032	1075	1118	1161	1204	1247	1290
44	924	968	1012	1056	1160	1144	1188	1232	1276	1320
45	945	990	1035	1080	1125	1170	1215	1260	1305	1350
46	966	1012	1058	1104	1150	1196	1242	1288	1334	1380
47	987	1034	1081	1128	1175	1222	1269	1316	1363	1410
48	1008	1056	1104	1152	1200	1248	1296	1344	1392	1440
49	1029	1078	1127	1176	1225	1274	1323	1372	1421	1470
50	1050	1100	1150	1200	1250	1300	1350	1400	1450	1500
51	1071	1122	1173	1224	1275	1326	1377	1428	1479	1530
52	1092	1144	1196	1248	1300	1352	1404	1456	1508	1560
53	1113	1166	1219	1272	1325	1378	1431	1484	1537	1590
54	1134	1188	1242	1296	1350	1404	1458	1512	1566	1620
55	1155	1210	1265	1320	1375	1430	1485	1540	1595	1650
	21	22	23	24	25	26	27	28	29	30

	31	32	33	34	35	36	37	38	39	40
11	341	352	363	374	385	396	407	418	429	440
12	372	384	396	408	420	432	444	456	468	480
13	403	416	429	442	455	468	481	494	507	520
14	434	448	462	476	490	504	518	532	546	560
15	465	480	495	510	525	540	555	570	585	600
16	496	512	528	544	560	576	592	608	624	640
17	527	544	561	578	595	612	629	646	663	680
18	558	576	594	612	630	648	666	684	702	720
19	589	608	627	646	665	684	703	722	741	760
20	620	640	660	680	700	720	740	760	780	800
21	651	672	693	714	735	756	777	798	819	840
22	682	704	726	748	770	792	814	836	858	880
23	713	736	759	782	805	828	851	874	897	920
24	744	768	792	816	840	864	888	912	936	960
25	775	800	825	850	875	900	925	950	975	1000
26	806	832	858	884	910	936	962	988	1014	1040
27	837	864	891	918	945	972	999	1026	1053	1080
28	868	896	924	952	980	1008	1036	1064	1092	1120
29	899	928	957	986	1015	1044	1073	1102	1131	1160
30	930	960	990	1020	1050	1080	1110	1140	1170	1200
31	961	992	1023	1054	1085	1116	1147	1178	1209	1240
32	992	1024	1056	1088	1120	1152	1184	1216	1248	1280
33	1023	1056	1059	1122	1155	1188	1221	1254	1287	1320
34	1054	1088	1122	1156	1190	1224	1258	1292	1326	1360
35	1085	1120	1155	1190	1225	1260	1295	1330	1365	1400
36	1116	1152	1188	1224	1260	1296	1332	1368	1404	1440
37	1147	1184	1221	1258	1295	1332	1369	1406	1443	1480
38	1178	1216	1254	1292	1330	1368	1406	1444	1482	1520
39	1209	1248	1287	1326	1365	1404	1443	1482	1521	1560
40	1240	1280	1320	1360	1400	1440	1480	1520	1560	1600
41	1271	1312	1353	1394	1435	1476	1517	1558	1599	1640
42	1302	1344	1386	1428	1470	1512	1554	1596	1638	1680
43	1333	1376	1419	1462	1505	1548	1591	1634	1677	1720
44	1364	1408	1452	1496	1540	1584	1628	1672	1716	1760
45	1395	1440	1485	1530	1575	1620	1665	1710	1755	1800
46	1426	1472	1518	1564	1610	1656	1702	1748	1794	1840
47	1457	1504	1551	1598	1645	1692	1739	1786	1833	1880
48	1488	1536	1584	1632	1680	1728	1776	1824	1872	1920
49	1519	1568	1617	1666	1715	1764	1813	1862	1911	1960
50	1550	1600	1650	1700	1750	1800	1850	1900	1950	2000
51	1581	1632	1683	1734	1785	1836	1887	1938	1989	2040
52	1612	1664	1716	1768	1820	1872	1924	1976	2028	2080
53	1643	1696	1749	1802	1855	1908	1961	2014	2067	2120
54	1674	1728	1782	1836	1890	1944	1998	2052	2106	2160
55	1705	1760	1815	1870	1025	1080	2035	2090	2145	2200
	31	32	33	34	35	36	37	38	39	40

	11	12	13	14	15	16	17	18	19	20
56	616	672	728	784	840	896	952	1008	1064	1120
57	627	684	741	798	855	912	969	1026	1083	1140
58	638	696	754	812	870	928	986	1044	1102	1160
59	649	708	767	826	885	944	1003	1062	1121	1180
60	660	720	780	840	900	960	1020	1080	1140	1200
61	671	732	793	854	915	976	1037	1098	1159	1220
62	682	744	806	868	930	992	1054	1116	1178	1240
63	693	756	819	882	945	1008	1071	1134	1197	1260
64	704	768	832	896	960	1024	1088	1152	1216	1280
65	715	780	845	910	975	1040	1105	1170	1235	1300
66	726	792	858	924	990	1056	1122	1188	1254	1320
67	737	804	871	938	1005	1072	1139	1206	1273	1340
68	748	816	884	952	1020	1088	1156	1224	1292	1360
69	759	828	897	966	1035	1104	1173	1242	1311	1380
70	770	840	910	980	1050	1120	1190	1260	1330	1400
71	781	852	923	994	1065	1136	1207	1278	1349	1420
72	792	864	936	1008	1080	1152	1224	1296	1368	1440
73	803	876	949	1022	1095	1168	1241	1314	1387	1460
74	814	888	962	1036	1110	1184	1258	1332	1406	1480
75	825	900	975	1050	1125	1200	1275	1350	1425	1500
76	836	912	988	1064	1140	1216	1292	1368	1444	1520
77	847	924	1001	1078	1155	1232	1309	1386	1463	1540
78	858	936	1014	1092	1170	1248	1326	1404	1482	1560
79	869	948	1027	1106	1185	1264	1343	1422	1501	1580
80	880	960	1040	1120	1200	1280	1360	1440	1520	1600
81	891	972	1053	1134	1215	1296	1377	1458	1539	1620
82	902	984	1066	1148	1230	1312	1394	1476	1558	1640
83	913	996	1079	1162	1245	1328	1411	1494	1577	1660
84	924	1008	1092	1176	1260	1344	1428	1512	1596	1680
85	935	1020	1105	1190	1275	1360	1445	1530	1615	1700
86	946	1032	1118	1204	1290	1376	1462	1548	1634	1720
87	957	1044	1131	1218	1305	1392	1479	1566	1653	1740
88	968	1056	1144	1232	1320	1408	1496	1584	1672	1760
89	979	1068	1157	1246	1335	1424	1513	1602	1691	1780
90	990	1080	1170	1260	1350	1440	1530	1620	1710	1800
91	1001	1092	1183	1274	1365	1456	1547	1638	1729	1820
92	1012	1104	1196	1288	1380	1472	1564	1656	1748	1840
93	1023	1116	1209	1302	1395	1488	1581	1674	1767	1860
94	1034	1128	1222	[illegible]	1410	1504	1598	1692	1786	1880
95	1045	1140	1235	[illegible]	1425	1520	1615	1710	1805	1900
96	1056	1152	1248	1344	1440	1536	1632	1728	1824	1920
97	1067	1164	1261	1358	1455	1552	1649	1746	1843	1940
98	1078	1176	1274	1372	1470	1568	1666	1764	1862	1960
99	1089	1188	1287	1386	1485	1584	1683	1782	1881	1980
	11	12	13	14	15	16	17	18	19	20

	21	22	23	24	25	26	27	28	29	30
56	1176	1232	1288	1344	1400	1456	1512	1568	1624	1680
57	1197	1254	1311	1368	1425	1482	1539	1596	1653	1710
58	1218	1276	1334	1392	1450	1508	1566	1624	1682	1740
59	1239	1298	1357	1416	1475	1534	1593	1652	1711	1770
60	1260	1320	1380	1440	1500	1560	1620	1680	1740	1800
61	1281	1342	1403	1464	1525	1586	1647	1708	1769	1830
62	1302	1364	1426	1488	1550	1612	1674	1736	1798	1860
63	1323	1386	1449	1512	1575	1638	1701	1764	1827	1890
64	1344	1408	1472	1536	1600	1664	1728	1792	1856	1920
65	1365	1430	1495	1560	1625	1690	1755	1820	1885	1950
66	1386	1452	1518	1584	1650	1716	1782	1848	1914	1980
67	1407	1474	1541	1608	1675	1742	1809	1876	1943	2010
68	1428	1496	1564	1632	1700	1768	1836	1904	1972	2040
69	1449	1518	1587	1656	1725	1794	1863	1932	2001	2070
70	1470	1540	1610	1680	1750	1820	1890	1960	2030	2100
71	1491	1562	1633	1704	1775	1846	1917	1988	2059	2130
72	1512	158	1656	1728	1800	1872	1944	2016	2088	2160
73	1533	1606	1679	1752	1825	1898	1971	2044	2117	2190
74	1554	1628	1702	1776	1850	1924	1998	2072	2146	2220
75	1575	1650	1725	1800	1875	1950	2025	2100	2175	2250
76	1596	1672	1748	1824	1900	1976	2052	2128	2204	2280
77	1617	1694	1771	1858	1925	2002	2079	2156	2233	2310
78	1638	1716	1794	1872	1950	2028	2106	2184	2262	2340
79	1659	1738	1817	1896	1975	2054	2133	2212	2291	2370
80	1680	1760	1840	1920	2000	2080	2160	2240	2320	2400
81	1701	1782	1863	1944	2025	2106	2187	2268	2349	2430
82	1722	1804	1886	1968	2050	2132	2214	2296	2378	2460
83	1743	1826	1909	1992	2075	2158	2241	2324	2407	2490
84	1764	1848	1932	2016	2100	2184	2268	2352	2435	2520
85	1785	1870	1955	2040	2125	2210	2295	2380	2466	2550
86	1806	1892	1978	2064	2150	2236	2322	2408	2494	2580
87	1827	1914	2001	2088	2175	2262	2349	2436	2523	2610
88	1848	1936	2024	2112	2200	2288	2376	2464	2552	2640
89	1869	1958	2047	2136	2225	2314	2403	2492	2581	2670
90	1890	1980	2070	2160	2250	2340	2430	2520	2610	2700
91	1911	2002	2093	2184	2275	2366	2457	2548	2639	2730
92	1932	2024	2116	2208	2300	2392	2484	2576	2668	2760
93	1953	2046	2139	2232	2325	2418	2511	2604	2697	2790
94	1974	2068	2162	2256	2350	2444	2538	2632	2726	2820
95	1995	2090	2185	2280	2375	2470	2565	2660	2755	2850
96	2016	2112	2208	2304	2400	2496	2592	2688	2784	2880
97	2037	2134	2231	2328	425	2522	2619	2716	2813	2910
98	2058	2156	2254	2352	2450	2548	2646	2744	2842	2940
99	2079	2178	2277	2376	2475	2574	2673	2772	2871	2970
	21	22	23	24	25	26	27	28	29	30

	31	32	33	34	35	36	37	38	39	40
56	1736	1792	1848	1904	1960	2016	2072	2128	2184	2240
57	1767	1824	1881	1938	1995	2052	2109	2166	2223	2280
58	1798	1856	1914	1972	2030	2088	2146	2204	2262	2320
59	1829	1888	1947	2006	2065	2124	2183	2242	2301	2360
60	1860	1920	1980	2040	2100	2160	2220	2280	2340	2400
61	1891	1952	2013	2074	2135	2196	2257	2318	2379	2440
62	1922	1984	2046	2108	2170	2232	2294	2356	2418	2480
63	1953	2016	2079	2142	2205	2268	2331	2394	2457	2520
64	1984	2048	2112	2176	2240	2304	2368	2432	2496	2560
65	2015	2080	2145	2210	2275	2340	2405	2470	2535	2600
66	2046	2112	2178	2244	2310	2376	2442	2500	2574	2640
67	2077	2144	2211	2278	2345	2412	2479	2546	2613	2680
68	2108	2176	2244	2312	2380	2448	2516	2584	2652	2720
69	2139	2208	2277	2346	2415	2484	2553	2622	2691	2760
70	2170	2240	2310	2380	2450	2520	2590	2660	2730	2800
71	2201	2272	2343	2414	2485	2556	2627	2698	2769	2840
72	2232	2304	2376	2448	2520	2592	2664	2736	2808	2880
73	2263	2336	2409	2482	2555	2628	2701	2774	2847	2920
74	2294	2368	2442	2516	2590	2664	2738	2812	2886	2960
75	2325	2400	2475	2550	2625	2700	2775	2850	2925	3000
76	2356	2432	2508	2584	2660	2736	2812	2888	2964	3040
77	2387	2464	2441	2618	2695	2772	2849	2926	3003	3080
78	2418	2496	2474	2652	2730	2808	2886	2964	3042	3120
79	2449	2528	2607	2686	2765	2844	2923	3002	3081	3160
80	2480	2560	2640	2720	2800	2880	2960	3040	3120	3200
81	2511	2592	2673	2754	2835	2916	2997	3078	3159	3240
82	2542	2624	2706	2788	2870	2952	3034	3116	3198	3280
83	2573	2656	2739	2822	2905	2988	3071	3154	3237	3320
84	2604	2688	2772	2856	2940	3024	3108	3192	3276	3360
85	2635	2720	2805	2890	2975	3060	3145	3230	3315	3400
86	2666	2752	2838	2924	3010	3096	3182	3268	3354	3440
87	2697	2784	2871	2958	3045	3132	3219	3306	3393	3480
88	2728	2816	2904	2992	3080	3168	3256	3344	3432	3520
89	2759	2848	2937	3026	3115	3204	3293	3382	3471	3560
90	2790	2880	2970	3060	3150	3240	3330	3420	3510	3600
91	2821	2912	3003	3094	3185	3276	3367	3458	3549	3640
92	2852	2944	3036	3128	3220	3312	3404	3496	3588	3680
93	2883	2976	3069	3162	3255	3348	3441	3534	3627	3720
94	2914	3008	3102	3196	3290	3384	3478	3572	3666	3760
95	2945	3040	3135	3230	3325	3420	3515	3610	3705	3800
96	2976	3072	3168	3264	3360	3456	3552	3648	3744	3840
97	3007	3104	3201	3298	3395	3492	3589	3686	3783	3880
98	3038	3136	3234	3332	3430	3528	3626	3724	3822	3920
99	3069	3168	3267	3366	3465	3564	3663	3762	3861	3960
	31	32	33	34	35	36	37	38	39	40

DEUXIÈME PARTIE

SYSTEME DES POIDS ET MESURES.

Tout notre système de poids et mesures a pour base le *mètre*, cette mesure est la dix-millionième partie du quart de la circonférence de la terre (distance du pôle à l'équateur); c'est la longueur d'un pendule battant les secondes, sous le 45° de latitude, au niveau de la mer, et à la température de 0°; on a voulu rattacher ainsi la base du système à une mesure immuable qu'on pût toujours retrouver.

Toutes les autres mesures dérivent du mètre : les unités de surface sont le *mètre carré*, et l'*are* équivalant à cent mètres carrés; l'unité de volume est le *mètre cube*; l'unité de poids est le *kilogramme*, c'est-à-dire le poids d'un décimètre cube d'eau distillée, pesé dans le vide à la température de 4° centigrades.

Pour conserver le mètre, on en a fait faire des étalons, dont l'un en platine est conservé dans les archives de l'État.

L'application du système décimal aux diverses mesures s'est faite au moyen d'une échelle fort simple. Cette échelle, partant de l'unité de mesure, s'élève par multiples de dix en dix fois plus grands, auxquels on a donné le nom de *déca*, qui signifie dix ou dix fois plus; *hecto*, cent ou cent fois plus; *kilo*, mille ou mille fois plus; *myria*, dix mille ou dix mille fois. L'échelle s'abaisse dans un sens inverse également par sous-multiples de dix en dix fois plus petits, auxquels on a donné le nom de *deci* ou dix fois plus petit, *centi* ou cent fois plus petit, et *milli* ou mille fois plus petit.

CHAPITRE Ier. — MESURES DE LONGUEUR ET DE SURFACE.

Le mètre a été divisé en 10 parties constituant des *décimètres*, chaque décimètre en 10 autres nommées *centimètres*, puis le centimètre a encore été partagé en 10 divisions appelées *millimètres*.

Agissant dans un ordre inverse, au lieu de *diviser* par 10, on a *multiplié* le mètre par 10, pour former d'autres unités de longueur : 10 mètres forment le décamètre employé ordinairement pour les chaînes d'arpenteur; 100 mètres donnent l'*hectomètre*, peu usité; 1000 mètres constituent le kilomètre, base de la mesure des distances des routes, postes, etc.

Voici le tableau des multiples et sous multiples du mètre :

Myriamètre.	1 0 0 0 0 . . .
Kilomètre.	. 1 0 0 0 . . .
Hectomètre.	. . 1 0 0 . . .
Décamètre.	. . . 1 0 . . .
Mètre	. . . . 1 . . .
Decimètre.	. . . . 0, 1 . .
Centimètre.	. . . . 0, 0 1 .
Millimètre.	. . . . 0, 0 0 1

Ce tableau fait voir, au premier aspect, la subordination des multiples et sous multiples du mètre et de tel autre de ses multiples ou sous-multiples qu'on voudrait prendre pour unité. A l'aide des points on compte tout de suite le nombre de mètres ou de parties du mètre.

Si, par exemple, on veut savoir le rapport de l'hectomètre au centimètre, on abaisse, par la pensée, le chiffre 1 significatif de l'hectomètre sur la ligne du centimètre, en suivant sa colonne d'ordre ; il tombe quatre rangs plus à droite que le centimètre. Celui-ci est donc la 10000e partie de l'hectomètre. On voit, de la même manière, que le myriamètre égale 10 millions de millimètres.

L'unité de mesure de surface est le mètre carré.

Voici les multiples et les sous-multiples du mètre carré :

Myriamètre carré	1 0 0 0 0 0 0 0 0 . . . . . .
Dixième de myr. carré. .	. 1 0 0 0 0 0 0 0 . . . . . .
Kilomètre carré	. . 1 0 0 0 0 0 0 . . . . . .
Dixième de kil. carré. . .	. . . 1 0 0 0 0 0 . . . . . .
Hectomètre carré (hectare). .	. . . . 1 0 0 0 0 . . . . . .
Dixième d'hectom. carré	. . . . . 1 0 0 0 . . . . .
Décamètre carré (are). . .	. . . . 1 0 0 . . . . . .
Dixième de décamèt. carré.	. . . . 1 0 . . . . . .
Mètre carré (centiare) . . .	. . . . 1 . . . . . .
Dixième de mètre carré .	. . . . 0, 1 . . . . .
Décimètre carré	. . . . 0 0 1 . . . .
Dixième de décimèt. carré.	. . . . 0, 0 0 1 . . .
Centimètre carré. . . .	. . . . 0. 0 0 0 1 . .
Dixième de centim. carré.	. . . . 0, 0 0 0 0 1 .
Millimètre carré	. . . . 0, 0 0 0 0 0 1

Quoique dérivant du mètre, l'unité de surface varie d'étendue ; des surfaces très-petites s'évaluent en *millimètres*, *centimètres*, *décimètres* carrés. On emploie le mètre carré pour des surfaces plus étendues ; quand on veut apprécier des superficies plus considérables encore, *les champs*, par exemple, on se sert de l'are qu'on nomme par ce motif unité de la *mesure agraire*.

L'are est un carré de 10 mètres de côté et composé ainsi de 100 mètres carrés, qu'on nomme, dans cette circonstance, *centiares*. 100 ares forment un hectare.

On voit dans le tableau ci-dessus que les mesures de superficie ne se divisent ni ne se multiplient plus de 10 en 10 comme les mesures de longueur, mais de 100 en 100 comme le carré de leurs côtés; la virgule se recule de deux chiffres pour chaque division de l'unité. Si on voulait donc écrire 8 mètres 5 décimètres 4 centimètres carrés, il ne faudrait pas écrire, comme pour les mesures linéaires, 8m.,54, mais 8m. carrés, 0504.

Il suit encore de là que quand les chiffres décimaux ne sont pas en nombre pair, on écrit 0 à la droite des chiffres décimaux; on n'écrit pas 3m.carrés,1, mais 3m.,10.

CHAPITRE II. — MESURES DE VOLUME ET DE CAPACITÉ.

§ 1er. — *Mètre cube et stère.*

L'unité de mesure du volume est le *cube*. Le cube, dont chacune des faces a un mètre carré, est un mètre carré. Le décimètre cube, le centimètre cube, le millimètre cube sont des cubes dont les six faces ont chacune un décimètre, un centimètre, un millimètre carré.

Le volume d'un cube s'obtient en faisant la troisième puissance de l'une de ses arêtes, ou bien en multipliant la surface de sa base par sa hauteur.

La série des sous-multiples du mètre cube s'ordonne de la manière suivante :

Mètre cube.	1.........
Dixième de mètre cube.	0,1......
Centième de mètre cube	0,01.....
Décimètre cube.	0,001....
Dixième de décimètre cube.	0,0001..
Centième de décimètre cube . . .	0,00001.
Millimètre cube.	0,000001.

On voit que les mesures de solidité ne se multiplient ni ne se divisent pas de 10 en 10 comme les mesures de longueur, ou de 100 en 100 comme les mesures de surface, mais de 1000 en 1000, et cela par le motif que le mètre cube est le produit de la multiplication répétée deux fois de son côté par lui-même. Le décimètre cube n'est donc plus la 10e ou la 100e, mais la 1000e partie du mètre cube. On doit avoir ces principes présents à l'esprit quand on écrit un sous-multiple du mètre cube. Ainsi 131 décimètres cubes s'écrirait : 0m.c.,131, et 20 millimètres cubes, 0m.c.,000020.

On lit ordinairement par tranches de trois en trois; on ajoute des zéros à la dernière tranche si elle n'atteint pas ce nombre. Ainsi 0,265,400 se prononcerait 265 décimètres, 400 millimètres cubes; 0m.c.,001,024, 1 décimètre, 24 centimètres cubes.

Pour la mesure du bois on a adopté le mètre cube, mais on lui donne le nom de *stère*.

Le stère est employé pour le bois de chauffage. Pour mesurer des quantités de bois considérables, on se sert du décastère, multiple du stère; le sous-multiple du stère est le décistère; il est employé pour mesurer le bois d'œuvre.

Le décastère	10	=	10 mètr. cub.
Le stère, mètre cube .	1	=	1 mètr. cub.
Le décistère.	0,1	=	0,100 décim. cub.

Ici la série des multiples ou sous-multiples n'augmente que de 10 en 10. Le bois se vend également au poids dans beaucoup de localités; à Paris, on évalue le poids du chêne sec à 450 kilogrammes, celui du bouleau à 300. Ce poids ne représente qu'environ la moitié du poids du bois en volume réel et sans vide. Un morceau de bois de chêne. d'un décimètre cube, peut peser, sec, environ 8 hectogrammes, soit 800 kilogr. le mètre cube. L'humidité du bois influe beaucoup sur la valeur réelle du bois vendu au poids. Le chêne fraîchement abattu contient 0,35 d'eau, et sec, il en retient encore 0,25; le peuplier, à l'état vert, contient 0,51 d'eau. Il faut donc, dans l'achat du bois au poids, tenir compte de l'état de siccité.

La mesure en usage pour le bois de chauffage est une *membrure*, ou châssis, composée d'une *sole*, et de deux *montants*. La longueur de la sole est de 1 mètre, 2 mètres ou 5 mètres, suivant que la membrure doit mesurer 1 stère, 2 stères, ou un demi-décastère. Lorsque la longueur de la bûche est de 1 mètre juste, les montants ont également cette hauteur. Mais, dans certaines localités, la bûche ayant plus ou moins que cette longueur, la hauteur des montants est modifiée en conséquence.

La table suivante indique la hauteur qu'on doit donner à la membrure, mesurant toujours 1 mètre entre les montants, pour obtenir le stère avec des bois de diverses longueurs, depuis 1m,42 jusqu'à 0m,70. Cette table sert également pour évaluer, dans une vente, les bois cordés.

Longueur de la bûche.	Hauteur de la membrure.	Longueur de la bûche.	Hauteur de la membrure.
$1^m,42$.	$0^m,70$	1^m.	1 [illegible]...
$1^m,38$.	$0^m,73$	$0^m,98$.	$1^m,2$.
$1^m,34$.	$0^m,75$	$0^m,94$.	$1^m,6$.
$1^m,30$.	$0^m,77$	$0^m,90$.	$1^m,11$
$1^m,26$.	$0^m,79$	$0^m,86$.	$1^m,16$
$1^m,22$.	$0^m,82$	$0^m,82$.	$1^m,22$
$1^m,18$.	$0^m,85$	$0^m,78$.	$1^m,28$
$1^m,14$.	$0^m8,8$	$0^m,74$.	$1^m,36$
$1^m,10$	$0^m,91$	$0^m,70$.	$1^m,43$
$1^m,06$.	$0^m,94$	$0^m,66$.	$1^m,52$
$1^m,02$.	$0^m,98$	$0^m,62$.	$1^m,61$

La longueur des bûches peut encore apporter quelques différences dans la contenance du stère, quand ces bûches sont plus ou moins courbes. En général, le bois cube d'autant plus que les bûches sont plus courtes.

§ II. — *Mesures de capacité.*

Les matières liquides ou les matières sèches composées de parties divisées se mesurent dans des vases en bois ou en métal ayant une capacité ou un volume intérieur déterminé, et qu'on nomme mesures de capacité. L'unité de mesure de capacité est le *litre;* c'est un vase contenant un décimètre cube.

Voici la série de ses multiples et sous-multiples, qu'on a rapprochée du mètre cube pour bien faire saisir le rapport de volume du litre avec les sous-multiples du mètre.

Kilolitre (mètre cube). . . .	1 0 0 0 . . . .
Hectolitre.	. 1 0 0 . . . . .
Décalitre	. . 1 0 . . . . . .
Litre (décimètre cube)	. . . 1 . . . . . .
Décilitre	. . . 0, 1 . . . . .
Centilitre.	. . . 0, 0 1 . . . .
Millilitre (centimètre cube) .	. . . . 0, 0 0 1 . . .
Millimètre cube. . .	. . . 0, 0 0 0 0 0 1

Ces multiples et sous-multiples du litre, à la différence du mètre cube et de l'are, n'augmentent ou ne diminuent que par dixièmes, ainsi que le stère.

Les mesures de capacité usuelles se divisent en mesures pour les matières sèches et mesures pour les liquides. Pour les matières sèches les mesures sont, d'après la loi, en bois de chêne, garnies d'armatures et de cercles qui les consolident et en limitent exactement les bords.

Le tableau suivant indique les mesures admises par la loi et leurs dimensions. Ces mesures sont cylindriques; la profondeur doit en être égale à la largeur ou diamètre. On aura donc, avec un mètre bien divisé, la facilité de vérifier toutes les mesures. On doit remarquer que les dimensions portées dans la table ont été calculées, en supposant les mesures parfaitement cylindriques à l'intérieur sans aucune armature, barres, boulons, potences, etc., susceptibles d'en diminuer la contenance. Dans les mesures garnies intérieurement de quelque moteur, la hauteur doit être plus forte que celle désignée.

	HAUTEUR ET DIAMÈTRE. millimètres.		HAUTEUR ET DIAMÈTRE. millimètres.
HECTOLITRE (100 litres) . .	503.1	LITRE	108.4
Demi-hectolitre (50 litres).	399.3	Demi-litre	86.0
Double décalitre (20 litres)	294.2	Double décilitre	68.4
DÉCALITRE (10 litres) . . .	233.5	DÉCILITRE	50.3
Demi décalitre (5 litres). .	185.3	Demi-décilitre	39.9
Double litre (2 litres). .	136.6		

La forme et la dimension des mesures, la nature des marchandises, la manière de mesurer exercent sur le résultat du mesurage des influences qu'il est important de connaître. Quant à la *forme* de la mesure, le cylindre a été préféré à la forme carrée, comme plus maniable et plus régulier dans ses résultats, surtout pour les matières un peu volumineuses. Les parois déterminant dans la mesure un certain vide qui est proportionnel à leur surface, une mesure carrée renfermera moins de grains qu'une mesure cylindrique.

Une mesure renferme d'autant plus de grains qu'elle est plus haute proportionnellement à sa largeur. Il n'y a donc pas avantage pour le marchand à mesurer les grains dans les mesures des liquides.

Les mesurages successifs dans de petites mesures donnent une quantité moins considérable qu'un mesurage unique dans une grande mesure de capacité équivalente, ce qui s'explique par le tassement et la perte résultant des parois. Si, par exemple, on cubait un tas de millet qu'on trouverait de 5000 litres (ou 5 mètres cubes), on trouverait, en le mesurant à l'hectolitre, environ 612 litres, au décalitre 525, au litre 550 litres de différence.

La marchandise influe sur le mesurage par sa forme; une mesure contient plus de grains de forme cylindrique que de grains sphériques. A densité égale, un litre de grains ovoïdes pèsera plus qu'un litre de grains ronds. Dans les mêmes conditions, le petit grain pèse plus que le gros, le grain sec plus que le grain humide. Deux graines réunies, si l'une est plus petite que l'autre, occuperont moins de volume : ainsi 1 hectolitre de pois et 1 hectolitre de millet feront 180 à 185 litres seulement. 2 hectolitres de pommes de terre, l'un de grosses pesant $60^{k},50$, et l'autre de petites pesant $65^{k},50$, n'ont donné, mélangés, que 190 litres. Il y a certaines proportions dans le mélange des graines grosses et petites qui donnent un plus ou moins grand degré de concentration; ainsi 3 hectolitres de pois et 3 de millet donnent 5 hectolitres seulement. Si, au lieu d'une graine on y ajoutait de l'eau, la concentration serait plus grande encore. Elle peut s'élever à 1/4. A 1 hectolitre de pois on pourrait ajouter 25 litres d'eau sans dépasser la mesure. C'est ainsi que la fraude peut, en ajoutant du sable au grain, en augmenter beaucoup le poids, la mesure restant la même. La perte qui résulte des petites mesures pour l'acheteur est d'autant plus grande que les marchandises sont moins divisées : on peut citer comme exemple des pommes de terre mesurées dans un demi-décalitre.

Les préparations que la fraude fait subir à certains grains en rendent encore quelquefois le mesurage plus incertain, ainsi l'avoine renflée à l'humidité, soumise à la chaleur qui dilate son écorce, à des remuages violents qui font rebrousser son extrémité, peut augmenter beaucoup de volume. Il résulte d'expériences faites avec beaucoup de soin que si on fait absorber à 10 hectolitres de blé pesant 75 kilog. l'hectolitre 50 litres d'eau, dont le poids est de 50 kilog., on obtient 11 hectolitres. On augmente ainsi la masse totale de 10 p. 100, mais en même temps le poids de l'hectolitre diminue d'environ $2^{k},5$, c'est-à dire de 3 à 4 p. 100.

Si on fait absorber 10 hectolitres d'eau pesant 1000 kilogr. à 100 hectolitres d'avoine pesant $51^{k},80$ l'hectolitre, on obtient après 30 heures 145 hectolitres, la masse augmente de la sorte de 45 p. 100; mais l'hectolitre ne pèse plus que 42 ou 43 kilog., et se trouve diminué en poids de 18 p. 100. Un acheteur tant soit peu intelligent reconnaît facilement la fraude, et la victime, en dernière analyse, est toujours le fraudeur, qui finit par perdre la confiance.

La manière de mesurer change également le résultat; si on verse du sac dans la mesure d'une certaine hauteur, si on emplit celle-ci en la poussant sur le tas, si on la pose rudement sur le sol, si on la heurte ou la remue, il s'opère un tassement qui peut s'élever jusqu'à 1/3 pour des graines ordinaires, mais beaucoup plus haut pour certaines matières légères, telles que le son, les recoupes, etc.

Dans d'autres circonstances, on allégit considérablement le mesurage en versant la graine à la pelle très-doucement et en la faisant tomber sur les parois de la mesure. Voici comment on procède pour la vérification des mesures : de la graine de millet ou de colza est mise dans un vase en bois en forme de pyramide quadrangulaire renversée; à la partie inférieure est un trou circulaire fermé par un bouchon. Le milieu de la mesure, sans traverses ni armatures, est placé un peu au-dessous du trou qu'on débouche; la graine s'échappe et vient remplir la mesure jusqu'au comble. On ne doit pas aider au tassement en secouant le vase; on se borne à passer la rafle sur les bords.

Légalement on doit *rafler* ou racler la mesure; dans certains cas cependant on mesure *comble*, *demi-comble*, *grain sur bord;* il y a encore plus d'incertitude pour ces mesures. On rafle tantôt avec une planchette à bords très-droits, tantôt avec un rouleau. Le mouvement ne doit pas être trop brusque. Le *comble* varie suivant la nature des grains; il est d'autant plus considérable que les grains sont plus gros et adhèrent mieux les uns aux autres et sont arrangés plus ou moins habilement. Le comble peut varier de 10 à 25 p. 100 de la mesure. Des pommes de terre mesurées au demi-décalitre ont donné, comblées à la pelle, 14 p. 100; à la main 20 pour 100 en sus de la mesure.

Sur tous les marchés aux grains il existe des mesureurs jurés qui exécutent cette opération, certaines mesures sont même pourvues d'un racloir mobile fixé à pivot sur le côté, opérant toujours d'une manière identique et régulière.

Les mesures de capacité pour les liquides se divisent, d'après la loi, en trois classes : 1° celles qui peuvent être en cuivre, tôle ou fonte; leur diamètre égale leur hauteur, et leur série comprend le demi-hectolitre, le double décalitre et le demi-décalitre; 2° celles en étain, particulièrement réservées au vin, au vinaigre : la hauteur est double du diamètre; 3° celles en fer-blanc.

Les premières sont des vases cylindriques ayant le diamètre de la base égale à la hauteur, elles comprennent :

	haut. intér.
L'hectolitre.	0^{m},5031.
Demi-hectolitre. . .	0,3993.
Double décalitre . .	0,2942.
Décalitre	0,2335.
Demi-décalitre. . .	0,1853.

Les mesures en étain pour le vin sont, soit sans anse, soit avec anse sans couvercle, soit enfin avec anse et couvercle; la profondeur est double du diamètre; en voici la série :

NOMS DES MESURES.	DIAMÈTRE. millimètres.		HAUTEUR INTÉR. millimètres.		POIDS de la mesure en grammes.
Double litre.	108.4	—	216.7	—	1700
LITRE.	86.0	—	172.0	—	1100
Demi litre.	68.3	—	136.6	—	650
Double décilitre.	50.3	—	100 6	—	335
DÉCILITRE.	39.9	—	79.9	—	180
Demi-décilitre.	31.7	—	63.4	—	150
Double centilitre.	23.4	—	46.7	—	60
CENTILITRE.	18.5	—	37.1	—	35

La série des mesures pour l'huile est la même, moins le double litre. Du reste, cette denrée se vend ordinairement au poids; l'huile de colza se vend en gros à la tonne de 91 kilog.

Dans le commerce on trouve la quantité d'huile contenue dans un fût en retranchant $\frac{1}{6}$ du poids brut et en ajoutant au produit de la soustraction $\frac{1}{9}$ de ce même produit.

Des mesures pour la vente du lait ont, comme celles des matières sèches, le diamètre égal à la profondeur. Elles sont en fer-blanc. La série commence au double litre et finit au demi-décilitre.

Les tonneaux employés par le commerce en gros des vins et des eaux-de-vie ne sont pas reconnus par la loi comme mesures du vin qu'ils contiennent. La capacité des tonneaux varie à l'infini. Les pièces portant le même nom, par suite de l'usage et des réparations n'ont pas toujours la même capacité.

Dimensions à donner aux futailles d'après le système métrique.

Noms et contenance des pièces.	Litres.	Long. intér.	Diam. bouge.	Diam. fonds.
Demi-hectolitre	50	454mm	389mm	345mm
—	75	520	445	395
Hectolitre.	100	572	490	435
—	125	616	528	469
—	150	655	561	499
Double hectolitre. . .	200	720	618	548
—	250	776	665	591
—	300	825	707	628
—	400	908	778	691
Demi-kilolitre.	500	978	838	745
—	000	1000	001	701
—	700	1093	938	833
—	800	1144	980	871
—	900	1190	1019	906
Kilolitre.	1000	1232	1095	938

CHAPITRE III. — MESURES DE POIDS.

L'unité de poids est le gramme, poids d'un centimètre d'eau distillée prise à la température de 4 degrés au-dessus de 0 et pesée dans le vide.

Le tableau suivant résume la série des multiples et sous-multiples du gramme :

Myriagramme	1 0 0 0 0 . . . .
Kilogramme	. . 1 0 0 0 . . . .
Hectogramme..	. . 1 0 0 . . . .
Décagramme.	. . . 1 0 . . . .
Gramme	. . . . 1 . . . .
Décigramme.	. . . . . 0,1 . .
Centigramme..	. . . . . 0,0 1 .
Milligramme.	. . . . . 0,0 0 1

Le poids de 1000 kilogrammes est reconnu par la loi comme poids du tonneau de mer, qu'on désigne encore par le nom de tonne.

Le quintal métrique est un poids de 100 kilogrammes.

Les poids employés dans les pesées sont en fonte ou en cuivre. La forme de ces poids est, pour ceux au-dessus de 10 kilogrammes, celle d'une pyramide tronquée dont la base est rectangulaire, pour les autres, d'une pyramide tronquée à six pans; la série se compose, outre le poids de 50 kilogrammes très-peu employé, des poids suivants :

20 kilog.	$\frac{1}{2}$ kilog.
10 id.	2 hecto.
5 id.	2 hecto.
2 id.	1 hecto.
1 id.	$\frac{1}{2}$ hecto.

En tout 11 poids pesant ensemble 89 kilog. 5.

Quoiqu'on fasse des poids en cuivre jusqu'à 5 kilogrammes, cependant la matière étant beaucoup plus chère, la série des poids de cuivre se compose d'ordinaire seulement des 13 poids suivants ayant la forme d'un petit cylindre, surmonté d'un bouton.

1 poids de 1 k. . .	1000 gr.	1 double décag. . .	20 gr.
1 de 5 hecto. . .	500 gr.	2 de 10 décag.. . .	20
1 de 2 hecto. . .	200	1 demi décag. . . .	5
2 de 1 hecto. . .	200	2 de 2 grammes.. .	4
1 de $\frac{1}{2}$ hecto. . .	50	1 de 1 gramme. . .	1
			2000 gr.

On se sert pour peser les matières précieuses, et dans les laboratoires de petits poids également en cuivre, mais dans la forme de feuilles minces; la série se compose de 12 petits poids, qui sont le demi-gramme, le décigramme; le demi-décigramme, le double centigramme, le centigramme, le double milligramme, le milligramme

La *pesée simple* consiste à mettre sur l'un des plateaux le corps à peser et le poids sur l'autre. Quand une balance n'est pas suffisamment exacte, on pèse l'objet alternativement dans les deux plateaux et on prend la moyenne des deux résultats. Quand on veut avoir une grande précision, on équilibre d'abord le corps à peser avec un contre-poids quelconque, tel que des grains de plomb ou du sable, et on remplace le corps par des poids qui se trouvent de nouveau en équilibre avec le contre-poids; c'est la méthode des *doubles pesées.*

§ 1er. — *Rapports du poids au volume et pesanteur spécifique.*

On a nommé *pesanteur spécifique* ou encore *densité* le rapport du poids au volume, ou le poids d'un certain volume d'une matière, en le rapportant à un même volume d'eau.

Pour les matières liquides, la détermination du volume et sa comparaison avec celui de l'eau est facile. Il n'en est pas de même pour les corps solides dont on ne peut pas toujours obtenir le volume, soit à cause de leur petitesse, soit par suite de leurs formes irrégulières, etc. On a vu que, même pour les corps très-divisés qui paraissent pouvoir se mesurer comme l'eau dans des vases, on n'obtient par ce mesurage que le volume apparent, puisqu'un litre plein de froment peut encore recevoir plus de $0^l,24$ d'eau sans déborder.

Voici le moyen le plus ordinaire auquel on a recours pour obtenir facilement le poids réel du volume de ces différents corps. 1° On les pèse dans l'air. 2° On prend en même temps le poids d'une certaine quantité d'eau renfermée dans un vase qu'elle remplit exactement. 3° On introduit entièrement dans le vase le corps dont on cherche le poids spécifique; ce corps déplace et fait sortir du vase un volume d'eau égal au sien; on prend de nouveau le poids de l'eau du vase: la différence entre le poids de l'eau expulsée et celui du corps d'abord pesé dans l'air indique la pesanteur spécifique ou le rapport du volume de ce corps à un même volume d'eau.

Pesanteurs spécifiques de différents corps.

Métaux.

Platine laminé.	22 0690	Cuivre jaune ou laiton .	8 393
Or, monnaie de France.	17,65	Acier non écroui	7,8163
Mercure	13,5980	Fonte de fer	7,2070
Plomb.	11,445	Fer en barre.	7 7 80
Argent fondu.	10,4743	Étain fondu	7,2914
Cuivre rouge fondu. . .	8,7880	Zinc fondu.	6,8610

Substances diverses.

Argile	1,933	Verre	2,732
Beurre	0,942	***Bois.***	
Charbon de bois	0,250	Aune	0,800
Cire jaune	0.974	Buis	0,942
Glace fondante	0,930	Cèdre	0,596
Graisse de bœuf et mouton	0,923	Chêne, aubier	0,540
Graisse de porc	0,936	d° cœur	1,170
Graisse de veau	0,034	d° sec	0,740
Suif	0.944	Chêne frais	0,850
Grès à paver	2,415	Érable	0,775
Miel	1,450	Frêne	0,845
Os de bœuf	1,656	Hêtre	0.842
Pierre à plâtre	2.467	Noyer et orme	0,671
Pierre de liais de Liége	2.077	Peuplier blanc	0 329
Pierre meulière	2.483	Peuplier ordinaire	0 383
Sable de rivière	1,880	Sapin femelle	0,498
Sucre raffiné	1,606	Sapin rouge	0,657

Grains et graines.

Froment	1,403	Pois	1,350
Orge d'été	1.35[illegible]	Colza	1,110
Avoine de printemps	1,050	Navette	1.134
Maïs	1,147	Lin	1,163
Millet	1.184	Cameline	1.236
Lentille	1,363	Moutarde blanche	1,236

Liquides.

Eau distillée	1,000	Huile de colza	0.919
Acide chlorhydrique	1.124	d° de térébenthine	0,875
d° nitrique	1,271	Lait d'ânesse	1,034
Alcool absolu	0,715	d° de brebis	1,034
Alcool du commerce	0,810	d° de chèvre	1,034
Eau de mer	1,026	d° de jument	1,034
Eau-de-vie 22 degrés	0,923	d° de vache	1,033
Huile d'olive	0.915	Vin de Bordeaux	0,993
d° d'œillette	0,928	Vin de Bourgogne	0,991
d° de noix	0.922	Vinaigre d'Orléans	1,038
d° de lin	0 940		

Gaz (pression de $0^m,76$*).*

	Poids du litre.			Poids du litre.	
Air	1gr 293	1,000	Hydrogène	0gr 089	0,069
Azote	1 256	0,971	Oxygène	1 429	1,105
Acide carbonique	1 977	1,529	Vapeur d'eau		623

Poids du mètre cube de diverses substances et matériaux.

	kil.		kil.
Sable de bruyère de	614	à	643
Terreau	828	à	857
Tourbe sèche. . . .	514		»
id. humide. . .	785		»
Terre végétale . . .	1214	à	1285
Id. forte graveleuse	1357	à	1428
Gravier.	1370	à	1480
Argile et glaise. . .	1656	à	1756
Cailloux siliceux . .	1550	à	1650
Marne	1571	à	1642
Sable fin et sec. . .	1399	à	1428
Id. fin et humide.	1900		»
Mâchefer.	780	à	1000

	kil.		kil.
Terre avec sable et gravier.	1860		»
Terre avec petites pierres.	1940		»
Terre grasse avec cailloux	2290		»
Chaux sort. du four.	800	à	857
Id. éteinte en pâte ferme.	1328	à	1428
Houille en fragments	850	à	900
Brique	1508	à	1600
Craie	1214	à	1285
Gran., siénite, gneiss	2356	à	2956

Bois équarris.	m.c.
Chêne	943
Frêne	845
Hêtre	852
Sapin	88
Bois de sciage	614

	m. c.		
Charbon de chêne ou hêtre.	200	à	240
Charbon de bouleau.	220	à	230
Charbon de sapin . .	130	à	150

				le 100 de compte.		
Brique de Bourgogne. . .	$0^m,226$	$0^m,108$	$0^m,054$	241	à	248
Id. de Montereau. . .	$0^m,217$	$0^m,108$	$0^m,050$	208	à	214
Id. de Sarcelles. . . .	$0^m,210$	$0^m,088$	$0^m,047$	180	à	184
Ardoise carrée forte						600
Id. id. fine						500
Id. cartelette.						300
Tuiles de Bourgogne, grand moule de $0^m,298$ sur $0^m,244$ et $0^m,0135$				223	à	225
Tuiles de Sarcelles, de $0^m,257$ sur $0^m,162$ et $0^m,018$. .				112	à	116
Carreaux de $0^m,162$, à six pans, de Bourgogne. . .				84	à	»
Id. . . id. . . id. de Sarcelles. . . .				74	à	»

§ II. — *Aréomètres pèse-liqueur, pèse-lait.*

C'est sur la différence des densités qu'est basé le système d'appréciation de certains liquides, tels que l'alcool, le lait, les moûts et sirops, les acides, etc. On mesure les densités de ces liquides à l'aide d'instruments dont l'application repose sur ce principe, qu'un corps s'enfonce plus ou moins dans un liquide, suivant que ce corps ou que le liquide ont plus ou moins de densité. (Voir notre *Manuel*, 1 vol.)

drique, fermé en haut et terminé par un lest, tel que du mercure ou des grains de plomb placés à sa partie inférieure; l'air intérieur fera flotter cet *aréomètre* dans le liquide, mais l'instrument enfoncera d'autant plus que le liquide sera plus léger.

Deux espèces d'aréomètres sont plus particulièrement employés dans le commerce et l'industrie : celui de Baumé et celui de Cartier, plus nouveau. Ils ne diffèrent que par la graduation.

On distingue les aréomètres de Baumé en *pèse-sels, pèse-acides* et *pèse-sirops*, pour les liquides d'une densité supérieure à l'eau, et en *pèse-liqueurs* ou *pèse-esprits*, pour les liquides plus légers que l'eau.

Pour graduer les premiers, l'instrument est d'abord plongé dans l'eau pure, et il est lesté de manière à s'enfoncer jusque vers le sommet; à ce point d'affleurement commence l'échelle par 0. On le plonge ensuite dans une solution de 15 parties de sel environ dans 85 parties d'eau. On marque 15° au point d'affleurement; on divise l'espace entre ce point et le 0 en 15 degrés, et on continue au-dessous, jusque près du globe, l'échelle qui comprend ordinairement en tout 76°.

Lorsqu'on veut essayer avec cet instrument un acide, une dissolution saline, un jus, on le plonge dans le liquide, et le point de l'échelle qui affleure le niveau de l'eau indique le degré; plus ce degré est élevé, plus la densité est forte.

Pour les aréomètres destinés aux liquides moins pesants que l'eau (*pèse-liqueurs*), on plonge d'abord l'instrument dans de l'eau contenant en dissolution 20 p. 100 de sel, puis ensuite dans l'eau pure. On marque 0 au point d'affleurement dans l'eau salée, et 10 à celui trouvé dans l'eau pure; entre ce dernier point et le premier, qui doit être tout près de la boule, on établit dix divisions qu'on continue ensuite en allant de bas en haut. Dans ces aréomètres, plus le degré est fort, plus la densité est faible. Du reste, dans les deux espèces d'aréomètres, les degrés ne donnent pas directement les densités; on retrouve celle-ci au moyen de tables de concordance.

Les degrés de Baumé sont établis à la température de 12°,5 centigrades.

Comme les aréomètres sont presque toujours destinés par ceux qui les achètent à peser certains liquides spéciaux, il n'est pas nécessaire qu'ils comprennent l'échelle complète, ce qui aurait l'inconvénient d'allonger considérablement la tige aux dépens de la solidité de l'instrument, et de raccourcir beaucoup la boule plongeante, ce qui rend l'instrument moins sensible. On ne construit donc avec les échelles complètes qu'un étalon; on fait ensuite des *pèse-sirops* qui comprennent seulement les degrés de 20 à 36 ; des *pèse-jus*, des *pèse-vins* ou *œnomètres*, dont l'échelle ne s'étend que de 10°, 12° au-dessous du niveau de l'eau, jusqu'à 10 ou 12 degrés au-dessus. L'échelle du *pèse-liqueurs* n'a besoin de comprendre que de 10 à 45°.

L'aréomètre ou pèse-liqueurs de Cartier, plus employé que celui de Baumé, en diffère, en ce qu'après avoir établi l'échelle comme celle de Baumé, à 20° au-dessus ou au-dessous, on partage en 15 degrés égaux 16° de Baumé.

Mais pour l'alcool, l'aréomètre, à peu près exclusivement employé aujourd'hui, est l'alcoomètre centésimal de Gay-Lussac. L'échelle de cet aréomètre est divisée en 100 parties, dont le 0 marque la densité de l'eau pure, et le 100e degré, placé à la partie inférieure, celle de l'alcool absolu ; ces deux densités sont calculées à la température de 15 degrés.

Lorsqu'on veut se servir de cet instrument, on le laisse plonger de son propre poids dans le liquide alcoolique à essayer ; l'instrument arrêté, on lit au niveau du liquide le chiffre de l'échelle correspondant à ce niveau. Ce chiffre indique la quantité en centièmes d'alcool contenue dans le liquide. S'il marque 30 degrés, le liquide renferme 30 parties d'alcool et 70 d'eau.

Lorsque le liquide contient des matières dissoutes autres que de l'alcool et de l'eau, les indications de l'alcoomètre cessent d'être exactes. Dans ce cas, il faut avoir recours à la distillation d'une petite portion du liquide à l'aide d'un petit appareil d'essai. En comparant l'alcool obtenu avec la quantité absorbée par la distillation et la quantité restante, on reconnaît la richesse du liquide. On fait encore usage dans ce cas de l'ébulioscope Vidal.

Dans l'application, l'alcoomètre centésimal simplifie beaucoup les calculs. S'il s'agit par exemple de trouver combien une pièce d'eau-de-vie contient d'alcool pur, on multiplie la quantité du liquide par le degré trouvé à l'alcoomètre, et on divise le produit par 100 en séparant deux chiffres à droite.

L'alcoomètre centésimal ayant été gradué à la température de 15° centigrades, si on opère à des températures plus élevées, la densité du liquide diminuant par la dilatation, l'alcoomètre s'enfonce davantage et marque des degrés plus forts. Il se produit un résultat inverse si on agit à une température moins élevée.

On obtient, par des calculs également faciles, les résultats à provenir des différents mélanges ou *mouillages* ; ainsi :

1°. Pour amener 353 litres d'eau-de-vie du degré 68 au degré 55, il faut multiplier 353 par 0.68, ce qui donne 239 litres 68, et diviser ensuite par 0.55 ; le quotient 435 indique qu'il faut ajouter aux 353 litres d'eau-de-vie 82 litres d'eau pure, pour en porter la quantité à 435 litres, dont le degré sera 55.

2° Pour élever 421 litres, du degré 55 au degré 68, ce qui ne peut se faire qu'en y versant de l'esprit à un degré supérieur, il faut recourir à l'opération suivante :

Le produit de 421 par 0.68 est de. . .	286.28
Celui de 421 par 0.55.	231.55
Différence. . . .	54.73

En divisant ce dernier nombre par la différence du degré de l'esprit qu'on veut employer, avec le degré 68 auquel doit être porté le mélange, c'est-à-dire 32, si l'on employait de l'alcool pur; 21 si l'on emploie du degré 89, etc.; on connaîtra la quantité d'alcool ou d'esprit qu'on devra ajouter aux 421 litres dont il s'agit.

3° Si l'on verse 75 litres d'eau pure sur 425 litres d'eau-de-vie à 66 degrés, pour avoir 500 litres d'eau-de-vie moins forte, quel sera le degré du mouillage? Le produit de 425 par 0.66 est 280.50, qui, divisé par 500, donne pour nouveau degré 56.

4° Veut-on connaître la force qu'aurait un mélange composé de 221 litres à 57, 348 litres à 74, et 115 litres à 65? multipliez comme il suit chacune des qualités :

221, par 0.57, donne.	125.97
348, par 0.74, ...	257.52
115, par 0.65, ...	74.75
Total : 684 litres, donnant en alcool pur,	458.24

En divisant 458.24 par 684, on a pour quotient 67, indiquant le degré du mélange.

Ces exemples suffisent pour mettre à même d'opérer toutes les réductions et rectifications nécessaires; pour simplifier, nous avons négligé les fractions de degré.

Ainsi qu'on l'a vu plus haut, l'alcoomètre centésimal est gradué à la température de 15° centigrades, ou 12 degrés $^1/_2$ de Réaumur : si celle du liquide est différente, on peut la ramener à 15 degrés, en en prenant un échantillon et l'échauffant avec la main, ou le refroidissant dans de l'eau de puits; la table ci-après indique un moyen plus facile et plus sûr.

Si l'on n'avait sous la main ni l'alcoomètre centésimal, ni le thermomètre centigrade, on pourrait également opérer avec l'aréomètre de Cartier et le thermomètre de Réaumur, en se réglant sur les tables suivantes, qui indiquent la correspondance de ces différents instruments.

La table suivante, extraite du *Traité des poids et mesures* de

M. Tarbé, fournit le moyen de ramener par le calcul le liquide essayé à la température de l'alcoomètre centésimal.

Degrés marq. par l'alcoomètre centésimal.	DEGRÉS RÉELS, AUX TEMPÉRATURES SUIVANTES DU THERMOMÈTRE CENTIGRADE									
	0°	3°	6°	9°	12°	15°	18°	21°	24°	27°	30°
31	38	36	35	33	32	mêmes degrés que ceux trouvés à l'alcoomètre centésimal.	30	28	27	26	25
32	39	37	36	34	33		31	29	28	27	26
33	40	38	37	35	34		32	30	29	28	27
34	41	39	38	36	35		33	31	30	29	28
35	42	40	39	37	36		34	32	31	30	29
36	43	41	40	38	37		35	33	32	31	30
37	44	42	41	39	38		36	34	33	32	31
38	45	43	42	40	39		37	35	34	33	32
39	46	44	43	41	40		38	36	35	34	33
40	47	45	44	42	41		39	37	36	35	34
41	48	46	45	43	42		40	38	37	36	35
42	49	47	46	44	43		41	39	38	37	36
43	50	48	47	45	44		42	40	39	38	37
44	51	49	48	46	45		43	41	40	39	38
45	52	50	49	47	46		44	42	41	40	39
46	53	51	50	48	47		45	43	42	41	40
47	54	52	51	49	48		46	44	43	42	41
48	55	53	52	50	49		47	45	44	43	42
49	56	54	53	51	50		48	46	45	44	43
50	57	55	54	52	51		49	47	46	45	44
51	58	56	55	53	52		50	48	47	46	45
52	59	57	56	54	53		51	49	48	47	46
53	60	58	57	55	54		52	50	49	48	47
54	61	59	58	56	55		53	51	50	49	48
55	62	60	59	57	56		54	52	51	50	49
56	63	61	60	58	57		55	53	52	51	50
57	64	62	61	59	58		56	54	53	52	51
58	65	63	62	60	59		57	55	54	53	52
59	66	64	63	61	60		58	56	55	54	53
60	67	65	64	62	61		59	57	56	55	54
61	68	66	65	63	62		60	58	57	56	55
62	69	67	66	64	63		61	59	58	57	56
63	70	68	67	68	64		62	60	59	58	57
64	71	69	68	66	65		63	61	60	59	58
65	72	70	69	67	66		64	62	61	60	59
66	73	71	70	68	67		65	63	62	61	68
67	74	72	71	69	68		66	64	63	62	61

Degrés marq. par l'alcoomètre centésimal.	DEGRÉS RÉELS, AUX TEMPÉRATURES SUIVANTES DU THERMOMÈTRE CENTIGRADE.										
	0°	3°	6°	9°	12°	15°	18°	21°	24°	27°	30°
68	75	73	72	70	69	mêmes degrés que ceux trouvés à l'alcoomètre centésimal.	67	65	64	63	62
69	76	74	73	71	70		68	66	65	64	63
70	77	75	74	72	71		69	67	66	65	64
71	78	76	75	73	72		70	68	67	66	65
72	79	77	76	74	73		71	69	68	67	66
73	80	78	77	75	74		72	70	69	68	67
74	81	79	78	76	75		73	71	70	69	68
75	82	80	79	77	76		74	72	71	70	69
76	83	81	80	78	77		75	73	72	71	70
77	84	82	81	79	78		76	74	73	72	71
78	85	83	82	80	79		77	75	74	73	72
79	86	84	83	81	80		78	76	75	74	73
80	87	85	84	82	81		79	77	76	75	74
81	88	86	85	83	82		80	78	77	76	75
82	89	87	86	84	83		81	79	78	77	76
83	90	88	87	85	84		82	80	79	78	77
84	91	89	88	86	85		83	81	80	79	78
85	92	90	89	87	86		84	82	81	80	79
86	93	91	90	88	87		85	83	82	81	80
87	94	92	91	89	88		86	84	83	82	81
88	95	93	92	90	89		87	85	84	83	82
89	96	94	93	91	90		88	86	85	84	83
90	97	95	94	92	91		89	87	86	85	84

Cette table est la copie de celle annexée à la loi du 24 juin; elle est extraite de celle rédigée par l'administration des contributions indirectes, pour l'exécution de la loi. La 1re colonne indiquant le degré marqué par l'alcoomètre centésimal plongé dans un liquide spiritueux, les colonnes suivantes en indiquent le degré réel pour les diverses températures marquées en tête du tableau; ainsi, l'alcoomètre s'enfonçant au degré 59, on voit que le degré réel, si on opère à 9°, est de 61 centièmes, et à 24°, de 55 seulement. Toutes les indications de cette table se rapportent au thermomètre centigrade; si on opère avec celui de Réaumur, on en convertira les degrés en degrés centigrades.

Les *lactomètres* ou *pèse-lait* sont fondés sur le même principe que les aréomètres et présentent à peu près la même forme; ils se composent également d'un cylindre portant inférieurement un lest et une échelle à sa partie supérieure. Le lactomètre Cadet Devaux, un des plus employés, est représenté grav. 1. Si, étant plongé dans le lait, l'instrument ne s'enfonce pas au delà du nº 1 de l'échelle, le lait est supposé pur; à 2 degrés, on présume qu'il contient 1/4 d'eau; à 3 degrés, 2/3; à 4, moitié; le lait essayé doit être ramené à la température de 15 degrés centigrades; plus la partie de l'échelle entre 1 et 0 reste découverte, plus le lait doit contenir de crème. Il est un cas de fraude assez fréquent cependant, que le lactomètre est impuissant à découvrir, c'est celui où le lait ayant été préalablement écrémé, on y aurait ajouté de l'eau. Privé d'une partie de sa crème, le lait devient plus lourd, mais une certaine addition d'eau rapproche sa densité de celle du lait pur. Pour remédier à cette cause d'erreur, M. Quevenne, auteur d'un autre pèse-lait qui porte le nom de lacto-densimètre, contrôle les indications de l'aréomètre par les recherches de la quantité de crème.

Grav. 1. — Lactomètre Cadet-Devaux.

Le lacto-densimètre, de la même forme que l'instrument précédent, mais d'une dimension un peu plus grande, porte une échelle *densimétrique*, c'est-à-dire qui répond au poids en gramme d'un litre du liquide qu'on essaye. Moyennant toutefois qu'on ajoute le chiffre 1000 à celui de l'échelle; ainsi, un lait qui marquerait 25 degrés au lacto-densimètre pèserait 1025 grammes le litre. L'instrument de Quevenne a l'avantage sur celui de Cadet Devaux de porter une double échelle à degrés beaucoup plus rapprochés, servant à déterminer la densité soit du lait pur, soit du lait écrémé. Il est en outre accompagné de tables de concordance avec lesquelles on peut corriger la différence assez grande que la température peut apporter dans les résultats de l'essai.

Enfin, M. Quevenne joint encore à son lacto-densimètre un crèmomètre qui n'est autre chose du reste qu'une éprouvette à pied marquée à une certaine hauteur d'un trait au-dessus duquel commence une échelle de 50 divisions. Le crèmomètre étant rempli jusqu'au trait du lait à essayer, on laisse monter la crème pendant 24 heures. La hauteur de la colonne qu'elle forme au-dessus du lait est mesurée par l'échelle. Cette couche varie entre 10 et 16; au-dessus de 8 elle indique un lait mélangé d'eau, avec cette distinction cependant que le lait bouilli donne une couche de crème beaucoup moins épaisse. M. Bouchardat adoptant le lacto-densimètre de Quevenne, emploie pour apprécier la richesse en crème le lactoscope de M. Donné, qui détermine approximativement la richesse en crème par l'appréciation de l'opacité plus ou moins grande du liquide. Nous renvoyons pour plus de détails à l'instruction même de M. Bouchardat publiée en 1856.

4

CHAPITRE IV. — MONNAIES.

La monnaie est la valeur échangeable des choses.

Au terme de la loi cinq grammes d'argent, au titre de 0,9, constituent le franc, unité monétaire.

Le franc n'a pas de multiple assujetti à la nomenclature décimale. Dans l'échelle décimale ascendante, on passe de l'unité aux nombres 10 et 100 qui, divisés par 2 et 5, seuls diviseurs de 10, donnent les pièces de 50 fr. et de 20 fr., puis de 5 fr. et de 2 fr. Dans l'échelle descendante on trouve le 10ᵉ et le 100ᵉ de francs nommés *décime* et *centime* ; leur division par 2 et 5 donne 50 et 20 cent., puis 5 et 2 centimes. La division décimale du franc comprend donc seulement les pièces de 1, 2, 5, 10, 20 et 50 centimes. Viennent ensuite les pièces de 1, 2, 5, 10, 20, 50 et 100 fr. La pièce de 40 fr., qui n'est pas décimale, ne se fabrique plus. Voici le tableau des pièces d'or et d'argent :

DÉNOMIN. OR. fr.	POIDS. gr.	DIAMÈTRE. millim.	DÉNOMIN. fr.	POIDS. gr.	DIAMÈTRE. millim.
100	32,258	35	20	6,051	21
50	16,129	28	10	3,2258	19
40	12,903	26	5	1,6129	17
ARGENT.					
5	25	37	10	10	30
2	10	27	5	5	25
1	5	23	2	2	20
0,50	2,50	18	1	1	15
0,20	1	15			

Les pièces d'argent et les monnaies de billon ayant un poids décimal et un diamètre bien déterminés, peuvent, jusqu'à un certain point, servir à représenter des poids et des mesures de longueur, pourvu qu'elles ne soient ni usées, ni rognées.

Quant au poids :

1 pièce de 1 fr. en argent ou de 0 fr. 05 en billon . . = 5 gr.
1 pièce de 2 fr. en argent ou de 0 fr. 10 cent. . . . . = 10
Id. 5 fr. . . . . = 25
4 pièces d'argent de 5 fr. ou 10 de 0 fr. 10 cent. . = 100
155 pièces d'or de 20 fr. ou 40 pièces d'argent de 5 fr. ou 100 décimes. . . . . = 1 k.
1 sac de 1000 fr. en pièces de 5 fr. ou de 50 fr. en pièces de 5 ou de 10 cent. . . . . = 5

Quant à la mesure :

20 pièces d'argent de 2 fr. et 20 de 1 fr., ou 19 pièces d'argent de 5 fr. et 11 de 2 fr. ou 32 décimes et une pièce de 0 fr. 02 cent., ou 40 pièces de 5 cent. égalent 1 mètre.

4 pièces de 5 centimes égalent .... 1 décim.

Les pièces de bronze donnent une mesure relativement plus exacte, la tranche des pièces d'argent portant des lettres gravées en relief ou une cannelure.

La valeur relative de l'or à l'argent et au bronze dans les monnaies est ainsi qu'il suit :

1 d'or = 15,5 d'argent.
= 310 de bronze, monnaie de bronze.
1 d'argent = 20 de monnaie de bronze.

La retenue au change des monnaies pour frais de fabrication, déchet compris, est de :

Or. 6.70. Argent. 1 fr. 50 par kilog.

Quoique la monnaie effective ne descende pas au-dessous du centime, cependant on est amené par le calcul à la subdivision du centime en millièmes et dix-millièmes, ou en fractions ordinaires.

On avait d'abord frappé, d'après le décret du 12 janvier 1854, des pièces d'or de 10 fr. de 17 millimètres et de 5 fr. de 14 millimètres. Mais le décret du 7 avril 1855 fixe le nouveau module à 17 millimètres pour les pièces de 5 fr. en or et 17 pour celles de 10 fr. Les autres ont cessé d'avoir cours. C'est depuis 1855 seulement que sont frappées les pièces de 100 fr. et 50 fr. en or.

Le titre des pièces d'or et d'argent est au 10e, c'est-à dire qu'elles contiennent 0,9 de d'or ou d'argent pur et 0,1 de cuivre. Cet alliage a pour but de donner plus de dureté à la pièce et de couvrir les frais de fabrication, dans l'orfévrerie et la bijouterie. La loi reconnaît deux titres pour les ouvrages d'argent : 0,950 et 0,200, et trois pour les ouvrages d'or : 0,920, 0,840 et 0,750. Les titres sont indiqués par les chiffres 1, 2 ou 3, dans la marque imprimée par le poinçon du contrôle.

La loi admet pour les pièces une tolérance de titre qui est de 9 millièmes pour l'or et 2 millièmes pour l'argent, et une tolérance de poids d'environ 5 millièmes.

CHAPITRE V. — COMPARAISON ET CONVERSION DES MESURES.

§ Ier. — *Anciennes mesures françaises.*

En France, les mesures de longueur, surface, poids, etc., variaient à l'infini ; telle province comptait jusqu'à trois ou quatre cents mesures agraires seulement ; on ne peut donc songer à rappeler ici que quelques-unes des mesures anciennes les plus généralement admises ou connues, celles de Paris par exemple : le pied, divisé en pouces et lignes, était l'ancienne unité de mesure ; on en formait la toise, la perche, la verge en longueur, puis le pied carré, le pied cube, etc. (Voir la table ci-après). La mesure agraire ayant pour le cultivateur une importance toute spéciale, nous entrerons dans quelques détails à ce sujet.

La mesure agraire portait des noms très-variés ; elle s'appelait arpent, journal, jallois, bonnier, etc., etc. ; elle se composait d'un nombre plus ou moins considérable de perches, verges, cannes carrées. Souvent ce nombre était de 100, mais dans d'autres localités il était de 20, de 30, de 50, de 80, de 160, etc. On voit par ces explications que le pied, les pouces, les lignes, étaient en définitive le premier élément des mesures agraires anciennes, et qu'on retrouvera ces mesures : 1° si on connaît le pied et le pouce dont étaient formées les perches, verges, cannes, etc. ; 2° si on sait de combien de pouces, pieds et lignes, ces mesures linéaires étaient formées ; 3° enfin, si on connaît également le nombre des unites de mesures agraires dont se composait l'unité principale.

Le pied n'était pas uniforme en France ; il variait de longueur dans certaines localités, mais il existait un pied appele *pied d'ordonnance* bien déterminé, et les rapports de ce pied aux autres unités de même nom étaient connus ; on trouvera donc facilement ces pieds différents en les comparant au pied d'ordonnance qu'on donne dans la table ci-après avec ses sous-multiples.

On connaît aussi facilement le nombre de pieds ou pouces dont se forme la perche ou la verge linéaire ; presque partout où ces mesures étaient en usage, le nombre de pieds qui formait ces mesures faisait partie de l'énoncé de la mesure même ; ainsi on disait l'arpent de 18, de 20, de 21 pieds par perche, etc. La longueur de la perche ou verge ainsi obtenue, il suffit de la multiplier par elle même pour avoir le nombre de pieds carrés qu'on peut comparer au pied carré dont on a le rapport dans la table. Mais on se dispensera de ce calcul en recourant à la table que nous dressons à la suite de ce paragraphe, et qui donne à vue le nombre de centiares en rapport avec la perche.

Exemple : on sait que la perche qu'on veut réduire était de 19 pieds 4 pouces ; on trouve immédiatement dans la table, pour grandeur de l'arpent, 39^{ares},44.

Reste à remonter de la perche à l'arpent ; on y arrive en multipliant le nombre de perches par celui des centiares donné par la table ; dans l'exemple précédent, le nombre étant 100, on recule la virgule de deux chiffres ; on a pour l'arpent de 19 pieds 4 pouces à la perche, 39^{ares},44.

Le rapport de la mesure locale à la mesure nouvelle trouvé, tous les calculs qui dérivent de ce rapport sont faciles. Si l'on demande combien 15 arpents font d'hectares, on obtient la réponse en multipliant 39,40 par 20. Veut-on savoir combien 15 hectares, au contraire, font d'arpents ; on établit le rapport de l'hectare à l'arpent, ce qui est facile ; car si le rapport de l'arpent à l'hectare est de 0,3944 ou de $\frac{3944}{10000}$, celui de l'hectare à l'arpent est inverse, ou $\frac{10000}{3944}$ = 2,535, c'est-à-dire qu'un hectare égale 2 arpents $\frac{535}{1000}$; 15 hectares égalent donc 15 × 2,535, ou 38 arpents $\frac{28}{1000}$.

Si, ayant récolté 1 hectolitre par hectare, on demande combien on récolterait par arpent, le rapport de l'hectare donne immédiatement la réponse : on récoltera 2,535, et si, au lieu d'un hectolitre, on en avait récolté 12, on multiplierait 2,535 par 12, et on aurait 20^{hect},72.

En généralisant la règle, lorsqu'on voudra réduire en produit par hectare le produit obtenu par une certaine unité de mesure agraire ancienne ou étrangère, *on multipliera le produit par le rapport de l'hectare à la mesure ; il est évident que, pour la question inverse, on multipliera au contraire le produit par le rapport de la mesure ancienne ou étrangère à l'hectare.*

Si la question était autrement posée et qu'on demandât combien il faudrait d'arpents pour produire la même récolte qu'un hectare, le rapport de l'hectare à l'arpent donne encore la réponse, 1 hectare = 2 arpents $\frac{535}{1000}$; il faudra donc 2 arpents $\frac{535}{1000}$ pour produire la même quantité. Si le nombre d'hectares était plus grand de 10, par exemple, il faudrait augmenter proportionnellement les arpents, multiplier 2,535 par 10.

Table de réduction des mesures agraires.

La perche linéaire étant de	La perche carrée est de	La perche linéaire étant de	La perche carrée est de	La perche linéaire étant de	La perche carrée est de	La perche linéaire étant de	La perche carrée est de
pi. p.	centiares.	pi. p.	centiares.	pi. p.	centiares.	pi. p.	centiares.
4 »	1,688	8 7	7.775	13 2	18.291	17 9	33,251
4 1	1,760	8 8	7,926	13 3	18,525	17 10	33,562
4 2	1,832	8 9	8,079	13 4	18.759	17 11	33.875
4 3	1,906	8 10	8,234	13 5	18,995	18 »	34,189
4 4	1,981	9 11	8.390	13 6	19,231	18 1	34 508
4 5	2,058	9 »	8.547	13 7	19.469	18 2	34,828
4 6	2,137	9 1	8,707	13 8	19,708	18 3	35,145
4 7	2,217	9 2	8,867	13 9	19,950	18 4	35,467
4 8	2,298	9 3	9.029	13 10	20.194	18 5	36.791
4 9	2 381	9 4	9.193	13 11	20,439	18 6	36,115
4 10	2,465	9 5	9,358	14 »	20.682	18 7	36,445
4 11	2,551	9 6	9.523	14 1	20 931	18 8	36.772
5 »	2.638	9 7	9,691	14 2	21,179	18 9	37,102
5 1	2,725	9 8	9,860	14 3	21,427	18 10	37.432
5 2	2,817	9 9	10.031	14 4	21,679	18 11	37,762
5 3	2,908	9 10	10,203	14 5	21,932	49 »	38,093
5 4	3,001	9 11	10.377	14 6	22,186	19 1	38,316
5 5	3,095	10 »	10,552	14 7	22,443	19 2	38,764
5 6	3,192	10 1	10,727	14 8	22.700	19 3	39.705
5 7	3,288	10 2	10,902	14 9	22,957	19 4	39,440
5 8	3,387	10 3	11,086	14 10	23,220	19 5	39.182
5 9	3,489	10 4	11.268	14 11	23.481	19 6	40,124
5 10	3.591	10 5	11,451	15 »	23,742	19 7	40,468
5 11	3,695	10 6	11,634	15 1	24.008	19 8	40,812
6 »	3,790	10 7	11.849	15 2	24,274	19 9	41,157
6 1	3,903	10 8	12,004	15 3	24,529	19 10	41,510
6 2	4 013	10 9	12.194	15 4	24,808	19 11	41,859
6 3	4,122	10 10	12,384	15 5	25,079	20 »	42,208
6 4	4,233	10 11	12,574	15 6	25,351	20 1	42,558
6 5	4,345	11 »	12,768	15 7	25,625	20 2	42,908
6 6	4,458	11 1	12,962	15 8	25.900	20 3	43,258
6 7	4,773	11 2	13 131	15 9	26,178	20 4	43,608
6 8	4.090	11 3	13,355	15 10	26,456	20 5	43,975
6 9	4,808	11 4	13.552	15 11	26.734	20 6	44,345
6 10	4,927	11 5	13.753	16 »	27,013	20 7	44,708
6 11	5,048	11 6	13.955	16 1	27,297	20 8	45.072
7 »	5,171	11 7	14,159	16 2	27,582	20 9	45.435
7 1	5,295	11 8	14,364	16 3	27.867	20 10	45,802
7 2	5,420	11 9	14,568	16 4	28,152	20 11	46,168
7 3	5,546	11 10	14.778	16 5	28.440	21 »	46,535
7 4	5,675	11 11	14,986	16 6	28.728	21 1	46,905
7 5	5,805	12 »	15,195	16 7	29 020	21 2	47,276
7 6	5,936	12 1	15.407	16 8	25,312	21 3	47,650
7 7	6,068	12 2	15,620	16 9	29,590	21 4	48,016
7 8	6,202	12 3	15,835	16 10	29,904	21 5	48,396
7 9	6 338	12 4	16.052	16 11	30 200	21 6	48,777
7 10	6,475	12 5	16,270	17 »	30,498	21 7	49,151
7 11	6,614	12 6	16.488	17 1	30,798	21 8	49,525
8 »	6,753	12 7	16,710	17 2	31,100	21 9	49,911
8 1	6,895	12 8	16,932	17 3	31.402	21 10	50,298
8 2	7,038	12 9	17,154	17 4	31,704	21 11	50,685
8 3	7,182	12 10	17.380	17 5	32.010	22 »	51,072
8 4	7,328	12 11	17.606	17 6	32,316	22 1	51,450
8 5	7,476	13 »	17.833	17 7	32,625	22 2	51,798
8 6	7,624	13 1	18.063	17 8	32.935	22 3	52,245

Conversion des mesures françaises anciennes.

MESURES ANCIENNES EN MESURES NOUVELLES.	MESURES NOUVELLES EN MESURES ANCIENNES.

Mesures de longueur.

Toise linéaire à 6 pieds, à 12 pouces, à 12 lignes.
Aune, divisée par 1/2, 1/4, 1/8. 1/16, et 1/3, 1/6, 1/12.

Ligne	= 0^{m},00225	1 mètre. .	=	443	lignes	296
Pouce	= 0^{m},02707	1 d° . .	=	36	pouces	941
Pied	= 0^{m},32483	1 d° . .	=	3	pieds	7844
Toise	= 1^{m},94903	1 d° . .	=	0	toise	5130
Aune.	= 1^{m},188	1 d° . .	=	0	aune	841
Lieue de poste de 2000 t.	= 3898m	1 myriam.	=	2	l. de poste	665

Mesures de surface.

Toise carrée à 36 pieds carrés, à 144 pouces carrés, à 144 lignes carrées.

	mill. c.	mètre.				
Lig. carr.	= 0,506	= 0,00000508	Mill. carr. =	0	lig. carr.	197
Pouce id.	= 7 centi.	= 0,000732	Mètre id . =	1364	pouces id.	66
Pied id.		= 0,1055	Idem. . =	9	pieds carr.	48
Toise id.		= 3,7987	Idem. . =	0	toise carr.	2632

Mesures de volume.

Toise cube à 216 pieds cubes, à 1728 pouces cubes, à 1728 lignes cubes.

Lig. cube. . .	= 0 m.c.,	000000011	Mill. cube. . =	0	lig. cub.	087
Pouce id. . .	= 0 —	000019836	Mètre id . =	50412	pouces c.	415
Pied cube . .	= 0 —	03428	Mètre id . . . =	29	pieds c.	17
Toise id. . .	= 7 —	403890	Mètre id . . . =	0	toise c.	13506
Corde, eaux et f.	= 3 stèr.	8391	1 stère. . . . =	0	corde	228
Voie de bois (Paris)	= 1	919	1 stère. . . . =	0	voie	524
1 Solive.	= 1 décist.	28	1 décistère. . =	0	solive	972

Mesures de capacité (Paris).

Boisseau à 2 demi-boisseaux, à 2 quarts, à 2 demi-quarts, à 2 litrons.

Grains : Muid à 12 setiers, à 12 boisseaux. . . .	= 18.7	hectol.
Avoine : Muid à 12 setiers, à 24 boisseaux. . . .	= 37,46	id.
Sel : Muid à 12 setiers, à 16 boisseaux	= 24,98	id.
Charbon : Muid à 10 setiers, à 32 boisseaux. . .	= 41,60	id.
Plâtre : Muid à 6 setiers, à 12 boisseaux	= 9,366	id.

Litron de Paris. =	0	litre	813	Litre. . . . . =	1	litron	33
Boisseau . . . . =	13	id.	004	Hectolitre . . =	7	boisseaux	70
Setier de grains. =	156	id.	»	Id. . . =	0	setier	641
Id. d'avoine. =	308	id.	»	Id. . . =	0	setier	320
Id. de sel . . =	208	id.	»	Id. . . =	0	setier	480

Mesures agraires.

	hect.		
Arpent à 22 p. la perche	= 0,5107	1 hectare . . .	= 1 arpent 958
Arpent à 18 p. la perche.	= 0,3419	1 hectare . . .	= 2 arpents 925
Arpent à 20 p. la perche.	= 0,4221	1 hectare . . .	= 2 arpents 369

Mesures de poids.

1 Quintal à 100 livres, à 16 onces, à 8 gros, à 72 grains.

Livre.	= 0k4895	1 kilogramme	= 2 livres 5 gros
Once = 30 gram.	= 0 03059	1 hectogram.	= 3 onces 2 gros
Gros = 3 gram. 82	= 0 00382	1 décagram .	= 2 gros 64 grains
Grain = 53 milligr.	= 0 00053	1 décigramme	= 1 grain 88

Monnaies.

Livre à 20 sous, à 4 liards, à 3 deniers.

Livre tournois. . .	= 0 fr. 9877	1 franc.	= 1 livre 0133

§ II. — *Mesures de ventes pour les grains, au poids et à l'hectolitre.*

La réforme des mesures a plus facilement atteint les mesures de capacité qui présentent une forme matérielle, sur laquelle la vérification peut agir à chaque instant. Cependant l'unité de mesures de grains en usage dans les transactions du commerce n'est encore que fictive sur la plupart des marchés à Paris. La farine se vend en sac de 157 kilog. à Paris, ailleurs 120. On trouve encore le setier, qui est en froment de 150 litres, en avoine de 300 litres ras, en son et recoupettes de 326 litres combles, en pommes de terre 200 litres, etc. Sur les principaux marchés, même différence. A Amiens, Beauvais, Caen, Évreux, les ventes se font aux 2 hectolitres; à Clermont, aux 180 litres; à Meaux, on parle encore du muid de 13 hectolitres; à Marseille, la charge est de 160 litres; à Troyes, Arcis, Besançon, Rouen, Lyon, on cote souvent au boisseau de 25 litres. Dans le centre de la France, on stipule encore par le boisseau de $12^{lit},50$. La mesure en usage sur les marchés est à la vérité multiple de l'hectolitre, mais ce multiple varie; ici on mesure avec le demi hectolitre, là avec le décalitre, et ailleurs avec le double décalitre.

Tous ces usages de marché nécessitent, de la part du cultivateur qui vend ou achète, des calculs qui se déduisent des rapports de mesures et de poids. Lorsqu'il veut réduire en hectolitres, il n'y a pas de difficulté, quand l'unité en usage est un multiple ou sous-multiple décimal de l'hectolitre (le décalitre, par exemple); quand elle est une fraction simple de l'hectolitre, comme $1\frac{1}{2}$, $\frac{1}{4}$, $\frac{1}{8}$ (tel est le sac de 2 hectolitres de 150 litres), on calcule aisément la réduction. Exemple : le sac de 2 hectolitres vaut 36 fr., quel est le prix de l'hectolitre ?

$\frac{36}{2}$. Le sac de 1 hectolitre $\frac{1}{2}$ vaut 27 fr., combien l'hectolitre? $\frac{27}{3} \times 2 = 18$. Si on avait à trouver le rapport du boisseau de 20 litres à l'hectolitre, au lieu de diviser en cinquième on multiplie par 2 et on divise par 10, ce qui se fait plus facilement par la pensée. Exemple : le double décalitre vaut 3 fr. 60 c., combien l'hectolitre? on a $\frac{360}{2} = 1,8 \times 10 = 18^{f},50$. Pour les rapports plus difficiles à évaluer immédiatement, comme la charge de 160 litres par exemple, on réduit le rapport en un chiffre décimal par lequel on multiplie ou on divise les quantités à réduire. Ainsi : soit à réduire 265 charges de grains en hectolitres ; on a $265 \times 1,60 = 424$ litres. Soit, au contraire, 265 hectolitres à réduire en charges ; on tire le rapport de l'hectolitre à la charge $= \frac{100}{160} = 0,625$, par lequel on multiplie 265 hectolitres ; on trouve 165 charges et une fraction.

Pour la réduction de la vente à la mesure à la vente au poids, les calculs sont également faciles ; il suffit de prendre le rapport de la mesure au poids ou du poids à la mesure, et de les multiplier ou diviser l'un par l'autre. Exemple : l'hectolitre de 80 kilog. est vendu 18 fr., combien sont vendus les 100 kilogr.? On voit qu'il s'agit ici d'établir le rapport du poids 100 kilog. à l'hectolitre 80 kilog. Ce rapport est $\frac{100}{80} = 1,25$; multipliez 18 fr. par 1,25, vous avez le prix des 100 kilog. $= 22,50$. Si on demandait, au contraire, combien, les 100 kilog. étant vendus 22,50, vaudrait l'hectolitre, on prendrait le rapport de l'hectolitre aux 100 kilog. $\frac{80}{100} = 0,8$, et on multiplierait 22,50 par 0,8. On obtient 18 fr.

Tables des prix du quintal de grain et de farine, comparés aux prix de la mesure et du sac.

Ces tables, d'un usage journalier, donnent le moyen de connaître immédiatement quel est le prix du quintal de froment, maïs, orge et avoine, acheté à l'hectolitre, et, réciproquement, le prix de revient de l'hectolitre d'après le prix connu du quintal. Comme le poids de l'hectolitre exerce une influence assez sérieuse sous le rapport de ces prix, nous avons raisonné dans l'hypothèse de trois poids différents pour le froment : 70, 75 et 80 kilog. l'hectolitre ; de deux pour le maïs : 67k,50 et 70 kilog. (14 kilog. le double décalitre équivalant à 70 kilog. l'hectolitre) ; enfin de deux également pour l'orge et l'avoine, savoir : orge, 60 et 65 kilog. ; avoine, 40 et 50 kilog. l'hectolitre, ce qui équivaut à 12 et 13 kilog., et à 8 et 10 kilog. le double décalitre. On trouvera ce tableau, ainsi que tous ceux relatifs aux mesures étrangères, dans notre *Manuel aide-mémoire du cultivateur*.

ple : On a payé du froment 6 fr. le double décalitre, pesant 16 kilog.; on cherche dans la première table, 2e colonne, le chiffre 6, puis dans la 3e colonne, consacrée au froment du poids de 16 kilog. le double décalitre; on lit sur la même ligne 37 fr. 50. Il est facile de comprendre que ces tables peuvent servir à comparer le prix au poids et à la mesure d'autres espèces de grains que le froment, le maïs, l'orge et l'avoine. En effet, toutes les fois que le poids de ces grains est de 40, 50, 60, 65, 70, 75 ou 80 kilog. l'hectolitre, ou 8, 10, 12, 13, 13,50, 14, 15 et 16 kilog. le double décalitre, et que le prix de l'hectolitre varie entre 5 et 34 fr. 50, on pourra leur appliquer l'une des colonnes de nos tables : ainsi le colza, le lin, les pois, les féverolles, etc., sont dans ce cas.

On trouvera en outre dans la première table le rapport du prix du froment à celui de la farine, et celui du pain à celui de la farine et du froment; mais nous n'avons donné que d'une manière plus générale ces rapports qui intéressent moins directement le cultivateur. Pour le prix de revient nous supposons le froment du poids moyen de 75 kilog. l'hectolitre, le rendement moyen de la farine 76 p. 100, les sons au prix de 12 fr. les 100 kilog. et le déchet de 3 p. 100. Le commerce des farines se fait suivant les localités au quintal de 100 kilog., au sac de 157 kilog., au sac de 122 et 134 kilog., au baril de 88 kilog. Nous avons compris seulement le quintal et le sac de 157 kilog., encore admis sur le marché de Paris. Quant au rapport de la farine au pain, nous admettons un rendement moyen de 140 kilog. de pain pour 100 kilog. de farine, et 5 fr. de frais de cuisson par 100 kilog. de pain.

Il est assez difficile, en raison du tassement très-variable, de déterminer bien exactement le rapport du volume au poids pour les sons et les farines, cependant on admet généralement les chiffres suivants par hectolitre comble :

Gros son, 17 à 20 kilog.; petit son, 20 à 24; recoupettes, 24 à 30; remoulages, 42 à 50. Les issues données par la mouture dite américaine pèsent 1k,50 à 2 kilog. de plus par hectolitre. — La farine de froment non blutée pèse environ 40 kilog.; blutée suivant le tassement, de 50 à 75 kilog. Le poids de la farine d'orge non blutée est de 38 kilog.; de seigle, 40 à 42; de féverolles, 50 à 54.

Dans la mouture française on admet, comme rendement moyen pour 100 kilog. de froment, 0,67 de farine, première; 8 de seconde; 0,11 de son, gros et petit; 7 de recoupes et 5 de recoupettes. La mouture américaine ordinaire donne : farine, 1re, 0,60; 2e, 0,13; issues, 0,24; perte, 2 à 3

PRIX DU FROMENT.		PRIX DES 100 KIL. le poids étant			PRIX de la farine les		PRIX des 100 kilogr. de pain.
l'hectolitre.	le double décalitre.	l'hectolitr. 70 kil. le d. décal. 14 kil.	l'hectol. tr. 75 kil. le d. décal. 15 kil.	l'hectolitr. 80 kil. le d. décal. 16 kil.	100 kil.	157 kil.	
12f » c	2f 40c	17f 14c	15f 99c	15f » c	18f 94c	29f 74c	17f 10c
12.50	2.50	17.85	16.66	15.62			
13. »	2.60	18.57	17.33	16.25	20.26	31.81	18. »
13.50	2.70	19.28	18. »	16.87			
14. »	2.80	20. »	18.66	17.50	21.57	33.87	19. »
14.50	2.90	20.71	19.33	18.12			
15. »	3. »	21.42	20. »	18.75	24.21	38.01	21. »
15.50	3.10	22.14	20.66	19.37			
16. »	3.20	22.85	21.33	20. »	25.52	40.07	22.50
16.50	3.30	23.57	22. »	20.62			
17. »	3.40	24.28	22.66	21.25	26.84	42.14	23.50
17.50	3.50	25. »	23.33	21.87			
18. »	3.60	25.71	24.08	22.50	28.15	44.20	24.40
18.50	3.70	26.42	24.66	23.12			
19. »	3.80	27.14	25.34	23.75	30.78	48.33	26.27
19.50	3.90	27.85	26. »	24.37			
20. »	4. »	28.57	26.66	25. »	32.10	50.40	26.50
20.50	4.10	29.28	27.33	25.62			
21. »	4.20	30. »	28. »	26.25	33.42	52.47	28.16
21.50	4.30	30.71	28.66	26.87			
22. »	4.40	31.42	29.33	27.50	35.50	56.63	29.60
22.50	4.50	32.14	30. »	28.12			
23. »	4.60	32.85	30.66	28.75	37.36	58.66	30.10
23.50	4.70	33.57	31.33	29.37			
24. »	4.80	34.28	32. »	30. »	38.68	60.73	31.80
24.50	4.90	35. »	32.66	30.62			
25. »	5. »	35.71	33.33	31.25	39.99	62.79	32.85
25.50	5.10	36.42	34. »	31.87			
26. »	5.20	37.14	34.67	32.50	40.81	63.84	33.45
26.50	5.30	37.85	35.33	33.12			
27. »	5.40	38.57	36. »	34. »	42.63	66.93	34.76
27.50	5.50	39.28	36.66	34.37			
28. »	5.60	40. »	37.33	35. »	45.26	71.06	36.57
28.50	5.70	40.71	38. »	35.62			
29. »	5.80	41.42	38.66	36.25	46.57	73.12	37.60
29.50	5.90	42.14	39.33	36.87			
30. »	6. »	42.85	40. »	37.50	48.20	75.50	38.65
30.50	6.10	43.57	40.66	38.12			
31. »	6.20	44.28	41.33	38.75	50. »	78.50	40. »
31.50	6.30	45. »	42. »	39.37			
32. »	6.40	45.71	42.66	40. »	51.84	80.88	41.30
32.50	6.50	46.42	43.33	40.62			
33. »	6.60	47.14	44. »	41.25	53.15	83.45	42.20
33.50	6.70	48.85	44.66	43.72			
34. »	6.80	48.57	45.33	42.50	55.78	87.58	44.00
34.50	6.90	49.28	46. »	43.12	57. »	89. »	45. »

MAÏS.				ORGE.				AVOINE.			
PRIX DE		PRIX DES 100 kilog. le poids étant		PRIX DE		PRIX DES 100 kilog. le poids étant		PRIX DE		PRIX DES 100 kilog. le poids étant	
l'hectolitre.	double décal.	l'hect. 67.50	le double déc. 14	l'hectolitre.	double décal.	l'hect. 60 kil.	le double déc. 13 kil.	l'hectolitre.	double décal.	l'hect. 40 kil.	le double déc. 10 kil.
9. »	1.80	13.33	12.85	7. »	1.4	11.66	10.76	5. »	1. »	12.50	10. »
9.50	1.90	14.07	13.57	7.50	1.50	12.50	11.53	5.50	1.10	13.75	11. »
10. »	2. »	14.81	14.28	8. »	1.6	13.33	12.30	6. »	1.20	15. »	12. »
10.50	2.10	15.55	15. »	8.50	1.70	14.16	13.07	6.50	1.30	16.25	13. »
11. »	2.2	16.29	15.71	9. »	1.80	15. »	13.84	7. »	1.40	17.50	14. »
11.50	2.30	17.03	16.42	9.50	1.90	15.83	14.61	7.50	1.50	18.75	15. »
12. »	2.40	17.77	17.14	10. »	2. »	16.66	15.38	8. »	1.60	20. »	16. »
12.50	2.50	18.51	17.85	10.50	2.10	17.50	16.15	8.50	1.70	21.25	17. »
13. »	2.60	19.29	18.57	11. »	2.20	18.33	16.92	9. »	1.80	22.50	18. »
13.50	2.70	19.99	19.28	11.50	2.30	19.16	17.70	9.50	1.90	23.75	19. »
14. »	2.80	20.73	20. »	12. »	2.40	20. »	18.46	10. »	2. »	25. »	20. »
14.50	2.90	21.47	20.71	12.50	2.50	20.83	19.23	10.25	2.05	25.62	20.50
15. »	3. »	22.21	21.42	13. »	2.60	21.66	20. »	10.50	2.10	26.25	21. »
15.50	3.10	22.95	22.14	13.50	2.70	22.50	20.76	10.75	2.15	26.87	21.50
16. »	3.20	23.69	22.85	14. »	2.8	23.33	21.53	11. »	2.20	27.50	22. »
16.50	3.30	24.44	23.57	14.50	2.9	24.16	22.30	11.25	2.25	28.12	22.50
17. »	3.40	25.18	24.28	15. »	3. »	25. »	23.07	11.50	2.30	28.75	23. »
17.50	3.50	25.92	25. »	15.50	3.10	25.83	23.84	11.75	2.35	29.37	23.50
18. »	3.60	26.66	25.71	16. »	3.20	26.66	24.61	12. »	2.40	30. »	24. »
18.50	3.70	27.40	26.42	16.50	3.30	27.50	25.38	12.25	2.45	30.62	24.50
19. »	3.80	28.14	27.14	17. »	3.40	28.33	26.15	12.50	2.50	31.25	25. »
19.50	3.90	28.88	27.85	17.50	3.50	29.16	26.92	12.75	2.55	31.87	25.50
20. »	4. »	29.62	28.57	18. »	3.6	30. »	27.70	13. »	2.60	32.50	26. »
20.50	4.10	30.37	29.28	18.50	3.70	30.83	28.46	13.25	2.65	33.12	26.50
21. »	4.2	31.11	30. »	19. »	3.80	31.66	29.23	13.50	2.70	33.75	27. »
21.50	4.30	31.85	30.71	19.50	3.90	32.50	30. »	13.75	2.75	34.37	27.50
22. »	4.40	32.59	31.42	20. »	4. »	33.33	30.76	14. »	2.80	35. »	28. »
22.50	4.50	33.33	32.14	20.50	4.10	34.16	31.53	14.25	2.85	35.62	28.50
23. »	4.60	34.07	32.85	21. »	4.20	35. »	32.20	14.50	2.90	36.25	29. »
23.50	4.70	34.82	33.57	21.50	4.30	35.83	33.07	14.75	2.95	36.87	29.50
24. »	4.80	35.55	34.28	22. »	4.40	36.66	33.84	15. »	3. »	37.50	30. »
24.50	4.90	36.30	35. »	22.50	4.50	37.50	34.61	15.25	3.05	37.50	30.50
25. »	5. »	37.03	35.71	23. »	4.60	38.33	35.38	15.50	3.10	38.75	31. »
25.50	5.10	37.77	36.42	23.50	4.70	39.16	36.15	15.75	3.15	39.37	31.50
26. »	5.20	38.51	37.14	24. »	4.80	40. »	36.92	16. »	3.20	40. »	32. »
26.50	5.30	39.25	37.85	24.50	4.90	40.83	37.69	16.25	3.25	40.62	32.50
27. »	5.40	40. »	38.57	25. »	5. »	41.66	38.46	16.50	3.30	41.25	33. »
27.50	5.50	40.74	39.28	25.50	5.10	42.50	39.23	16.75	3.35	41.87	33.50
28. »	5.60	41.58	40. »	26. »	5.20	43.33	40. »	17. »	3.40	42.50	34. »

Quoique tous les poids soient aujourd'hui des multiples du kilogramme, cependant un usage vicieux conserve encore quelquefois la dénomination de *la livre* égale au demi-kilogramme, qu'on subdivise en demi, quart, huitième et seizième (ou onces). Pour trouver de suite mentalement le rapport de la valeur en kilogrammes à celle en livres, et *vice versâ*, on peut remarquer que l'hectog. est le cinquième du demi-kilog. ou livre, comme le centime est le cinquième d'un sou. Ainsi autant la livre vaut de sous, autant l'hectog. vaut de centimes. Si la viande vaut 15 sous la livre, l'hectog. vaut 15 centimes, et le décagramme, qui est le dixième de l'hectog., vaut 1 centime $\frac{1}{2}$. La livre étant la moitié du kilogramme, et le centime le cinquième du sou, 1 sou par kilogramme vaudra comme 2 sous, ou 10 centimes par livre. On a donc le prix de la livre en divisant le prix du kilogramme par 10, et considérant le résultat de la division comme des sous. Ainsi la viande à 1 fr. 50 c. le kilogramme vaut $\frac{150}{10}$, ou 15 sous la livre; par conséquent la viande à 15 sous la livre vaut 150 centimes le kilogr.

§ II. — *Mesures étrangères.*

Nous donnons ici le tableau des mesures étrangères qu'il est le plus utile de connaître. Tous les problèmes relatifs à ces mesures se résoudront facilement à l'aide de ce tableau : par exemple, on sait que le morgen de Berlin = $0^{\text{hect.}},2550$. Si un hectare vaut 1500 fr., combien vaudrait le morgen? Il vaut 1500 fois 0,2550, ou 1500 $\times$ 0,2550 = 382 fr.

Pour la réduction des mesures étrangères, il peut se présenter dans le même problème plusieurs rapports à trouver; par exemple : si le morgen de Berlin rapporte 1 scheffel de seigle, combien l'hectare rapportera-t-il d'hectolitres? Le rapport du scheffel à l'hectolitre est de 0,54; celui de l'hectare au morgen est de 3,92 On a vu plus haut que le rapport du morgen à l'hectare est 0,255; la question se réduit donc à celle-ci : $25^{\text{ares}},50$ ont rapporté 54 litres, combien rapporteront 100 ares?

Nous donnons plus loin une petite table des *facteurs de réductions* pour les mesures anglaises et allemandes qu'on a le plus souvent besoin de réduire, table qui ramène ces calculs à une simple multiplication.

Mesures et monnaies étrangères.

Monnaies de convention.

		valeur en fr.
Angleterre. Shelling, à 12 pences. à 8 farthings	=	1,26
Livre sterling à 20 shelling	=	25,21
Penny (au pluriel pences).	=	0,105
Autriche. Florin de convention à 60 kreutzers.	=	2,60
Bavière, Wurtemberg, Nassau, etc. 1 florin à 60 kreutzers, à 0 fr. 035	=	2,14
Espagne. Réal à 30 maravedis	=	0,263
États romains Écu à 100 baïoques.	=	5,360
Hollande Florin à 100 cents	=	2,14
Prusse. Silber groschen à 12 pfenings	=	0, 25
Thaler 30 silber groschen	=	3,75
Russie. 1 rouble d'argent à 100 kopecks . . .	=	4,04
Rouble papier.	=	1,15
États-Unis. Dollar à 100 cents	=	5,33
Turquie. Piastre à 4 paras	=	0,226
Grèce. Drachme	=	1,»»

Mesures de longueur.

		valeur en centimètres.
Angleterre. 1 mile, à 8 furlongs à 40 poles ou rods, à 5 1/2 yards. = 1609 mètres. . .		
Pouce à 12 lignes.	=	2,539
Pied à 12 pouces	=	30,473
Yard à 3 pieds	=	91,438
1 mètre = 39 pouces 37 = 3 pieds 28 = 1 yard 0936.		
Chaîne d'arpentage, à 4 poles, à 25 links, à 7 pouces 92 = 20^{m}20	=	
Mile géographique, à 80 chaînes = 1851^{m}.		
Autriche. *Vienne.* Mile à 4000 klafter, à 6 pieds klafter.	=	186,00
Vienne Pied à 12 pouces	=	31,61
— Aune —	=	77,90
Bohême Pied —	=	29,60
Venise. Pied —	=	43,50
Milan. Brasse —	=	59,49
Bade. Pied à 10 pouces à 100 lignes	=	33,33
Bavière. *Munich.* Pied —	=	29,10
Danemark. Mile à 2400 perches, à 10 p. Pied.	=	31,38
Égypte. Coudée antique = 52 centimètres. Pie.	=	68,00

		valeur en centimètres.
Espagne. Mètre en 1860 (ancien vara à 3 pieds).	=	83,59
États de l'Église. *Rome.* Pied	=	29,70
Hollande. Mètre. Ancien pied à 11 pouces. . .	=	28,35
Portugal. Brasse à 10 palmes, à 2 vara, à 4 pouces, à 12 lignes	=	21,859
Prusse. Mile à 2000 ruths, à 12 pieds. Pied . .	=	31,375
Russie. Werste, à 500 sagènes = 1067 mètres.		
Sagène, à 7 pieds anglais = 3 archines. .	=	213,356
Pied russe	=	53,85
Sardaigne. Mètre.		
Saxe. Aune à 2 p., à 12 pouces, à 14 lig. Pied.	=	28,32
Sicile. *Naples.* Canne à 8 palmes, à 12 onces, à 5 minuti . . . . *Palme*	=	26,35
Suède. Mille à 2250 perches à 8 aunes, à 2 pieds, à 12 pouces. Pied.	=	29,68
Suisse. 12 pieds différents. Mètre.		
Turquie. (Empire Ottoman). Grand Pic à 24 quarts.	=	66,9
Wurtemberg. Pied à 10 pouces	=	28,64
Zollwerein (ou Union allemande). Pied. . . .	=	33,33

Mesures de superficie.

		valeur en ares.
Angleterre. 1 pouce carré = 6,502 centi. c.		
1 pied carré = 92,38 centi. c.		
1 yard carré = 0,83609 m. c.		
1 acre, à 4 roods, à 40 poles ou rods carrés, à 31 1/4 yards carrés, à 9 pieds carrés, à 144 pouces carrés = 4840 yards. . .	=	40,469
1 rood carré, quart d'acre.	=	10,114
1 rod ou perche carrée	=	0,253
1 are = 0,0988 roods = 3,95 rods.		
1 hectare = 2,471 acres = 11,960 yards.		
Autriche. Yoch à 1600 klafters carrés, à 36 pieds carrés.	=	57,536
Bade. Morgen à 4 fiertel, à 400 ruths carrés. .	=	36,490
Bavière. Tagwerck à 400 ruth, à 100 pieds. .	=	32,010
Espagne. Hectare en 1860. Fanega.	=	64,400
États romains. Le rubio, et aussi le pezza . .	=	26,406
Prusse. Morgen de Berlin à 180 ruth carrés, à 144 pieds carrés.	=	25,526

		valeur en ares.
Pied carré = $0^m,0941$, ruth carré = $14^m,184$	=	0,1418
1 hectare = 3,9166 morg.		
Russie. Dessiatine de la couronne à 2400 sagènes carrés.	=	109,300
Dessiatine économique	=	145,760
Saxe. Aker à 2 morgen ou 300 ruths	=	55,08
Sicile. *Naples.* Moggia	=	33,426
Suède. Tuneland	=	49,329
Wurtemberg. Morgen à 384 ruth	=	31,50
Amérique. *États-Unis.* Acre[1]	=	81,64

Mesures de volume.

		valeur en mètres cubes.
Angleterre. Pouce cube	=	0,00001637
Pied cube à 1728 pouces	=	0,028306
Yard cube à 27 pieds cubes	=	0,764240
Load, tonne de mer	=	1,189
Load de bois à œuvrer	=	0,114
Load, bois à brûler	=	3,623
1 mètre cube = 1,3086 yard cube = 35,533 pieds cubes.		

Mesures des grains et des liquides.

		valeur en litres.
1 pinte à 2 gills	=	0,568
1 gallon à 4 quarts	=	4,543
1 bushell à 4 pecks	=	36,35
1 quarter à 8 bushell	=	290,80
1 chaldron de charbon	=	1300,80
1 hectolitre = 2,747 bushells.		
Autriche. Metzen à 16 maas, à 4 futer mass, à 2 beker (grains)	=	61,50
1 eimer à 40 maas, à 4 seidel (liquides)	=	58,156
1 eimer de bière	=	60,38
Bade. Malter (grains)	=	125,»»
Bavière. *Munich.* Scheffel	=	222,34
Égypte. Ardeb	=	182,»»
Espagne Litre en 1860. Fanega à 12 celemines.	=	55,584
États romains. Rubbio à 16 staja ou 48 décini	=	294,460
Hambourg. Scheffel	=	105,29
Hollande. Mudde	=	100,»»
Lubeck. Last à 10 scheffel	=	3415,68

[1] 5 acres d'Écosse = 52 ares, acre d'Irlande 65 ares 88.

		valeur en litres.
Naples. Tomolo	=	55,234
Palerme. Salma grossa	=	344,43
Salma generale	=	277,67
Pologne. Korsec	=	128,»»
Prusse. *Berlin*, pied cube = 0,03087 m. cube.		
Sch'after cube, (bois) 6 pieds de long, 6 de large, 30 de hauteur = 3,385 stères.		
Scheffel (grains) = 1/60 de last, 1/24 de wispel = 16 metzen	=	54,952
Quart (liquides)	=	1,145
Eimer à 2 anker, à 60 quarts	=	68,69
Oxhoft à 2 hom 1/2, à 2 eimer	=	343,45
Dantzig. Last	=	3000,»»
Russie Tchwert à 2 osnim à 2 pajok, à 2 tschwnik, à 2 techtwicker	=	209,74
Sardaigne. *Gênes.* Minà	=	58,27
Saxe. Scheffel	=	103,9
Suède. Tonne à 2 span, à 16 kappar	=	146,45
Turquie. Killot	=	31,15
Satjo	=	51,37
Tunis. Coffisco	=	527,»»
Amérique, États-Unis, Canada. Mesures anglaises.		

Mesures de poids.

		valeur en kilog.
Angleterre. Livre avoir du poids, commerce habituel.		
1 ton à 20 centners, à 4 quarters, à 2 stones, à 14 livres	=	1015,649
1 once, à 16 drames, à 27,3 grains	=	0,0283
1 livre à 16 onces	=	0,4537
1 centner, à 112 livres	=	50,702
Poids pour la farine. 1 sack à 2 ball, à 280 liv.	=	96,68
1 bushell à 2 pecks = 56 livres	=	25,40
Poids du foin et de la paille. (Foin nouveau considéré comme tel jusqu'au 1er septembre[1]).		
1 load à 36 trousses, à 60 liv.	=	979,210
Foin vieux à 56 livres	=	814,04
Paille 1 load à 36 trousses, à 36 liv.	=	577,60

[1] A Paris, où la vente se fait aux 104 bottes, la botte de fourrage de la récolte doit peser, au 1er octobre, 6 k. 5; du 1er octobre au 1er avril, 5 k. 5, et ensuite 5 kilog.

		valeur en kilog
Viande, stone à 14 liv, ...	=	6.349
A *Londres*, stone de viande = 8 livres..	=	3,620
Laine. Sack à 2 weys, à 6 tods, à 2 stones....	=	152,396
Livre de troy (matières précieuses et pharmacie) = 12 onces à 20 penny weight, à 24 grains.....	=	0,3732
1 kilogramme = 2,205, livre avoir du poids = 2,679, livre troy.		
Autriche. *Vienne*. — Livre...............	=	0,5600
Bavière. -- Livre	=	0,500
Danemark. Livre à 16 onces, à 2 loths.......	=	0,59
Espagne. (en 1860 kilog.). Livre ancienne...	=	0,460
États romains. Libra à 12 onces, à 24 deniers, à 24 grains.........................	=	0,5590
Francfort. Livre. — Livre poids fort.......	=	0,550
Pologne. Livre.........................	=	0,405
Prusse. Centner à 110 livres, à 32 loths, à 4 quent (1858 livre du Zollwerein). Livre.	=	0,4677
Saxe. Livre..........................	=	0,50
Suède. Livre..........................	=	0,425
Wurtemberg. Livre à 2 loths............	=	0,467
Russie. Livres, à 96 solonick.............	=	0,4015
Zollwerein. 1 livre de l'Union douanière ou zollwerein à 30 loths, à 10 quentchen, à 10 zenih, à 10 corn.................	=	0,500
Le last = 40 quintaux.................	=	2000,»»

Table des facteurs de réduction des produits en quantités, par mesures françaises et étrangères.

Angleterre.	1 bushell par acre. . . .	= 80,82 l. par hectare
	1 livre par acre.	= 1,1203 k. par hectare
	1 livre par bushell. . . .	= 1,1246 k. par hectol.
	1 penny par bushell. . .	= 0,2863 f. par hectol.
	1 penny par livre.	= 0,2314 f. par kilog.
Autriche.	1 metzen par yock	= 106,7 l. par hectare
	1 livre par yock	= 0,974 k. par hectare
	1 livre par metzen. . . .	= 0,910 k. par hectol.
	1 kreutzer par metzen. .	= 0,0705 f. par hectol.
	1 kreutzer par livre. . . .	= 0,0774 f. par kilog.
Prusse.	1 scheffel par morgen. . .	= 214,93 l. par hectare
	1 livre par morgen. . . .	= 1,8326 k par hectare
	1 livre par scheffell . . .	= 0,8528 k par hectol.
	1 silbergroschen p. scheffell	= 0,2274 f. par hectol.
	1 silbergroschen par livre.	= 0,2670 f. par kilog.

TROISIÈME PARTIE.

COMPTABILITÉ AGRICOLE.

CHAPITRE PREMIER. — DÉFINITIONS.

Les opérations de la production agricole consistent en *dépenses d'argent*, de *matière* et de *travail*, desquelles résultent un *produit* dont la *valeur*, réalisée par la consommation ou la vente, donne une *perte* ou un *profit*.

Les *dépenses* sont les frais de production : leur ensemble forme le *prix de revient* de l'objet produit. Les *profits* consistent dans l'excédant de valeur de l'objet produit sur les frais de production. Cet excédant se nomme encore *produit net*, pour le distinguer du *produit brut*, qui comprend toute la valeur produite. Les *pertes* consistent dans l'infériorité de valeur de l'objet produit, relativement aux frais de production.

La *comptabilité agricole* a pour but de faire connaître au cultivateur la situation de son capital et les résultats de ses opérations en perte ou profit. Elle arrive à ce but à l'aide d'*écritures*.

La comptabilité distingue deux manières de *tenir ces écritures*, l'une, nommée tenue en *partie simple*, l'autre, tenue en *partie double*. Mais, dans l'une et l'autre méthode, les procédés consistent :

1° A faire, au début de la comptabilité, pour tout un *exercice*, c'est-à-dire pour la durée d'une année, un *inventaire* de toutes les valeurs actives et passives ;

2° A enregistrer ensuite immédiatement, jour par jour, sur un livre appelé *journal*, et sur d'autres livres *auxiliaires* de ce journal, les recettes, payements, achats, ventes, enfin toutes les opérations comptables ;

3° A en faire le relevé pour le porter sur un autre registre appelé *grand-livre*, en les appliquant à chaque *compte* qu'ils concernent ;

4° A faire, à la fin de l'exercice, une *balance* de tous les comptes en même temps que le recolement de toutes les valeurs *espèces* ou *matière* et à former, à l'aide de ces éléments, un inventaire nouveau qui fait ressortir le capital net.

On appelle *compte* l'ensemble des faits comptables qui concernent une *personne* ou une *chose* figurant dans la comptabilité. *Ouvrir* un compte, c'est déterminer une personne ou une chose à laquelle s'appliquent les divers *articles* faisant l'objet des écritures. Ainsi le compte ouvert à l'argent, et qu'on nomme compte *caisse*, reçoit tous les articles de *recettes* ou *dépenses* d'argent.

Toutes les opérations comptables relatives à un compte se résument dans une série d'échanges par suite desquelles ce compte *donne* ou *reçoit*, où, par conséquent, il se trouve *devoir* ce qu'il reçoit, et *être créancier* de ce qu'il donne. Pour exprimer ces deux conditions opposées, on se sert de deux mots : DOIT, qui exprime la condition de débiteur; AVOIR, qui indique celle de créancier, ou *créditeur*. On substitue encore à ces mots ceux de *débit* et *crédit*, qui sont équivalents. Ainsi Jean m'achète un cheval 500 fr., qu'il ne me paye pas comptant; Jean reçoit, il est donc mon débiteur de 500 fr., que je porte à son *débit;* lorsqu'il me payera, il donnera 500 fr. que je porterai à son *crédit*. C'est à l'aide de ces deux mots que se passent toutes les écritures dans la comptabilité, soit en partie double, soit en partie simple.

Ce qui distingue la comptabilité en partie double de la comptabilité en partie simple c'est que, 1° dans cette dernière, les opérations comptables sont toujours supposées avoir lieu directement entre le chef de l'exploitation et les *personnes* avec lesquelles il fait des affaires; 2° que ces opérations n'ont pour objet que des entrées ou sorties de valeurs d'argent ou de crédit. La comptabilité en partie double au contraire est destinée à constater, en même temps que le mouvement des valeurs argent, celui des valeurs *matière* et *travail*, éléments et agents de l'exploitation, et à faire ressortir la part de chacun de ces éléments dans la production; elle ouvre des comptes non-seulement aux personnes, mais aux *choses*. Enfin, dans cette comptabilité, les opérations ne se font plus entre le cultivateur lui-même et d'autres personnes, mais entre les agents et les éléments mêmes de l'exploitation qui représentent le cultivateur et deviennent autant de personnes fictives auxquelles on ouvre des comptes. Or, comme dans chacune de ces opérations, il intervient toujours deux comptes : l'un qui reçoit et l'autre qui donne, il y a lieu de passer une écriture à l'un et l'autre de ces comptes, ou deux écritures pour chaque article, de là le nom de *partie double*. Les avantages de la partie double sont les suivants : elle seule fournit le moyen: 1° d'ouvrir des comptes aux éléments de la production et d'apprécier ainsi avec ordre et rapidité leur part dans les pertes ou les profits de l'exploitation; 2° de contrôler les écritures par la double inscription et la balance des comptes, et de reconnaître les omissions; 3° de faire ressortir d'une manière claire et concise les résultats en pertes ou en profits d'un exercice; c'est la seule que doive suivre le cultivateur qui veut présenter un compte exact de toutes ses opérations; c'est aussi celle dont nous expliquerons d'abord le mécanisme. Nous exposerons seulement en finissant un système de comptabilité en partie simple, pour le cultivateur peu au courant des écritures agricoles.

Mais la partie double est laborieuse dans son application : les écritures en sont plus longues, les balances plus difficiles, par cela même qu'elles doivent être plus exactes. Pour le cultivateur qui manque souvent de temps au moment nécessaire, et à qui les écritures sont rarement familières ou sympathiques, cette méthode ne peut convenir qu'en en réduisant le travail autant que possible.

Voici comment nous pensons qu'on pourrait arriver à ce résultat.

CHAPITRE II. — COMPTABILITÉ EN PARTIE DOUBLE ABRÉGÉE.

En examinant les opérations qui ont lieu dans une exploitation rurale, on peut en distinguer de deux sortes. Les unes, appartiennent à la comptabilité *espèces;* elles comprennent les sorties d'argent, ou de valeurs à terme pour le payement du fermage, des agents de travail, ou des éléments de production et les rentrées d'argent ou de valeurs en effets et créances, pour la réalisation des produits. La comptabilité qui se rattache à cet ordre d'opérations est la plus positive. Elle fait connaître au cultivateur ses dépenses et ses recettes ; elle tient note de ses relations avec des tiers connus, débiteurs ou créanciers ; elle constitue le principal moyen d'établir sa situation réelle. Cette comptabilité demande à être tenue régulièrement, jour par jour ; c'est en quelque sorte la comptabilité légale. Les commerçants et les industriels y sont astreints par la loi [1]. Elle est, du reste, peu compliquée pour le cultivateur qui fait presque toutes ses affaires au comptant.

Les faits de la seconde espèce auxquels donne lieu la production agricole, sont ceux qui résultent du mouvement en quelque sorte intérieur de l'exploitation. Ils consistent dans le travail des attelages,

[1] Les art. 8 et 9 du Code de commerce prescrivent à tout commerçant: 1° d'avoir un livre-journal qui présente jour par jour, ses dettes actives et passives, les opérations de son commerce, ses négociations, acceptations, endossements d'effets et généralement tout ce qu'il reçoit et paye, à quelque titre que ce soit; 2° un livre sur lequel est inscrit l'inventaire qu'il est tenu de faire chaque année de ses effets mobiliers et immobiliers, de ses dettes actives et passives; 3° un livre de copie de lettres où il copie toutes les lettres qu'il écrit.

Le cultivateur n'est pas soumis par la loi à cette comptabilité à moins qu'il n'exerce une industrie annexe patentée.

des employés, des ouvriers ; dans celui même des forces naturelles, de la végétation, du sol, etc.; dans le déplacement, la consommation et la transformation des matières pour produire, des grains, des fourrages, de la viande, de la laine, enfin tous les objets de la production agricole.

Ces faits sont également importants à constater ; mais la comptabilité à laquelle ils se rattachent est une comptabilité de renseignements et de prix de revient qui intéresse particulièrement le cultivateur. Elle n'a pas besoin, comme la première, d'être constamment à jour. La plupart même des faits qu'elle doit constater ne peuvent être appréciés qu'après l'exercice tout entier. Enfin, les entrées et les sorties qu'elle enregistre ne sont, en grande partie, que des déplacements intérieurs, qui n'affectent qu'indirectement la situation du capital. Ajoutons que cette comptabilité doit recourir souvent à des appréciations et à des évaluations.

La première espèce de faits constituera une *comptabilité de caisse et de crédits* qu'on tiendra complète et à jour. La seconde n'entrera dans la comptabilité du Journal et du grand-livre que par masse sous un titre général, *Exploitation* Les détails seront recueillis comme *comptabilité de renseignement* dans des livres auxiliaires, tenus néanmoins avec exactitude, et de manière à pouvoir à volonté y puiser les éléments de comptes détaillés de production qu'on voudrait établir.

§ Ier. — *Comptes et sous-comptes.*

Comme la comptabilité commerciale, nous admettons six comptes généraux :

Caisse ;	Divers débiteurs et créditeurs ;
Effets a recevoir ;	Profits et pertes ;
Effets a payer ;	Exploitation.

Le compte exploitation remplace ici le compte *marchandises générales* du commerce ; il représente seul au Journal et au grand-livre toutes les branches de la production agricole qui, dans une comptabilité agricole complète, se divisent ordinairement en un certain nombre de comptes, tels que *mobilier*, *attelages*, *animaux*, etc. Toutefois, pour la *comptabilité de renseignement* et afin de laisser au cultivateur la possibilité d'introduire dans sa comptabilité courante des comptes plus détaillés, le compte exploitation ajoutera à son titre général celui d'un des comptes les plus généralement admis dans la comptabilité agricole, et qui sera comme un *sous-compte* qu'on pourra dédoubler en quelque sorte avec un peu de travail. Sept à huit sous-comptes nous paraissent suffisants pour embrasser les divers éléments de la production : 1° le *mobilier*; 2° les *attelages*; 3° les *animaux de rente*; 4° les *magasins* représentant toutes les matières, denrées et matériaux de la ferme; 5° les *cultures*; 6° les *valeurs en terre*; 7° la *main-d'œuvre*; 8° les *frais généraux*.

Il faut ajouter aux comptes généraux permanents, qui résultent du mouvement même de la comptabilité, les comptes CAPITAL, et les comptes BALANCE D'ENTRÉE et BALANCE DE SORTIE, dont nous expliquerons plus loin l'usage.

Le compte de CAISSE représente tout le mouvement de l'argent; il est débité de toutes les *recettes*, crédité de toutes les *dépenses* en espèces et billets de banque.

Le cultivateur vend comptant dix moutons à Mathieu pour 200 fr. On écrit : doit CAISSE à EXPLOITATION (*animaux*) pour 10 moutons vendus à Mathieu. La caisse en effet reçoit, les moutons donnent. Cela est conséquent au principe : ce qui *entre doit à ce qui sort*.

Le compte EFFETS A PAYER reçoit à son crédit tous les billets souscrits par le cultivateur; il est débité par la caisse lorsque ces billets sont payés par elle. Le compte EFFETS A RECEVOIR représente le cultivateur pour tous les effets souscrits à son profit; il reçoit ces billets à son débit, et, quand ils sont payés ou négociés, il est crédité soit par CAISSE, soit par les personnes qui les reçoivent; exemple : le cultivateur achète de Lucien 1000 tourteaux de colza pour 130 fr. et paye en un billet à ordre. EXPL. *Magasins* reçoit les tourteaux, EFFETS A PAYER donnent un billet qui sort; on écrit :

EXPL. (*Magasins*) *à* EFFETS A PAYER 130 fr. *Mon B/O, Lucien, au 15 septembre* 1858, *pour achat de* 1000 *k. de tourteaux de colza.*

Lorsque le billet venu à échéance est payé par la caisse, on écrit :

EFFETS A PAYER *à* CAISSE 130 fr. *pour solde du B/O Lucien, etc.*

Le cultivateur a vendu 400 fr. à Mathieu 10 moutons pour lesquels celui-ci a donné un billet à ordre à 3 mois, on écrit :

EFFETS A RECEVOIR *à* EXPL. (*animaux*) 400 fr. *de Mathieu* son *B/O, règlement de* 10 *moutons à lui vendus.*

Si Mathieu n'avait payé ni en argent, ni en billets, il fût resté débiteur, on l'eût débité par EXPL. (*animaux*).

Les comptes DIVERS DÉBITEURS et DIVERS CRÉDITEURS se comprennent au simple énoncé. On réunit sous ce titre les personnes avec lesquelles on fait accidentellement des affaires au comptant. Ce nombre étant du reste fort restreint dans la culture, on peut également y faire figurer les personnes avec lesquelles on a un compte ouvert, en leur ménageant dans le grand-livre des comptes courants un plus grand espace.

Quant aux sous comptes destinés à spécialiser les articles du compte général exploitation : le sous compte *magasins* réunit tous les produits et toutes les denrées et matériaux achetés ou obtenus dans la ferme, destinés à être consommés ou vendus. Dans une comptabilité plus étendue, on subdiviserait ce compte en gerbéré, grains et graines, farines et tourteaux, denrées de ménage, fourrages, pailles, engrais, fumiers en tas ou dans les étables, qu'on considère comme emmagasinés. Il en est de même des bois en chantier, meules de paille, pierres, etc., matériaux divers. Dans l'*auxiliaire* de magasins dont on parlera plus loin, un feuillet séparé est consacré à ces diverses espèces de matières, et on en constate l'entrée et la sortie.

Le sous-compte *valeurs en terre* réunit toutes les valeurs qui sont dans le sol, telles qu'*engrais* et *amendements enfouis*, *améliorations foncières*, dont le fermier doit retirer les avances pendant le cours du bail, les travaux accumulés sur une pièce de terre où doit être plus tard une culture qui n'est pas déterminée à la fin de l'exercice.

Tout en conservant le seul sous-compte général *valeurs en terre*, cependant on peut, dans les auxiliaires, indiquer les subdivisions de ce compte auxquelles s'appliquent soit les travaux, soit les sorties ou entrées de magasin, en adoptant par exemple les subdivisions d'*engrais en terre*, d'*améliorations foncières*, de *travaux préparatoires*. Le sous-compte *cultures* embrasse les récoltes en terre depuis l'ensemencement jusqu'à ce qu'elles soient coupées ou arrachées.

Dans une comptabilité plus étendue, on crée des sous-comptes à ces diverses subdivisions en même temps qu'aux diverses cultures, *froment*, *seigle*, *avoine*, *racines*, *prairies artificielles*, etc., etc.; quelquefois même on ouvre des sous-comptes aux diverses *pièces de terre* de la ferme. Nous croyons que ce dernier procédé entraine beaucoup trop d'écritures et de complications pour peu que le nombre des pièces de terre soit considérable.

Le sous compte *meubles* ou *matériel* comprend les instruments et appareils d'exploitation et de culture, le mobilier personnel.

Le sous-compte *attelages* représente le travail des animaux et des charretiers qui les conduisent, comme celui de *main-d'œuvre* réunit tous les travaux des journaliers et des tâcherons. Ces sous-comptes sont essentiellement de production; ils ne figurent guère dans la comptabilité caisse et crédits que pour les prix d'achat, la ferrure, les soins aux animaux, les gages et salaires des ouvriers; on trouve dans les auxiliaires la consommation, les attelages et les travaux des animaux, des employés et de la main-d'œuvre.

Le sous-compte *animaux* de rente se divise, pour la comptabilité de renseignements, en plusieurs catégories, suivant les spéculations : chevaux d'élève, étables d'élevage ou d'engrais, bergerie d'élevage et d'engrais, porcherie, basse-cour, etc.

Le sous-compte *frais généraux* comprend une foule de dépenses et de recettes qui ne s'appliquent en totalité à aucun compte particulier, intéressant plus ou moins toutes les branches de l'exploitation. Dans notre comptabilité, nous lui donnerons un peu plus d'extension afin d'éviter des répartitions qui absorbent beaucoup de temps. Nous y plaçons les fermages, les contributions, les gages des domestiques à l'année, les dépenses de ménage, de médecin, les assurances, les voyages, etc. Nous comprendrons également les dépenses pour le *ménage* et le *jardin* dans les frais généraux.

Le compte BALANCE DE SORTIE ou inventaire de sortie est un compte créé dans le but de faire passer les valeurs de l'exploitation dans l'exercice suivant, par l'intermédiaire d'un autre compte qu'on nomme INVENTAIRE OU BALANCE D'ENTRÉE. Ainsi on débite le compte d'inventaire de sortie et de toutes les valeurs actives et on le crédite de toutes les dettes; les comptes capital, créanciers divers, effets à payer, sont ceux qu'on porte à son crédit. L'inventaire d'entrée est au contraire crédité de toutes les valeurs actives et débité des valeurs passives. Le compte CAPITAL sert à déterminer la fortune du cultivateur ; il doit être crédité de la somme portée à l'inventaire comme représentant fictivement le cultivateur lui-même et toute sa fortune personnelle, toutes les pertes que celui-ci éprouve, sont à porter au débit de ce compte, qui est destiné à recevoir le solde de balance du compte de PROFITS ET PERTES, ce dernier compte est créé dans le but de faire ressortir les pertes ou les profits résultant des divers comptes qui doivent se solder de cette manière, il est débité des pertes de tout genre et crédité des bénéfices ; au contraire les comptes qu'il solde sont débités de tous les bénéfices, parce qu'ils sont supposés les recevoir du compte de profits et pertes, et crédités au contraire des pertes qu'ils sont supposés donner à ce compte. Il serait donc plus rationnel de nommer ce compte, compte de *pertes* et *profits*, comme le fait M. Edmond de Grange.

Ces bases posées, entrons dans l'application même. Le point de départ est, comme nous l'avons dit, un inventaire après lequel se développent les opérations courantes qui sont l'inscription des faits comptables, le report au journal et au grand-livre, la clôture et la balance des comptes.

§ II. — *Inventaire.*

L'inventaire est la base et le point de départ de toute comptabilité;

c'est une opération qui consiste à compter, peser, mesurer, évaluer tous les objets, meubles et immeubles, argent, créances, matières, enfin tout ce que possède le cultivateur : à compter également ce qu'il doit, et à inscrire le tout sur un cahier ou registre spécial.

Cet inventaire se renouvelle chaque année. Il clôt le travail de la comptabilité de l'année écoulée, qui se nomme *exercice*, et commence l'exercice suivant.

L'année comptable ne commence pas toujours par le mois de janvier, comme l'année commune. On choisit ordinairement le moment où il est le plus facile d'apprécier les valeurs qui forment l'avoir du cultivateur; l'instant où il reste soit en terre, soit en grange, le moins de ces produits dont l'évaluation est toujours un peu hypothétique. On prend quelquefois soit le mois d'avril, où les récoltes de l'année précédente sont à peu près réalisées et les travaux moins pressants, soit le mois de septembre, où les récoltes sont rentrées pour la plus grande partie. Enfin, beaucoup préfèrent commencer l'année comptable avec l'année ordinaire, se conformant en cela aux comptabilités commerciales et industrielles; à ce moment les produits de l'année écoulée sont réalisés ou faciles à évaluer, on peut également se rendre compte des récoltes en terre, des industries annexes, de l'engraissement des animaux, etc., les soirées d'hiver laissent d'ailleurs plus de loisir au cultivateur pour faire l'inventaire.

A quelque époque du reste que se fasse l'inventaire, l'opération doit s'effectuer le plus rapidement possible. Les faits courants de l'exploitation pouvant, s'il dure trop longtemps, apporter des modifications dans les valeurs constatées.

A. — *Évaluation des objets à l'inventaire.*

Il y a dans l'inventaire deux opérations principales à exécuter : 1° déterminer les quantités en nombre, poids, grandeur, etc., ici s'appliquent les règles générales de numération expliquées dans l'arithmétique et la géométrie. 2° Les évaluer en argent, afin de tout ramener à une mesure commune de comparaison. Parcourons rapidement les divers articles de l'inventaire, en indiquant les procédés les plus généraux d'appréciation en *quantité* et *valeur*.

Immeubles. Le sol se mesure en superficie; sa valeur varie suivant sa qualité, sa nature de culture, pré, vigne, etc. Cette valeur s'établit, soit d'après le prix courant du pays, résultant de ventes, locations, soit d'après la classification du cadastre. Elle peut se modifier d'un inventaire à l'autre, principalement par des améliorations. Mais ce n'est qu'avec une grande circonspection qu'on doit porter les améliorations foncières en accroissement de valeur vénale;

il vaut mieux créer un *sous-compte d'améliorations foncières*, que l'on amortit chaque année par portions. La rente de l'immeuble, si le cultivateur en est propriétaire, doit être payée, chaque année, au compte CAPITAL. Elle s'établit par la comparaison du prix de location du pays.

La *mesure* des bâtiments ruraux (chambres, écuries, granges, greniers, etc.), s'exprime en mètres de hauteur, longueur; en mètres superficiels ou en mètres cubes, en prenant la mesure de chacune de leurs dimensions, et la contrôlant par un plan accompagné d'un *état de lieux* qui spécifie le mode de construction et la situation détaillée de tous les objets. L'*évaluation* se fait empiriquement ou rationnellement, d'après les données de la construction, maçonnerie, charpente, etc. En corps de ferme, la rente des bâtiments se confond avec celle de la ferme tout entière.

Mobilier. La grande variété d'objets mobiliers et leur déplacement continuel, exige beaucoup d'ordre pour la bonne tenue de cette partie de l'exploitation. On ne doit avoir que les instruments et outils nécessaires; placer ceux affectés à certains services sous la responsabilité des agents qui effectuent ces services; fournir le moins possible d'outils aux journaliers et tâcherons; graver sur les outils et instruments la marque de la ferme et des numéros d'ordre pour les reconnaître. On écrit sur les véhicules leur poids, leur contenance; sur les harnais le numéro de l'attelage, de l'animal. Si certains objets mobiliers doivent rester dans un lieu tel que le grenier, la grange, le fournil, etc., on en inscrit l'état sur la porte. C'est pour le mobilier surtout qu'est applicable le principe : *Une place à chaque chose et chaque chose à sa place.*

Les grands instruments et appareils aratoires reçoivent, dans l'inventaire, des indications qui expriment leur importance. On dit : une machine à battre de tant de grains par heure, ou de la force de tant de chevaux ; une voiture à deux ou trois chevaux. L'évaluation s'opère en détaillant les diverses parties : le poids du fer, l'état d'usure, etc. Pour les autres moins importants, leur valeur vénale et leur degré d'usure forment la base de leur évaluation.

Les *animaux* s'évaluent un peu différemment, suivant les espèces. Les moutons se comptent par tête ou par paire. Jusqu'au sevrage, les jeunes animaux ne font qu'une unité avec la mère. Les bœufs de travail s'estiment ordinairement par paire. Les animaux maigres destinés à l'engrais s'estiment d'après le poids qu'ils prendront ; les animaux gras s'évaluent au poids brut ou net ; la vache à lait, d'après son âge et son état de lactation. Pour le cheval, la race, la taille et diverses qualités appréciables font la base de son évaluation. Comme mesure d'ordre, on donne aux animaux un nom ou un numéro. Les moutons sont marqués à l'oreille, soit à l'aide d'un système d'encoches, soit par un tatouage, à l'aide de pinces. Les volailles doivent être comptées de temps en temps.

Les *produits* et *matériaux* de toute nature ne demandent pas moins d'ordre que le mobilier. Dans une ferme bien tenue, ils sont sous clef, autant que possible, les clefs sont rangées et numérotées. On a un état exact des contenances des meules et silos. On a souvent pour les grains et les denrées liquides des compartiments, des vases dont la capacité est déterminée à différentes hauteurs, afin d'apprécier immédiatement les quantités qu'ils renferment.

Les *produits* ou matières se mesurent d'après les unités indiquées dans l'arithmétique et la géométrie, au mètre, au litre, etc. Si on a tenu un compte exact des entrées et des sorties des gerbes, fourrages, pailles, on sait à peu près combien il en existe au moment de l'inventaire, sinon on évalue par le cubage en prenant des formules en rapport avec la nature des produits; ainsi le mètre cube de gerbes peut, suivant la longueur de la paille et le tassement, peser de 60 à 130 kilog. et fournir de 20 à 48 litres de froment; un mètre cube d'avoine en gerbes pèse de 80 à 180 kilog., et peut fournir 45 à 95 kilog. de grain. On pourrait cuber les grains en prenant pour base le poids de l'hectolitre, mais il sera plus convenable de les faire mesurer, ce qui leur donnera d'ailleurs un pelletage toujours utile. Les bois, les pierres, seront métrés; les *fourrages* en meules peuvent être également cubés; en faisant une section dans la meule du haut en bas, on a une moyenne du poids du mètre cube. Ce poids est comme celui de la gerbe, nécessairement variable. Il est tantôt de 50, de 60, de 100 kilog. et plus, suivant la qualité du foin et le tassement. (Voir les tables.)

Les produits non récoltés mais sur le point de l'être, présentent certaines difficultés si la récolte est sur pied. Pour les grains on parcourt les champs, on fait une compensation des places plus ou moins fournies, on examine les épis et, prenant pour base une année moyenne, on suppose à peu près le rendement en gerbes et en grains. Si le grain est abattu ou prêt à l'être, l'évaluation est moins hypothétique; on pèse un certain nombre de javelles recueillies sur deux ou trois ares, par exemple, dans différentes parties du champ; on en bat quelques-unes pour avoir le rendement en grain; par le rapport du poids des javelles à la surface, par celui du poids du grain en javelle, on établit en quantité l'évaluation assez rapprochée de la récolte.

Pour les *racines* non arrachées telles que les betteraves, on fait quelquefois arracher, si la plante est mûre, une bande de 3 ou 4 mètres qui traverse la pièce, en passant autant que possible dans les endroits plus ou moins fournis; on pèse et on déduit par une proportion le produit du champ; d'autres fois on arrache 1 are sur différents points. On évalue les racines souvent à l'hectolitre, mais le poids donne un résultat beaucoup plus rigoureux. Les fourrages verts se comptent au poids; on les évalue quelquefois au cinquième du fourrage sec. Les fourrages pâtures se comptent par la surface du champ (en ares, par exemple): on donne à l'are une valeur proportionnelle au fourrage qu'il contient. Il en est de même des pâtures permanentes; on peut encore compter leur valeur par journée de pâture de bœuf, vache, mouton, etc., par le nombre d'animaux qui peuvent s'y engraisser ou s'y nourrir.

L'évaluation des *produits* ne présente pas de difficultés quand le produit est destiné à être vendu directement; mais si on le consomme en nature, on l'estime soit au prix de revient, c'est-à-dire à ce qu'il a coûté à produire, soit au prix de marché, déduction faite des frais de transport; quelquefois enfin à un prix conventionnel.

L'évaluation en argent des *fourrages* est quelquefois difficile. Là où n'existent pas de grands marchés, on prend habituellement une valeur arbitraire se rapprochant de celle qui serait payée par l'emploi de ce fourrage, dans les spéculations les plus habituelles de la localité. Quand la végétation n'est pas assez avancée pour qu'on puisse apprécier le produit, on estime seulement comme *emblaves* les travaux et les semences. On en parle plus bas.

Les *fumiers* se mesurent et s'évaluent quand on les sort des écuries et quand on les porte aux champs. On donne, autant que possible, un poids ou un volume uniforme aux brouettes, aux voitures et aux *fumerons* (petits tas déposés dans le champ), pour retrouver le rapport des voitures ou des fumerons aux brouettes, ce qui peut être important, si on veut se rendre compte du fumier produit par les diverses espèces d'animaux. Le tas de la cour s'évalue au mètre cube ou au poids, en ramenant ce poids à celui d'un fumier normal contenant 70 à 80 p. 100 d'eau. On exprime souvent la quantité portée dans les champs, en voitures ou en fumerons, dont le volume varie (voir notre traité *Sol et engrais*); on l'exprime encore par la mesure superficielle, en prenant une fumure moyenne de 400 kilogrammes à l'are.

On évalue le fumier d'après la valeur plus ou moins fertilisante du fumier lui-même dépendant des parties animales ou azotées qu'il contient; on en fixe le prix d'après le prix courant du pays, s'il en existe, ou, on lui donne une valeur plus ou moins arbitraire, suivant l'importance du rôle qu'on suppose qu'il joue dans la production.

Quelques personnes ne le font figurer que pour mémoire et à titre de renseignement. Les autres engrais s'évaluent, soit d'après leur richesse en principes fertilisants : tels sont les purins, les gadoues, le parc, etc.; soit d'après leur prix d'achat.

L'évaluation des *engrais en terre* laisse plus d'incertitude. Cette question se complique en effet de l'épuisement du sol par les récoltes, sur lequel on n'est pas généralement d'accord; on ne peut donc arriver en réalité qu'à une évaluation approximative; voici sur quelles bases nous estimions dans notre culture les engrais en terre. Une fumure complète revenant à 300 fr. l'hectare, nous la divisions en 10 parties de 30 fr. chacune, dont nous affections une quantité plus ou moins considérable aux différentes récoltes. Nous considérions l'engrais produit par une année de trèfle, dont on enfouit la deuxième coupe comme 0,4 d'une fumure ; celui laissé par une luzerne comme 0,3 de fumure par an. Du reste, ces coefficients peuvent varier suivant les sols et le climat, c'est au cultivateur à les modifier par l'observation. Sous le rapport de l'épuisement nous avions adopté les chiffres suivants : 1 froment enlevait 0,7 de la fumure, une avoine 0,3, de betterave 0,5, etc. On comprend dès lors comme on doit procéder pour estimer dans l'inventaire les engrais en terre.

Les *emblaves* se mesurent à la superficie. Elles s'évaluent par les frais de labour et semences, etc., ou reçoivent une valeur plus ou moins élevée, suivant qu'on est plus ou moins éloigné de la récolte.

Les *prés*, les *pâtures*, les *bois*, les *vignes*, les *olivettes*, les *mûriers*, etc., s'évaluent d'après les règles admises dans chaque contrée.

Le *travail* se mesure, soit par le temps employé, à l'heure, à la journée, qu'on divise parfois, pour faciliter le calcul, en dix heures de travail effectif, soit par l'effort produit, soit enfin par la quantité. C'est alors le travail à la tâche, travail qui se détermine, suivant les travaux, par l'étendue en longueur, largeur, profondeur, comme les fossés et les fouilles diverses; en superficie, exemple : *labours*, *binages*, *fauchage*, etc.; en volume, ou mesure de capacité, comme le *battage* des grains, etc.; à la pièce, comme la *tonte* des moutons, le travail des *vignes*, etc. Il s'évalue, dans la comptabilité, d'après le prix payé; si le payement en est fait en nature, on ramène les objets donnés à l'unité monétaire. Les *travaux préparatoires* qui forment un article à l'inventaire, sont les opérations effectuées sur les terres pour les préparer à recevoir une récolte, ils se composent de travaux évalués comme il vient d'être dit. (Voir tables des travaux.

B. — *Forme de l'inventaire.*

Le modèle suivant fait suffisamment saisir les dispositions de l'inventaire.

INVENTAIRE GÉNÉRAL

de M. . . . . , cultivateur à . . . . .

Arrêté le 31 décembre 1856.

ACTIF.

PREMIÈRE SECTION. — EXPLOITATION.

CHAPITRE PREMIER. — *Meubles.*

1° Machines, voitures et harnais.	6 350 fr.	
2° Instruments aratoires	965	
3° Instruments et outils divers (coupe-racines, hache-paille, faux, bêches, échelles, etc. . . .	800	
4°, 5°, 6° Mobilier d'écurie, vacherie, bergerie, etc.	600	
7° Mobilier personnel et de ménage.	1,500	10 215

CHAPITRE II. — *Animaux.*

1° Animaux de travail (chevaux, bœufs, etc.). Indication des noms ou n^os^, âge, poids, valeur.	5,000	
2°, 3°, 4°, 5°. Vaches, moutons, porcs, etc. . .	8,800	13,800

CHAPITRE III. — *Magasins.*

1° Gerbière (nature, poids et valeur des gerbes). .	7,050	
2° Grains en magasin (froment, avoine, orge, etc., quantité, poids, valeur).	3,228	
3°, 4°, 5° Pailles, fourrages, racines	2,200	
6° Denrées diverses (tourteaux farines, sel) . .	500	
7° Matériaux divers (bois, fer, pierre).	400	
8° Denrées de ménage.	200	
9° Fumiers et engrais en magasins et cours. . .	1,200	14,778

CHAPITRE IV. — *Valeurs en terre.*

1° Engrais et amendements en terre; pièce, contenance; reste supposé de la fumure.	5,680	
2° Travaux préparatoires (pièce, contenance) . .	1,257	
3° Améliorations foncières à amortir, drainage, etc.	4,500	11,437

CHAPITRE V. — *Cultures et récoltes en terre.*	6,780
Total.	57,010

DEUXIÈME SECTION. — VALEURS, ESPÈCES ET CRÉDITS

CHAPITRE PREMIER. — *Divers débiteurs.*

Liste de débiteurs	2,406

CHAPITRE II. — *Effets à recevoir.*

Liste des effets à recevoir	3,200

CHAPITRE III.

Caisse.	2,000
Total de l'actif. . . .	64,646

PASSIF.

CHAPITRE PREMIER. — *Divers créditeurs.*

Liste	2,500

CHAPITRE II. — *Effets à payer.*

Liste des effets.	1,800
Total du passif. . . .	4,300

Balance :

Actif.	64,646
Passif	4.300
Capital net.	60,346

§ III. — *Enregistrement des faits comptables, registres et livres.*

L'inventaire terminé, l'exercice s'ouvre; alors commence, à proprement parler, la *tenue des livres.* Deux sortes de livres, les uns *principaux*, les autres *auxiliaires*, sont ordinairement employés. Le *Journal* et le *Grand-livre* composent les premiers. Dans la comptabilité ordinaire le Journal est un registre où s'inscrivent jour par jour tous les faits comptables : en voici le spécimen.

	10 avril.		
F° 44 30	CAISSE, à Jérôme, 150 fr. reçu de lui pour solde.	150	»
	11 avril.		
11	EXPL. (*animaux*), à Chatelain, 250 fr., vache vendue par lui	250	»
	D°		
	DIVERS à CAISSE.		
28	EXPL. (*magasins*), 30 fr. pour 6 hectol. de poudrette	30	»
30	Lucas, 300 fr., solde de son compte.	300	»
	TOTAL.	330	»

Les chiffres de la première colonne indiquent les folios du grand-livre où les articles sont reportés. Le *Grand-livre*, dans la comptabilité ordinaire, est ordinairement un livre d'un grand format, assez volumineux pour pouvoir contenir les écritures de plusieurs exercices. Chaque folio se compose de deux pages : l'une à gauche, au *verso*, destinée au ***débit***; l'autre à droite, au *recto*, où s'inscrit le ***crédit***. Chaque page est ordinairement divisée dans sa hauteur en 9 colonnes, comme on le voit dans l'entête ci-dessous du compte capital : la 1re, pour les années et les mois; la 2e, pour les jours; la 3e, pour l'indication du f° du Journal, où se trouve l'article inscrit au Grand-livre; la 4e, pour le f° du Grand-livre où se trouve l'article qui forme à un autre compte la contre-partie; la 5e, où s'inscrit l'article; dans la 6e et la 7e colonne on écrit en francs et centimes les sommes intérieures qui se totalisent dans les 8e et 9e colonnes.

DÉBIT.									CAPITAL.								CRÉDIT.
1	2	3	4	5	6	7	8	9	1	2	3	4	5	6	7	8	9

Le Grand-livre n'a d'autre destination que de présenter, par ordre de comptes, les articles qui, dans le Journal, sont par ordre de dates. On ne peut se dissimuler que ce report du Journal au Grand-livre est une des parties les plus méticuleuses de la comptabilité; aussi, depuis quelques années, quelques maisons de commerce ont adopté une méthode mixte qui consiste à réunir en un seul registre le Journal et le Grand-livre. C'est cette méthode abrégée que nous donnons ici, méthode dont l'adoption devient facile d'ailleurs par la réduction de nos comptes à six, comme dans la comptabilité commerciale.

A. — *Journal grand-livre.*

Le *Journal-Grand-Livre*, dont nous présentons le spécimen, est établi sur deux pages en regard, celle de gauche est assimilée au Journal et celle de droite au Grand-livre. Cette dernière est divisée en un nombre de colonnes plus ou moins grand, mais de sept au moins. Chacune de ces colonnes est elle-même divisée en DOIT et AVOIR, et porte pour suscription le titre d'un des comptes généraux que nous avons admis ; une des colonnes, qui porte le titre de DIVERS, est destinée à recevoir les articles concernant les divers débiteurs et créditeurs, ou d'autres comptes qu'on voudrait ouvrir ; ordinairement on tient en même temps un registre intitulé livre des *comptes courants* : ce livre annexe n'est pas indispensable au cultivateur, qui a peu d'affaires à crédit et de comptes courants; cependant il lui sera utile s'il veut ouvrir un compte spécial à l'un des sous-comptes de l'exploitation. La disposition et la réglure sont les mêmes que celles du Grand-livre.

JOURNAL

ANNÉE et MOIS.	DATES du mois	Folios des comp. cour.	LIBELLÉ DES ARTICLES.	MONTANT des ARTICLES.		CAPITAL.			
						DOIT.		AVOIR.	
				fr.	c	fr.	c	fr.	c
1858			A INVENTAIRE D'ENTRÉE. Actif de l'inventaire	64616	»	»	»	»	»
			PAR INVENTAIRE D'ENTRÉE. Passif de l'inventaire au 1er décembre 1857	»	»	»	»	60316	»
Janv.	13	»	CAISSE à EXPLOITATION (*animaux*), 600 fr. pour 20 moutons vendus à Sceaux.	600	»	»	»	»	»
Id.	16	»	EXPLOIT. (*mobilier*), à EFFETS A PAYER, 300 fr., M/B O. Max pour voiture achetée	300	»	»	»	»	»
Id.	18	»	EXPLOIT. (*frais généraux*), à CAISSE, 260 fr. à valoir sur contributions	260	»	»	»	»	»
Id.	19	»	EFFETS A RECEVOIR à EXPLOIT. (*magasins*) 420 f pour 20 hect. froment vendus à Mercier, qui m'a réglé en un bon à 6 mois.	420	»	»	»	»	»
Id.	20	»	EXPLOIT. (*mobilier*), à CAISSE. 155 fr., à Fabre, charron, pour solde de son mémoire. . .	155	»	»	»	»	»
Id.	21	»	EXPL. (*culture*), à DIVERS. 125 fr. pour 400 kilog. guano, acheté de Giraud	125	»	»	»	»	»
»	Id.	»	EXPLOIT. (*attelages*), à CAISSE, 45 fr. à valoir sur les gages de Jean.	45	»	»	»	»	»
Id.	23	»	PROFITS ET PERTES. à EXPLOIT. (*animaux*), 22 fr pour mouton mort du sang	22	»	»	»	»	»
»	Id.	»	EXPLOIT. (*magasins*), à CAISSE, 12 fr. pour note d'épiceries achetées à Bucq	12	»	»	»	»	»
Id.	24	»	PROFITS ET PERTES, à EXPLOIT. (*magasins*) 567 f pour meule froment incendiée	567	»	»	»	»	»
Id.	Id.	»	EXPLOIT. (*main-d'œuvre*), à CAISSE, 157 fr. à divers pour battage à forfait (détail au livre des travaux)	157	»	»	»	»	»
Id.	Id.	»	EXPLOIT. (*valeur en terre*), à CAISSE, 225 fr payés à Basse pour drainage à forfait dans la pièce no 4 b	225	»	»	»	»	»
Id.	28	»	CAISSE à EXPLOIT. (*magasins*), 155 fr. pour 300 bottes de foin vendues à Martin	155	»	»	»	»	»
»	Id.	»	EXPLOIT. (*animaux*), à CAISSE, 64 fr. à valoir, gages de Guinot, berger	64	»	»	»	»	»
»	Id.	»	EXPL. (*culture*). à CAISSE. 230 fr. pour 30 hect. avoine de semence achetée de Germain . . .	2[illegible]0	»	»	»	»	»
			Récapitulation de la page { Débit . 67953 / Crédit 67953 — TOTAUX. .	67953	»	»	»	60316	»

On comprend à la simple vue la manière de tenir le Journal-Grand-livre. L'article s'écrit d'abord dans la page gauche, comme un article ordinaire de journal; puis on écrit ensuite la somme au débit ou au crédit des comptes que l'article concerne. Lorsque la page est terminée, on fait ses additions; et, pour contrôle, on récapitule les sept débits et crédits dont les totaux doivent être égaux entre eux, et se balancent également avec le total du montant des articles.

Au début de l'exercice on inscrit au débit et au crédit de chacun des comptes, les articles de l'inventaire qui les concernent, comme on le

GRAND-LIVRE.

DIVERS.		EXPLOITATION		CAISSE.		EFFETS A RECEVOIR.		EFFETS A PAYER.		PROFITS ET PERTES.	
DOIT.	AVOIR.	DOIT.	AVOIR.	DOIT.	AVOIR.	DOIT.	AVOIR.	DOIT.	AVOIR.	DOIT.	AVOIR
fr. c	fr. c	fr. c	fr. c	fr. c	fr. c	fr. c	fr. c	fr. c	fr. c	fr. c	fr. c
2406 »		37010 »		2000 »		3200 »					
	2500 »								1800		
			600 »	600 »	» »	» »	» »	»	» »	» »	» »
» »	» »	300 »	» »	» »	» »	» »	» »	» »	300 »	» »	» »
» »	» »	200 »	» »	» »	260 »	» »	» »	» »	» »	» »	» »
» »	» »	» »	420 »	» »	» »	420 »	» »	» »	» »	» »	» »
» »	» »	155 »	» »	» »	155 »	» »	» »	» »	» »	» »	» »
» »	425 »	425 »	» »	» »	» »	» »	» »	» »	» »	» »	» »
» »	» »	45 »	» »	» »	45 »	» »	» »	» »	» »	» »	» »
» »	» »	»	22 »	» »	» »	» »	» »	» »	» »	22 »	» »
» »	» »	12 »	» »	» »	12 »	» »	» »	» »	» »	» »	» »
» »	» »	» »	567 »	» »	» »	» »	» »	» »	» »	567 »	» »
» »	» »	157 »	» »	» »	157 »	» »	» »	» »	» »	» »	» »
» »	» »	225 »	» »	» »	225 »	» »	» »	» »	» »	» »	» »
» »	» »	» »	155 »	155 »	» »	» »	» »	» »	» »	» »	» »
» »	» »	64 »	» »	» »	64 »	» »	» »	» »	» »	» »	» »
» »	» »	230 »	» »	» »	230 »	» »	» »	» »	» »	» »	» »
2406 »	2625 »	58583 »	1764 »	2755 »	1148 »	3620 »	» »	» »	2100 »	589 »	» »

voit dans le spécimen. Le Journal-Grand-livre résume toute notre comptabilité de Caisse et Crédits; nous ajouterons seulement pour la comptabilité d'ordre et de renseignements deux auxiliaires : le *livre des magasins* et le *livre des travaux*.

B. — *Livre des magasins*.

Le *livre des magasins* est destiné à constater, jour par jour, les entrées et sorties des objets et produits de l'exploitation et de ceux achetés lorsqu'ils n'auront pas été portés directement à *exploitation* et à l'un des sous-comptes spéciaux, ce qu'on devra toujours faire autant que possible. Comme dans le livre des comptes courants, chaque compte occupe les deux pages du livre ouvert; à la page gauche on écrit les *entrées*, à la page droite les *sorties*.

Chaque feuille a cinq colonnes : la première, où s'inscrit la date de l'entrée ou de la sortie; la deuxième, où l'on rappelle la page du livre Journal où l'article a déjà été inscrit, s'il a donné lieu à un article de Crédit ou de Caisse. Dans la troisième on désigne l'origine ou la destination des objets; la quatrième, divisée elle-même en plusieurs colonnes, reçoit les noms mêmes des objets, grains, fourrages, etc. Enfin une cinquième colonne est destinée aux observations. On donne page 103, comme spécimen, un feuillet du livre des magasins. On aura autant de feuillets que d'espèces de marchandises ou d'objets dont on croira devoir noter les entrées ou les sorties. On consacrera aussi un feuillet, sous le titre de *gerbière*, aux grains récoltés en gerbes, destinés au battage; deux ou trois feuillets aux *graines*, en distinguant ceux restant de l'exercice précédent et ceux récoltés pendant l'exercice; un autre feuillet aux *grains*, deux aux *fourrages*, un aux *pailles*, un aux *racines*, un aux *bois*, un aux *denrées de ménage*, un aux *fumiers et engrais*, etc. On comprend que, suivant la variété des récoltes de la ferme, on peut augmenter ou diminuer le nombre des feuillets. Ce livre sert à vérifier les quantités récoltées, à constater les différences par suite de déchets, infidélités, etc.; chaque année on les constate par l'inventaire, et on reporte à nouveau les quantités restantes.

Au *folio d'entrée*, la colonne d'*origine* exprimera pour les produits végétaux, grains, fourrages, etc., la *culture et la pièce*. En observation, l'état de la plante récoltée, le poids de la gerbe, botte ou du grain; le lieu où cette récolte est engrangée. On entrera toutes les récoltes au livre de magasin, quoiqu'elles aient été quelquefois consommées sur place, afin de réunir dans ce livre l'ensemble de tous les produits de la ferme. Si du trèfle a été fauché en vert, on fera également un article en supputant le nombre de quintaux fauchés; on le réduit en foin sec en prenant le 5e du poids. Les topinambours, les navets portés directement du champ aux étables seront également évalués en quantité et inscrits aux racines en magasin. Dans une exploitation où on veut se rendre un compte rigoureux, on a au livre de magasin un folio des *pâtures*, que l'on évalue par *rations* ou journées de pâture.

Au folio de *sortie* on indique la destination, qui est ordinairement la vente, la consommation ou la perte, et donne lieu à un débit de caisse, animaux ou attelages, ou profits et pertes. Ce folio peut donc remplacer jusqu'à un certain point le livre des consommations, si surtout on porte celles-ci par quinzaine ou par mois, ce qui peut se faire aisément avec des distributions régulières, un rationnement convenable, et en veillant à ce que les domestiques ne puissent donner aux animaux plus que le maître n'a prescrit. Chaque année on fait l'addition des colonnes d'entrées et de sorties, et de temps en temps on vérifie ce qui reste. Le livre de magasin est ainsi pour le cultivateur un moyen de contrôle indispensable.

Pour les denrées de ménage : le sel, le vin, le lard, etc., on inscrit également certaines entrées et les sorties par masse ; pour ce qui entre par caisse, on en débite de suite le compte d'EXPLOITATION (*frais généraux*). Les *engrais en magasin* peuvent entrer en magasin par les animaux et par caisse ; ils sortent par EXPLOITATION *valeurs en terre*, si la terre qui les reçoit n'a pas de culture déterminée, autrement par cultures.

C. — *Livre des consommations.*

Quoiqu'on puisse à la rigueur porter les consommations des animaux à la sortie du livre des magasins, cependant lorsque les animaux de rente joueront un rôle important dans la ferme, il sera utile d'avoir un livre des consommations qui servira en même temps de livre de contrôle du bétail ; on y marquera les changements survenus dans le nombre par achat, vente, mort, etc. On y annotera les changements de régime et autres observations utiles, saillies, origines, etc. Ce livre sera facile à tenir, les consommations variant ordinairement peu. En voici une page spécimen pour le troupeau :

TROUPEAU D'ÉLEVAGE.

DATE.	Entrée.	Sortie.	Nombre.	Folio du journal.	NOURRITURE. Trèfle.	Vesce.	Paille.	Betteraves.	OBSERVATIONS.
					k.	k.	k.	k.	
Janvier 1			355		250	300	500	200	10 agneaux nés nos 32 à 41.
— 2		28	327	9	230	280	500	200	2 agneaux morts. — 28 brebis vendues.
— 3	50		377	10	260	460	600		50 antenais achetés.
— 4	1		376		260	460	600	500	1 brebis morte, suite d'agnelage.

Pour ne pas multiplier les écritures on pourra se dispenser, quant aux animaux qui reçoivent, comme les chevaux de travail, une nourriture régulière, d'écrire jour par jour; on notera seulement les changements de régime; les modifications survenues dans les existences; on récapitulera par mois. Il en est de même quand les animaux sont à la pâture; on note seulement quand ils changent de champ ou d enclos, etc.

Dans le cas où on tiendrait un livre special pour les produits de la vacherie et de la basse-cour, on donne un spécimen étendu d'un *livre de laiterie.* Le cultivateur pourra l'adapter aux besoins de sa laiterie en retranchant ou ajoutant. Ainsi, on retranchera la vente du lait si on ne vend pas le lait en nature, la fabrication du beurre ou du fromage si elle n'a pas lieu, etc.

LIVRE DE LA LAITERIE.

DATE	Nombres des vaches.	LAIT EN NATURE.							FABRICATION DU BEURRE.					FABRICATION DU FROMAGE				OEUFS.	OBSERVATIONS.
		TRAITES.			EMPLOI.				CRÈME BATTUE.	SORTIE DU BEURRE.		SORTIE DU BAT BEURRE.		LAIT EMPLOYÉ.	FROMAGE.		PETIT LAIT.		
		Matin.	Soir.	Total.	Ménage.	Vente.	Fabrication.	Veaux.		Ménage.	Vente.	Ménage.	Porcs.		Ménage.	Vente.	Porcs.		
		lit.	lit.	lit.		lit.	lit.		lit.										

D. — *Livre des travaux.*

Le *livre des travaux* a plusieurs destinations: il peut servir de *livre de paye* en même temps qu'il constate l'emploi jour par jour, heure par heure, des agents de travail dont le cultivateur dispose. C'est un répertoire exact des faits agricoles, qu'on peut compléter en annotant dans la colonne des observations tous les renseignements recueillis sur la durée d'une tâche, l'emploi des matières, la conduite des fumiers, etc. On réunit tous les travaux dans un seul tableau pour abréger les écritures, un même travail se faisant souvent à la fois par les chevaux, les bœufs, les gens à l'année et à la journée, ou même des tâcherons. Pour plus de facilité, on divise la journée en dix heures de travail effectif, ou par quarts, tiers, etc. Lorsqu'on veut payer un ouvrier, il suffit de suivre la colonne qu'on lui a consacrée, et on additionne le nombre d'heures ou de parties aliquotes de travail.

On donne un feuillet de ce livre qui indique comment il doit être disposé. Chaque article commence toujours par le *titre* du compte qui a reçu le travail, afin que le *relevé* des travaux appliqués à chaque

LIVRE DES TRAVAUX.

DATE et JOUR 1858.	NATURE DES TRAVAUX.	PIÈCES.	EMPLOYÉS.	CHEVAUX.	JOURNALIERS. Baptiste.	Germain.	Louis.	Bertrand.	Fe Henri.	Joséphine.	Marie.							TACHERONS Sylvain.				OBSERVATIONS.
Avril. Jeudi 1er.	CULTURES, pommes de terre, plantes.	Nos 12	h. 10	h. 20	h.	h.	h	h 10	h 10	h 10	h. 10							h.				
	MOBILIER, raccommoder les râteliers des moutons.				10																	
	FRAIS GÉNÉRAUX, entretien des chemins.					10	10															
	Idem. Fossés à la tâche. . . .																	10				A 5 f. le m. cour.
	MAGASINS, conduire fumier. . .	7	10	20																		10 voitures.

LIVRE DES MAGASINS.

GERBIÈRE 1858.

Entrée.

DATE. 1858.		ORIGINE.	NATURE. Froment.	Seigle.	Orge.	Avoine.				OBSERVATIONS.
Juill. 15		Pièce de l'Orme (2h.50). . . .	2342	»	»	»				Pesant 11k,50 peu sèches (meule n° 5).
Id. 28.		Pièce du Haut (3h,25.	»	»	2140	»				Pesant 9k. très-sèches (gr., 5e travée bas).

Sortie.

DATE. 1850.	DESTINATION.	NATURE. Froment.	Seigle.	Orge.	Avoine.					OBSERVATIONS.
Oct. 20.	Battage.									

compte, si on le fait, soit plus facile. Ce relevé par comptes se fait par mois, ou seulement par semestre, sur une feuille portant des colonnes à peu près disposées comme le livre des travaux; seulement on relève en masse les heures des journaliers, en distinguant cependant les heures d'hommes de celles de femmes. Quelquefois, pour faciliter encore ces relevés, dans la partie double surtout, on a des cahiers séparés pour les chevaux, les employés, les journaliers, et on inscrit les titres des comptes en tête des colonnes, de manière qu'on n'a à faire que des additions; mais on doit avoir alors des *feuilles de paye*, ordinairement par quinzaine, établies par colonnes, portant en tête les dates et jours de la semaine, et sur le côté les noms des ouvriers.

Nous ajoutons ici deux tableaux de comptes faits dont le cultivateur pourra s'aider. Le premier est un tableau de paye pour les journées de 0 fr. 50 c. à 3 fr. Nous ne le poussons que jusqu'à vingt jours, parce qu'il est rare que les salaires ne soient pas réglés tous les quinze jours au plus tard. Nous avons adopté les fractions de 1/3 et 1/4 comme étant les plus usitées dans le travail rural; si on préférait le calcul par heure, on pourrait diviser la journée en moyenne de dix heures.

L'autre tableau, page 102, est destiné à faciliter le calcul des gages dus aux gens à l'année.

Nous avons présenté ce calcul des gages des gens à l'année par *année* et par *terme*. Le calcul par terme, adopté dans une grande partie des pays à fermages, a pour avantage en attribuant au terme d'été, quoiqu'il soit plus court, une part égale des gages annuels, de retenir les domestiques au moment où le cultivateur en a surtout besoin. Le terme d'été de 125 jours commence ordinairement à la Saint-Jean, 24 juin, et finit à la Saint-Martin, 11 novembre. L'usage de la table est facile. Supposons qu'un charretier aux gages de 300 fr. par an, entré le 20 avril, soit sorti le 10 décembre : on cherchera, à l'aide de la table des jours, p. 25, le nombre de jours de chaque terme écoulé entre ces deux époques. Ce nombre sera, d'après la table, pour le premier terme, du 20 avril au 24 juin, de 171 j. — 110 = 63, à multiplier par 1 fr. 20, chiffre donné par la table des gages, soit : 73 fr. 40 c., et pour le deuxième terme, du 25 juin au 10 décembre, 168 jours à 0 fr. 6255, chiffre qu'on trouve également dans la table des salaires en regard des 300 fr. de gages par an; or, 168 j. × 0 fr. 6255 = 105 fr. 84, qui, ajoutés à 73 fr. 10 c., donnent pour le compte du charretier 178 fr. 94 c.

TABLEAU pour la paye des journées de 0 fr. 50 à 3 fr.

0 fr. 50	0 fr. 60	0 fr. 70	0 fr. 75	0 fr. 80	0 fr. 90	1 fr.	1 fr. 10	1 f. 20	1 fr. 30	JOURS	1 fr. 40	1 fr. 50	1 fr. 60	1 fr. 75	2 fr.	2 fr. 25	2 fr. 50	fr. 2 75	3 fr.
fr.	fr.	fr.	fr.	fr.	fr.	fr.	fr.	fr.	fr.	fr.	fr.	fr.	fr.	fr.	fr.	fr.	fr.	fr.	fr.
,1250	0,15	0.175	0.1875	0,20	0 225	0,25	0.275	0,30	0.325	1/4	0,35	0,375	0.40	0,438	0,50.	0,563	0,625	0,687	» 75
,1666	0 20	0,233	0,25	0.266	0 30	0,333	0,366	0,40	0,433	1/3	0,466	0,50.	0,533	0,583	0,666	0,750	0,833	0,917	1 »
,2500	0.30	0.35	0.375	0.40	0,45	0 50	0,55	0,60	0,65	1/2	0 70	0,75	0.80.	0,876	1 »	1,125	1,25.	1,375	1,60
,3333	0.40	0,466	0,50	0,533	0,60	0,75	0.73	0.80	0,866	2-3	0.933	1 »	1.066	1,166	1,333	1 50.	1,666	1,826	2 »
,375	0,45	0.525	0.5625	0.60.	0.675	0,50	0.825	0,90	0,975	3/4	1,050	1,125	1.20	1.317	1,500	1,607	1.875	2.061	2,25
,50	0,60	0 70	0,75	0.80	0.90	1	1,10	1,20	1.30	1	1,40	1,50	1,60	1,75	2 »	2,25	2 50	2.75	3 »
, »	1,20	1,40	1,50	1.60	1,80	2	2,20	2,40	2,60	2	2,80	3 »	3,20	3,50	4 »	4,50	5 »	5,50	6 »
,50	1,80	2 10	2,25	2,40	2.70	3	3,30	3,60	3 90	3	4,20	4,50	4 80	5,25	6 »	6,75	7,50	8 25	9 »
, »	2 40	2,80	3. »	3,20	3 60	4	4,40	4,80	5 20	4	5.60	6 »	6,40	7.00	8 »	9,00	10 »	11 »	12 »
,50	3 »	3 50	3,75	4. »	4.50	5	5.50	6 »	6.50	5	7.00	7,50	8.00	8,75	10 »	11.25	12.50	13.75	15 »
, »	3.60	4 20	4 50	4.80	5,40	6	6,60	7,20	7,80	6	8,40	9 »	9,60	10,50	12 »	13 50	15 »	16 50	18 »
,50	4 20	4,90	5,25	5.60	6 30	7	7,70	8,40	9.10	7	9,18	10,50	11,20	12.25	14 »	15.75	17.50	19 25	21 »
, »	4-80	5.60	6, »	6,40	7,20	8	8,80	9 60	10,40	8	11.20	12 »	12,80	14.00	16 »	18 00	20 »	22,00	24 »
,50	5,40	6,30	6,75	7,20	8,10	9	9,90	10.80	11,70	9	12,60	13.50	14.40	15.75	18 »	20.25	22,50	24 75	27 »
, »	6, »	7, »	7.50	8 »	9, »	10	11 »	12 »	13 »	10	14 »	15 »	16.00	17,50	20 »	22.50	25 »	27.50	30 »
,50	6,60	7,70	8.25	8.80	9.90	11	12.10	13 20	14 30	11	15,40	16.50	17.60	19.25	22 »	24,75	27,50	30.25	33 »
, »	7,20	8.40	9. »	9,60	10.80	12	13 20	14,40	15,60	12	16,80	18 »	19.20	21,00	24 »	27.00	30 »	33 »	36 »
,50	7 80	9,10	9.75	10,40	11.70	13	14 30	15,60	16.90	13	18.20	19,50	20,80	22,75	26 »	29.25	32,50	35.75	39 »
, »	8.40	9.80	10,50	11,20	12,60	14	15.40	16,80	18,20	14	19,60	21 »	22.40	24,50	28 »	31.50	35 »	38,50	42 »
,50	9, »	10.50	11.25	12, »	13 50	15	16 50	18 »	19 50	15	21,00	22,50	24.00	26.25	30 »	33 75	37,50	41.25	45 »
, »	9,60	11.20	12, »	12,80	14,40	16	17.60	19,20	20,80	16	22,40	24 »	25,60	28,00	32 »	36.00	40 »	44 »	48 »
,50	10 20	11 90	12,75	13.60	15,30	17	18,70	20 40	22 10	17	23,80	25,50	27 20	29.75	34 »	38,25	42,50	46 75	51 »
, »	10,80	12.60	13,50	14,40	16.20	18	19 80	21,60	23 40	18	25,20	27 »	28,80	31,50	36 »	40 50	45 »	49,50	54 »
,50	11,40	13 30	14,25	15.20	17,10	19	20,90	22.80	24.70	19	26,60	28.50	30.40	33,25	38 »	42,75	47,50	52,25	57 »
, »	12, »	14, »	15, »	16, »	18. »	20	22 »	24 »	26 »	20		30 00	32,00	35,00	40 »	45,00	50 »	55 »	60 »

Calcul des gages des gens à l'année et revenu par jour.

GAGES ou revenu par an.	PAR JOUR de l'année entière.	PAR JOUR du terme d'été 125 jours.	PAR JOUR du terme d'hiver 240 jours.	GAGES ou revenu par an.	PAR JOUR de l'année entière.	PAR JOUR du terme d'été 125 jours.	PAR JOUR du terme d'hiver 240 jours.
fr.	fr.	fr.	fr.	fr.	fr.	fr.	fr.
1	0.00274	0,0040	0 0020	100	0,2739	0,4000	0,2087
2	0,00547	0.0080	0,0041	120	0,3286	0,4800	0,2496
3	0,00821	0,0120	0,0062	150	0,4109	0.6000	0,3127
4	0.01095	0,0160	0.0083	180	0.4930	0,7200	0,3740
5	0,01369	0.0200	0.0104	200	0,5478	0,8000	0,4170
6	0.01644	0,0240	0.0124	240	0 6573	0,9600	0,4972
7	0.01918	0,0280	0.0145	250	0.6849	1,0000	0,5212
8	0.02192	0 0320	0,0166	300	0 8217	1,2000	0,6255
9	0,02465	0 0360	0,0187	350	0.9586	1,4000	0,7264
10	0,02739	0.0400	0,0208	360	0.9870	1,4400	0,7468
15	0.04108	0 0600	0,0312	400	1.0956	1,6000	0,8340
20	0.05478	0.0800	0.0417	450	1,2325	1,8000	0.9382
25	0.06849	0.1000	0.0521	500	1,3695	2,0000	1,0421
30	0,08217	0.1200	0,0625	550	1,5064	2,2000	1,146
35	0,09589	0.1400	0,0727	600	1,6434	2,4000	1,250
40	0.10956	0,1600	0,0834	650	1.7804	2.6000	1,780
45	0,12328	0.1800	0,0932	700	1,9173	2.8000	1,917
50	0.13695	0 2000	0.1042	750	2.0543	2,0600	2.054
55	0.15070	0,2200	0.1146	800	2.1912	3,2000	2,191
60	0,16434	0,2400	0.1250	850	2.3281	3 4000	2,228
65	0,17808	0,2600	0,1354	900	2.4651	3.6000	2,465
70	0,19173	0.2800	0,1458	950	2,6020	3,8000	2,602
75	0,20542	0.3000	0,1560	1000	2,7390	4,00	2,739
80	0,21912	0,3200	0,1668	2000	5,4780		
85	0,23281	0,3400	0.1772	3000	8.2170		
90	0.2465	0,3600	0.1884	4000	10 9560		
95	0,2602	0,3800	0,2020	5000	13,6950		

Deux autres livres pourront encore rendre service au cultivateur : l'un est un *memento* et l'autre un *livre foncier*. Le *memento* est composé d'un certain nombre de feuilles sans rayures, où le cultivateur écrit les choses qu'il désire ne pas oublier ; une partie de ce *memento* est divisé par mois, pour que le cultivateur puisse écrire à chacun des mois de l'année le souvenir qui s'y rattache, tel qu'une foire, une culture, la mise bas d'un animal, etc., etc. L'autre partie reçoit des notes générales, un budget de prévision, des adresses, etc., etc.

Le livre *foncier* est un livre de notes utiles, surtout aux propriétaires, mais qui peut cependant rendre des services aux fermiers de grandes exploitations. On y consigne par ordre les renseignements relatifs aux diverses pièces de terre, la nature du sol, la contenance, l'historique de la propriété, les améliorations faites, la répartition des sols On ajoute chaque année des notes sur les produits, leur quantité, leur valeur, les expériences faites, en général tout ce qui concerne le domaine et dont il est intéressant de conserver le souvenir. Ce livre est accompagné du plan des pièces.

Pièces comptables. Tous les titres, toutes les pièces concernant l'exploitation, les baux, marchés, billets, factures, quittance devront être classés et conservés avec soin, réunis suivant leur nature, mis en liasses déposées dans des cartons de manière à être facilement retrouvés au besoin.

§ IV. — *Fin de l'exercice, balance des comptes.*

On continue d'enregistrer au journal grand-livre, comme nous l'avons indiqué, les faits de la comptabilité. Si on a un livre de compte courant, on y reporte au moins chaque semaine les articles relatifs aux comptes qui y figurent. On fait également au bas des pages du livre de magasin la somme des entrées et sorties. Dans la dernière quinzaine du mois de décembre, si le premier janvier a été adopté comme le commencement de l'exercice, on se prépare à l'inventaire et à la clôture des comptes.

Le nouvel inventaire devient facile avec l'inventaire précédent, dont il n'est ordinairement que la reproduction dans la forme avec quelques modifications de prix et quantités. Cet inventaire est présumé fait le 31 décembre. On tiendra donc compte des petites différences qui pourront avoir lieu pour les parties inventoriées un peu plus tôt. C'est également au 31 décembre qu'on clôt les livres de la comptabilité On termine les additions du journal grand-livre, ainsi que des comptes courants et des livres auxiliaires; enfin on balance les comptes.

Balancer ou *solder* un compte, c'est rendre égaux le débit et le crédit en ajoutant à celui de ces deux côtés dont la somme est plus faible une différence ou *solde* qui le rende égal à l'autre, et pour éviter des ratures, on écrit sur une feuille séparée tous les montants, en laissant entre eux un espace suffisant pour y écrire le solde.

Les comptes se balancent en général, soit par *profits et pertes*, quand ce sont des comptes de production ou le capital même de l'exploitation; par *inventaire de sortie* quand ce sont des valeurs qu'on porte à nouveau dans l'exercice suivant; par *répartition* dans d'autres comptes, quand ce sont des comptes intermédiaires de production, comme le travail des attelages et de la main-d'œuvre, les frais généraux, etc., dans notre comptabilité abrégée, nous ne balançons pas les comptes particuliers de production, mais l'ensemble même de l'exploitation par *profits* et *pertes*.

L'application fera mieux comprendre toutes ces opérations.

Commençons d'abord par le *nouvel inventaire*. En ce qui concerne le matériel de l'exploitation, *meubles*, *animaux*, *magasins*, *emblaves, valeurs en terre*, on procède de la même manière que dans le précédent inventaire, en comptant, pesant, mesurant, évaluant, etc. Nous supposerons qu'on a trouvé pour cette partie de l'inventaire 64,991 fr.

Quant aux autres valeurs et comptes débiteurs ou créditeurs, effets à payer ou à recevoir, caisse, etc., c'est la clôture des comptes du journal grand-livre qui fournit les éléments de cette seconde partie de l'inventaire ainsi que de la balance des comptes eux-mêmes.

Exemple : Nous supposons que l'addition définitive des sept comptes de notre journal grand-livre a donné les résultats suivants :

	DOIT.	AVOIR.	DIFFÉRENCE.
Capital.	»	60316	60316
Exploitation.	75336	18593	56743
Caisse.	30925	28530	2395
Divers.	18037	16450	1587
Effets à payer.	4138	5350	1222
Effets à recevoir.	3520	2717	803
Profits et pertes.	589	»	589

Nous prenons d'abord les comptes CAISSE, DIVERS, EFFETS A RECEVOIR, EFFETS A PAYER, qui doivent figurer au nouvel inventaire, et nous portons à l'actif les différences, des trois premiers comptes, et au passif la différence des EFFETS A PAYER.

Notre inventaire se trouve présenter par masse le résultat ci-après :

ACTIF.

Matériel d'exploitation	64991	
Caisse.	2395	
Divers.	1587	
Effets à recevoir.	803	
Total.		69776

PASSIF.

Capital.	60316	
Effets à payer.	1222	61538
Reste représentant les bénéfices. .		8248

Il s'agit maintenant de balancer les comptes et de les reporter à nouveau pour recommencer l'exercice. C'est le compte *inventaire* qui remplit cette mission ; sous le nom d'INVENTAIRE DE SORTIE, il reçoit toutes les valeurs de l'exercice qui finit, et sous celui d'INVENTAIRE D'ENTRÉE, il les rend à l'exercice nouveau.

Le solde des comptes CAISSE, DIVERS, EFFETS A RECEVOIR, s'opère simplement en écrivant à l'avoir de chacun de ces comptes par le débit d'INVENTAIRE DE SORTIE la différence du débit et du crédit de cette manière :

CAISSE.

	DOIT.	AVOIR.
Totaux de l'exercice. . .	30925	28530
Par INVENTAIRE DE SORTIE.	»	2395
Balance.	30925	30925

Quant au compte EFFETS A PAYER, le solde s'écrit à l'*avoir* pour le *débit* d'INVENTAIRE DE SORTIE.

Le compte EXPLOITATION se solde également par inventaire de sortie pour les valeurs constatées à l'inventaire, mais de plus par PROFITS ET PERTES pour l'excédant en perte ou en bénéfice de compte. Exemple :

EXPLOITATION.

	DOIT.	AVOIR.
Totaux de l'exercice.	75336	18593
Par INVENTAIRE DE SORTIE, matériel du nouvel inventaire.	»	64991
A PROFITS ET PERTES, bénéfice de l'exploitation.	8248	»
Balance.	83584	83584

Le compte PROFITS ET PERTES se solde ainsi par EXPLOITATION et CAPITAL.

	DOIT.	AVOIR.
Totaux de l'exercice.	589	»
Par EXPLOITATION, bénéfice de ce compte. . .	»	8248
A CAPITAL, pour solde de ce compte.	7659	»
Balance.	8248	8248

Enfin le compte CAPITAL se solde lui-même par les comptes PROFITS ET PERTES et INVENTAIRE DE SORTIE, comme il suit :

	DOIT.	AVOIR.
Totaux.	»	60316
Par PROFITS ET PERTES	»	7659
A INVENTAIRE DE SORTIE.	67775	
	67975	67975

Il résulte de cette balance que le capital du cultivateur s'est accru de 7659 fr. C'est déjà un fait important acquis par notre comptabilité. Il reste encore à savoir de quelles branches de la production résulte ce bénéfice : c'est ce que la comptabilité complète est destinée à établir. Cependant il est rare que dans les exploitations ordinaires, dont le mouvement d'affaire et le système de production sont peu compliqués, le cultivateur qui a un peu d'expérience ne puisse, avec quelque réflexion et en dépouillant un petit nombre de sous-comptes, arriver à savoir à quoi s'en tenir à cet égard. Le compte de caisse lui dira sur quels articles ont porté les plus fortes recettes, les livres de magasins, quelles récoltes ont été les plus favorables, ce qui a été consommé par les animaux ou le ménage : le livre de travaux, ce qui a été employé de journées d'attelage, il trouvera les éléments du prix de revient lorsqu'il voudra le relever.

Il peut arriver cependant que le capital du cultivateur s'augmente d'une manière assez notable par des recettes en dehors de l'exploitation, une succession par exemple, le compte CAPITAL qui reçoit tous ces profits et pertes peut éclairer le cultivateur sur ce point.

La balance générale terminée, on commence le nouvel exercice en portant l'inventaire en tête du *journal grand-livre* et de ceux des *magasins* et *travaux*, en ce qui concerne ceux-ci, comme on l'a fait d'ailleurs au début de la comptabilité. On prend de nouveaux cahiers pour des auxiliaires; quant au journal grand-livre, s'il est assez volumineux, on continue le nouvel exercice sur le même, en indiquant par un onglet, fixé à un *folio*, l'endroit où commence le nouvel exercice; pour le livre des comptes-courants. Une grande barre à l'encre, au-dessous de la balance de l'année terminée, indique le passage d'un exercice à un autre.

CHAPITRE III. — COMPTABILITÉ EN PARTIE SIMPLE.

Quoique nous ayons essayé de réduire au moindre travail possible la tenue de la comptabilité en partie double, nous craignons cependant que dans quelques exploitations peu importantes et pour quelques cultivateurs étrangers aux écritures et aux calculs, elle ne paraisse encore un peu complexe. Pour ces conditions particulières, nous exposons ici une méthode de partie simple à l'aide de laquelle le cultivateur, si surtout il possède bien l'ensemble et les détails de la marche de son exploitation et s'il fait exactement un inventaire annuel, pourra se rendre compte de ses opérations.

Cette comptabilité est à peu près la même que celle dont nous venons d'expliquer le système, mais elle en diffère par la suppression des doubles écritures.

Comme dans la comptabilité précédente, on débutera par un *inventaire* qu'on renouvellera rigoureusement tous les ans. Un inventaire bien fait est la base de toute comptabilité ; presque seul et avec un peu de raisonnement, quelques recherches dans les notes de la comptabilité de renseignement, il suffirait pour faire connaître au cultivateur sa situation, la source de ses bénéfices ou de ses pertes ; cet inventaire se fera comme nous l'avons indiqué dans le chapitre II.

L'inventaire fait, commence l'inscription des faits comptables. Tous les livres pourront se réduire à deux : un journal pour la comptabilité de caisse et de crédits ; un auxiliaire pour la comptabilité *matière* et *travail*, c'est-à-dire les *magasins* et les *travaux* des journaliers et des attelages. Si, ce qui arrive rarement, le cultivateur faisait un certain nombre d'affaires à crédit, il aurait un cahier de *comptes courants*. On consacrerait à ces comptes un certain nombre de feuillets à la fin du registre journal.

Dans la comptabilité en partie simple la plus ordinaire, on n'inscrit que les articles qui donnent lieu à un payement ou à une recette faite par le cultivateur ou qui constituent pour lui une créance ou une dette vis-à-vis d'une autre personne. Ces articles se passent de la manière suivante :

	12 juillet 1857.		
30	Doit, Mathieu, marchand de chevaux à Garches, 500 fr. pour un cheval à lui vendu.	500	»»
	15 juillet.		
38	Avoir, Louis Maréchal, à Erville, 200 fr. p. solde de son mémoire, au 18 nov. 1858.	200	
	Dito.		
37	Doit, Breton, marchand de laines, à Saint-Maur, pour 300 toisons à lui vendues 7 fr. 50 la pièce.	5,20	

Telle est la forme du journal en partie simple. La première colonne indique les folios du livre de comptes courants Plus tard on reporte ces différents articles sur un livre de comptes courants qui devient le grand-livre de la partie simple et dont le spécimen est plus loin. Mais le cultivateur aura un immense avantage pour éclairer ses recherches à adopter un certain nombre de comptes sous le titre desquels il enregistrera tous les faits comptables, ce qui, du reste, ne créera pour lui aucun surcroît de travail. Ces comptes sont ceux que nous avons indiqués dans notre comptabilité en partie double, sous le nom de comptes et sous-comptes. Seulement, comme ici il n'y a pas de doubles écritures, le cultivateur peut les considérer tous comme des comptes et même, pour plus de clarté dans ses renseignements, en augmenter le nombre. Ainsi il aura les comptes : *caisse*, *effets à recevoir ou à payer*, *meubles*, *immeubles*, *animaux*, *attelages*, *magasins*, *main-d'œuvre*, *engrais en terre*, *emblaves*, *valeurs en terre*, indépendamment des comptes des débiteurs ou créanciers qui figureront sous leurs noms.

Nous proposons également pour le journal une disposition particulière qui facilitera beaucoup les recherches, ce qui est nécessaire quand on n'a pas de grand-livre. Ce journal, caisse et crédits, dont le spécimen est à la page ci-contre, se divise perpendiculairement en 8 colonnes. La première pour les dates, la deuxième pour le folio du livre des comptes courants où l'article est porté. Les troisième et quatrième colonnes reçoivent le nom des comptes *débités* ou *crédités* par suite de l'article. La cinquième colonne reçoit tous les articles qui ne constituent ni une recette ni une dépense en argent; on lui donne le titre de *crédits*. Les sixième et septième colonnes, au contraire, sont réservées pour la recette et la dépense de la *caisse*.

Voici le mécanisme de l'inscription des articles sur ce livre de *caisse et crédits*. A mesure que le cultivateur fait une opération, il la porte sur ce livre. Mais comme la détermination des comptes auxquels cette opération appartient exige souvent quelque réflexion, après avoir écrit la date, il néglige d'abord les deux colonnes, *débiteurs* et *créditeurs*, et inscrit simplement l'article sans se préoccuper d'une formule spéciale. Exemples : 1° Il achète de Nicolas, pour 100 fr., un cheval qu'il paye en un billet; 2° il vend 10 hectolitres de froment à 15 fr. comptant. Il écrit d'abord les deux articles comme ils sont au spécimen, 1re ligne, puis, de suite si cela ne présente pas de difficulté, ou dans un moment moins pressé, il inscrit *dans les deux colonnes* 3 *et* 4 les titres des comptes qui sont débités ou crédités par suite de l'article. Dans le premier cas, on voit que c'est le compte d'*animaux* qui reçoit, le compte d'*effets à payer* qui donne un billet. On écrit *animaux* dans la colonne des débiteurs, et *effets à payer* dans celle des créditeurs. Dans le deuxième cas, la caisse reçoit. On écrit *caisse* à la colonne des débiteurs; les magasins ou produits *donnent*, on les inscrit au nombre des créditeurs.

Il est entendu toutefois que ces titres de compte ne servent qu'à spécifier les dépenses du livre de caisse et crédits; ils ne seront jamais crédités ou débités les uns par les autres, mais seulement par *caisse*, *effets à recevoir*, *effets à payer* ou par les débiteurs ou créditeurs, autrement on rentrerait dans les détails de la partie double.

LIVRE DE CAISSE ET CRÉDIT.

1	2	3	4	5	6	7	8
Juin.		*Débiteurs.*	*Créditeurs.*		**Crédits.**	**Caisse.** RECETTE.	DÉPENSE.
8	»	ATTELAGES à	EFFETS A P..	200 fr. pour un cheval acheté de Nicolas réglé en M/B à 6 mois.	200 »	» »	» »
»	»	JÉROME. . . à	MOBILIER. . .	150 fr. pour une paire de roues à lui vendue.	150 »	» »	» »
6	18	MAGASINS. . à	CAISSE.	15 fr. pour 3 hectol. de poudrette. . . .	» »	» »	15 »
»	»	CAISSE . . . à	MAGASINS. . .	270 fr. pour 15 hectol. de froment V/ 18 fr.	» »	270 »	» »

LIVRE DE COMPTES COURANTS.

MARTIN, *maréchal ferrant, à Guignes.*

DÉBIT. CRÉDIT.

	1	2	3	4		1	2	3	4
Mars.	1	30	A CAISSE pour pareille somme R/ à valoir sur S/C.	150 »	Avril.	18	40	PAR ATTELAGES pour son mémoire de ferrure, réglé à 110 f.	110 »
			A MAGASINS pour 5 hectol. de froment à 17 fr.	51 »	Juin.	21		PAR MOBILIER pour réparations diverses, réglées à 50 fr . . .	50 »
Décem.	28		A CAISSE pour solde de compte.	19 »	Décem.	28		PAR CHEVAUX pour son mémoire de ferrure, réglé à 60 fr. . .	60 »
				220 »					220 »

Ainsi le cultivateur prend dans son grenier 10 hectolitres de froment pour ses semences, cet article ne figurera pas au journal, mais on le retrouvera dans le livre des magasins; au contraire, il achète comptant pour 300 fr. de Luc 10 hectolitres pour semer. Il écrit au journal *culture* à *caisse*, 300 fr. pour 10 hectolitres froment, etc. S'il n'avait pas payé, il écrirait *culture* à Luc, 300 fr., etc.

Nous présentons à la suite un modèle du livre de comptes courants. si le cultivateur juge devoir en tenir un. Ce livre sera utile, d'ailleurs, pour les comptes des gens à gages, à l'année ; on y inscrit leur entrée, les conditions; le compte du propriétaire s'y place également, on peut même relever un compte spécial de culture, d'élevage, et en faire un compte sur ce registre si on veut se renseigner sur cette branche de l'exploitation.

Quant aux *auxiliaires*, ils sont absolument les mêmes que ceux dont nous avons donné le modèle dans le chapitre précédent ; le cultivateur en diminuera ou en augmentera le nombre suivant ses aptitudes et son goût pour les écritures.

La clôture des écritures se fera exclusivement par l'inventaire, et ce sera la comparaison de l'inventaire de l'année précédente avec l'inventaire nouveau qui fera connaître au cultivateur la modification en perte ou en bénéfices qui se sera opérée dans son capital. Du reste, nous pensons que lorsque le cultivateur sera familiarisé avec ces écritures, simplifiées autant que possible, il passera naturellement à notre comptabilité abrégée en partie double qui, avec un peu d'écritures de plus, lui donnera beaucoup plus d'exactitude dans les résultats.

Nous complétons ces données par les formules les plus usitées dans le commerce.

BILLET A ORDRE.

B. P. F. ——

Au ——, *je payerai à l'ordre de Monsieur N* ——
la somme de ——, *valeur reçue en* ——
Bon pour la somme de ——
Paris, le ——
[La signature et l'adresse.]

On passe un billet à l'ordre d'un tiers, en écrivant au dos :

Passé à l'ordre de M... Valeur reçue comptant.
Paris, le —— [Signature et adresse.]

On acquitte un billet en écrivant au bas ou au dos :

Pour acquit, [Signature et adresse.]

On doit faire acquitter tout billet ou facture payée.

LETTRE DE CHANGE A JOUR FIXE.

Versailles, le ——— 185 *Bon pour* ———
Au (la date, le mois) *prochain, il vous plaira payer par cette première lettre de change* (ou *par cette seconde lettre de change*, la première ayant été payée ou ayant été égarée), *à M* ———, *ou à son ordre, la somme de cent francs, valeur reçue* ———,
et que je vous passe en compte suivant l'avis de ———
A M. ——— *Votre serviteur,*
———
à Paris. [Signature et adresse.]

L'acceptation se fait ordinairement sur la lettre en écrivant en travers :

Accepté pour la somme de (en toutes lettres).
Paris, le ——— [Signature.]

MODÈLE D'UN MANDAT.

Saint-Germain, le 5 juillet 1841. *Bon pour 75 fr.*
Fin courant, veuillez payer contre le présent mandat, à l'ordre de monsieur Eugène Prévost, la somme de soixante-quinze francs, *valeur reçue de lui en espèces, et que vous passerez en compte, suivant mon avis de ce jour.*
Bon pour, etc.
(N° 1250.)
A messieurs Julien frères,
banquiers,
Paris. [Signature et adresse.]

MODÈLE D'UNE RECONNAISSANCE DE PRÊT D'ARGENT.

Je soussigné ——— *reconnais, par le présent, que M.* ——— *m'a prêté ce jour la somme de* ———, *laquelle somme je promets et m'engage de lui remettre et rembourser le* ———
A ———, *ce* — [date] [Signature.]

REÇU.

Reçu de M. (indiquer la cause de la créance) *la somme de* ——— (en toutes lettres). [Signature.]

Si c'est un solde général de compte, on met :

Pour solde de tout compte.
Dont quittance à Paris, le ———

QUATRIÈME PARTIE

APPLICATIONS DE GÉOMÉTRIE AGRICOLE.

CHAPITRE PREMIER. — MESURAGE DES LIGNES ET DES SURFACES, ARPENTAGE.

§ Ier. — *Lignes, angles, cercle; définitions et tracé.*

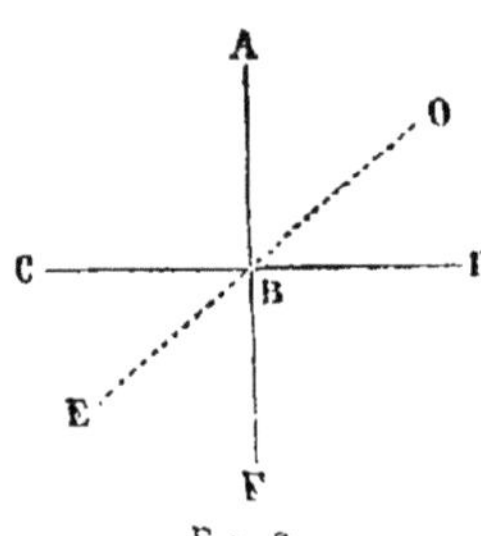

Fig. 2.

Angles. Une ligne droite AF (fig. 2), qui en coupe une autre CD, fait, avec celle-ci, quatre angles. Les angles sont *droits* si l'une des lignes est perpendiculaire à l'autre; dans le cas où la ligne CD est coupée *obliquement* par une autre OE, deux angles sont *aigus*, et les deux autres sont *obtus;* mais ces quatre angles équivalent à quatre angles droits. Les angles opposés au sommet sont égaux.

Le *cercle* (fig. 3) est l'espace circonscrit par une ligne courbe, appelée *circonférence*, dont tous les points sont également éloignés d'un point intérieur O, qu'on nomme *centre.*

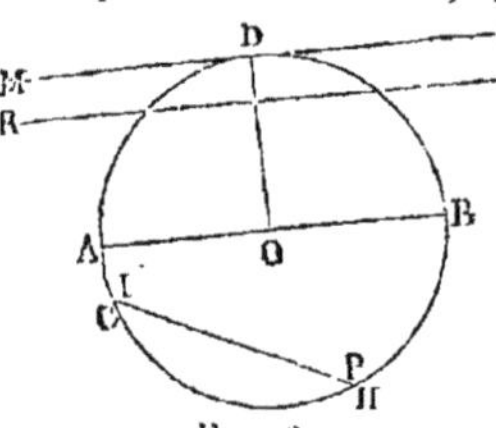

Fig. 3.

Le *rayon* est une ligne droite DO, qui va du centre à la circonférence. Le *diamètre* BA, *axe* ou *double rayon*, est une droite qui aboutit de part et d'autre à la circonférence, en passant par le centre O. L'*arc* est une portion quelconque de la circonférence; tel est HG. La *corde* est une droite PI, qui joint les deux extrémités d'un arc. La *flèche* OD est une droite qui joint le milieu d'un *arc* au milieu de la *corde* qui le soustend. On appelle *tangente* une droite MN, située en dehors de la circonférence et qui n'a qu'un point commun avec elle, le *point de contact.* La perpendiculaire élevée à l'extrémité d'un rayon OD (fig. 3) est une tangente à la circonférence, et réciproquement. Une ligne est dite *sécan*[te] lorsqu'elle coupe la circonférence en deux points; telle est la lig[ne] RS. Le *segment* de cercle est l'espace compris entre un arc et une corde. Le *secteur* est la portion BOD, comprise entre deux rayons. On nomme cercles *concentriques* ceux qui, sans avoir le même diamètre, ont le même centre.

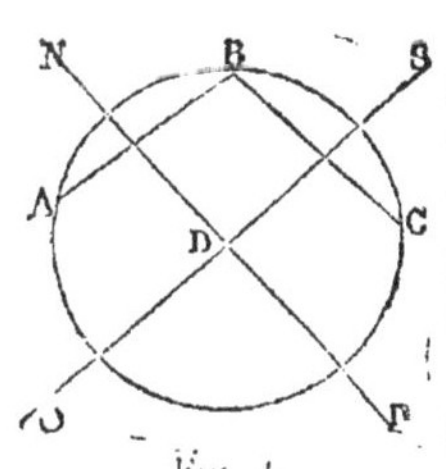

Fig. 4.

Trois points non en ligne droite déterminent une circonférence ; soient les trois points A, B, C (fig. 4). Si on les joint par des droites, et que sur le milieu de ces droites on élève des perpendiculaires, NP, SO, celles-ci se couperont en un point D, qui sera le centre du cercle.

La circonférence a été partagée en 360 parties appelées degrés, chaque degré vaut 60 secondes ', chaque seconde 60 tierces"; 25 degrés, 30 secondes 11 tierces, s'écrivent 25°, 30', 11"; la division en 400 degrés ou grades est peu usitée ; les angles au centre du cercle se mesurent par le nombre de degrés qu'ils interceptent à sa circonférence.

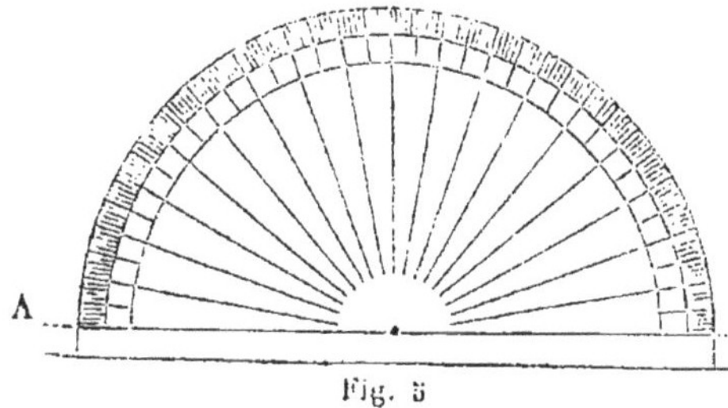

Fig. 5

Le *rapporteur* (fig. 5) sert à mesurer les angles ; c'est une demi-circonférence, tantôt en laiton, tantôt en corne transparente. Le *limbe* ou *contour* est divisé en 180 parties égales, représentant 180°. Le *centre* du cercle ou le *milieu du diamètre* est indiqué par un point, une échancrure ou par un petit trou et le *diamètre* au moyen d'une ligne apparente ou de deux crans situés sur la circonférence extérieure.

Pour évaluer ou construire un angle, l'angle CBO (fig. 2), par exemple, on place le rapporteur de manière que le centre tombe sur le sommet B de l'angle, et qu'un côté de cet angle se confonde avec la partie OA du diamètre de l'instrument ; alors la direction du second côté de l'angle rencontre le limbe du rapporteur, et celui-ci indique le nombre de degrés de l'angle, qui est de $90 + 45 = 135°$.

Tracer une droite. Sur le papier, on opère avec une règle, sur le bois avec le cordeau du charpentier, sur le terrain avec des jalons ; deux points ou jalons suffisent pour déterminer une droite. Une droite *verticale* se détermine avec le fil à plomb qu'elle suit dans toute sa longueur; on trace une droite horizontale en menant une perpendiculaire à une verticale, ou une parallèle au niveau d'une eau tranquille.

Abaisser une perpendiculaire sur une ligne droite d'un point donné hors de cette ligne. Quand on se sert de l'équerre, on place celle-ci de manière que deux des côtés coïncident exactement l'un avec la ligne droite et l'autre avec le point donné. Lorsque ces deux conditions ont été remplies, on trace la perpendiculaire demandée.

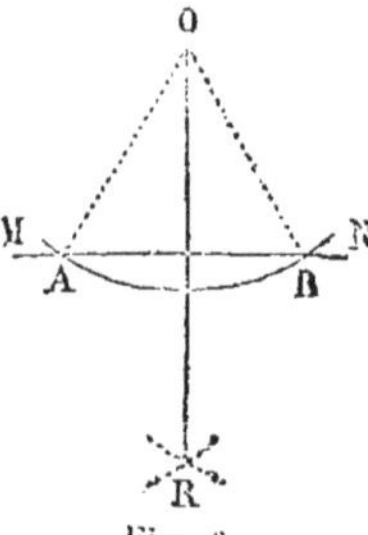

Fig. 6.

Si on doit se servir du compas, du point O (fig. 6) comme centre, on décrit un arc de cercle qui coupe la droite MN donnée en A et B ; puis, de ces deux points comme centres, avec une ouverture de compas plus grande que la moitié de la ligne A B, on trace deux nouveaux arcs se coupant au-dessous de la ligne MN, au point R, et on tire la ligne OR, qui est perpendiculaire. Si la perpendiculaire doit être abaissée sur l'*extrémité* d'une droite, on prolonge la droite et on opère comme dans le cas précédent.

S'il s'agissait de *partager la droite* MN en deux parties égales, des deux points MN on tracerait, comme il a été indiqué, les deux arcs R ; on ferait le même tracé au-dessus, et du point de croisement des arcs, que nous supposerons être O, on abaisserait en R la perpendiculaire DR qui partagerait la ligne en deux parties égales. On pourrait subdiviser de la même manière chaque moitié de la ligne.

On opère de la même manière pour partager l'angle O ou l'arc AB en deux parties égales.

Déterminer et tracer une ligne parallèle à une autre. On joint une règle à une équerre, de manière qu'un des côtés de l'équerre coïncide avec la ligne qu'on veut tracer (fig. 7). On fixe ensuite la règle sur le papier avec la main gauche, et, après avoir tracé une ligne, on fait glisser l'équerre avec la main droite sur le côté de la règle. L'équerre, qui était d'abord sur la ligne A, quitte sa position et descend sur la ligne B. On achève à la règle la ligne déterminée par l'équerre.

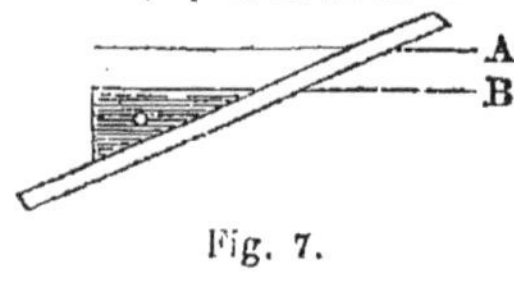

Fig. 7.

Mener une parallèle à AB *par le point* O (fig. 8). Avec une ouverture de compas décrivez du point P l'arc CO; puis du point C, avec la même ouverture de compas, faites l'arc indéfini PS, prenez sur cet arc une longueur SP égale à CO et joignez les deux points SO.

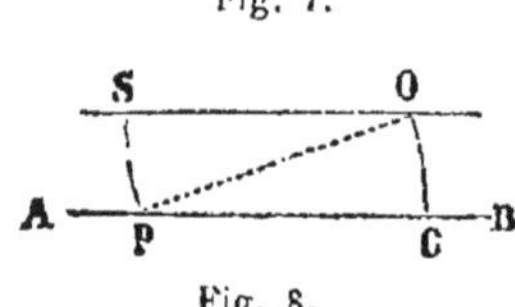

Fig. 8.

Tracer un cercle. On opère soit avec le compas, soit avec une règle, ou un cordeau assujettis à l'une de leurs extrémités.

Tracer une ellipse. On tire deux lignes se coupant perpendiculairement, comme AB. PD (fig. 9) ; de l'extrémité P du petit axe, et avec une ouverture de compas égale à la moitié du grand axe AB, on décrit ensuite l'arc *u v*. Alors on prend un cordeau ou un fil dont la

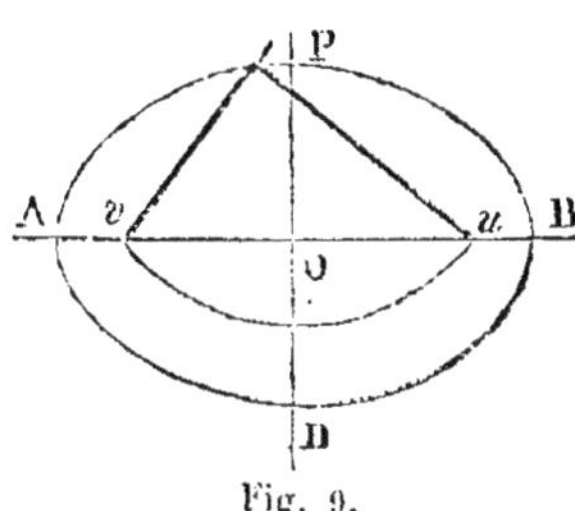

Fig. 9.

longueur égale le grand axe, et on fixe ses bouts en *u* et en *v*. Engageant ensuite un instrument à tracer dans le pli P du cordeau, on décrit l'ellipse demandée par un mouvement continu. C'est cette ellipse qui, exécutée sur le terrain à l'aide de cordeaux et de piquets, se nomme *ellipse de jardinier*. Sur le terrain, un cordeau remplace le compas pour tracer l'arc *uv*.

§ 11. — *Des polygones.*

Le plus simple des polygones est le *triangle :* qui est *équilatéral*, c'est-à-dire à trois côtés égaux (fig. 10); *isoscèle*, à deux côtés égaux (fig. 16); *scalène*, à trois côtés inégaux (fig. 11), *rectangle*, quand l'un de ses angles est droit (fig. 12).

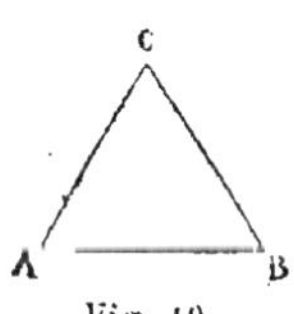

Fig. 10.

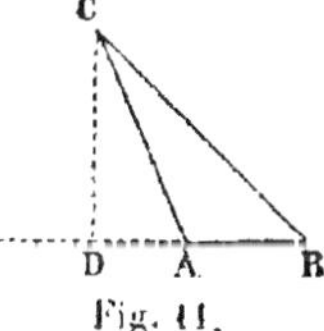

Fig. 11.

Fig. 12.

Dans le triangle rectangle le grand côté CB se nomme *hypoténuse*.

Les trois angles d'un triangle équivalent à 180 degrés ; d'où il suit que, connaissant deux angles, on retrouve le troisième en retranchant la somme des deux premiers de 180 degrés.

Le *quadrilatère* est un polygone de quatre côtés. Si les quatre côtés sont *égaux*, *parallèles*, et si les angles sont *droits*, le quadrilatère prend le nom de *carré* (fig. 18).

Si les quatre côtés sont parallèles égaux, mais les angles non droits, le quadrilatère prend le nom de *losange* (fig. 17).

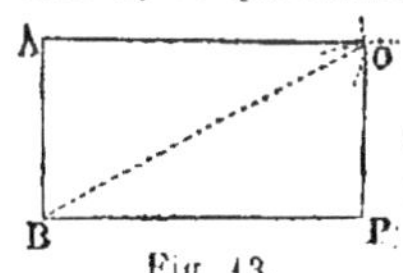

Fig 13.

Si les quatre côtés sont parallèles, les angles droits, mais les côtés inégaux, la figure est un *rectangle* ou carré long (fig. 13).

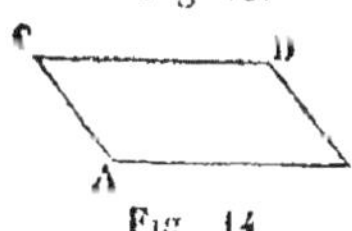

Fig. 14

Si les quatre côtés sont parallèles, mais inégaux et les angles non droits, le polygone est un *parallélogramme* ou *rhombe* (fig. 14).

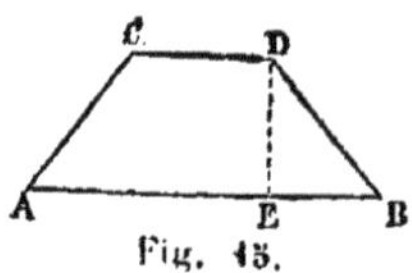

Fig. 15.

Si deux côtés seulement sont parallèles et les deux autres côtés égaux, c'est un *trapèze* régulier (fig. 15); il est irrégulier si ses deux côtés sont inégaux, comme ACDE.

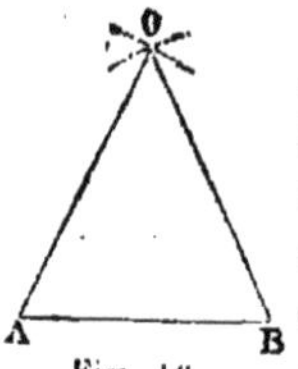

Fig. 16.

Construire un triangle dont on connaît trois côtés. Sur la ligne AB (fig. 16), considérée comme base du triangle, décrivez des points A et B comme centres, et successivement avec deux ouvertures de compas égales aux deux autres côtés, deux arcs de cercle ; du point d'intersection, menez les deux lignes AO, BO, et le triangle OAB est le triangle demandé.

Pour construire un triangle isoscèle, il suffit de connaître deux côtés, et l'angle qu'ils contiennent.

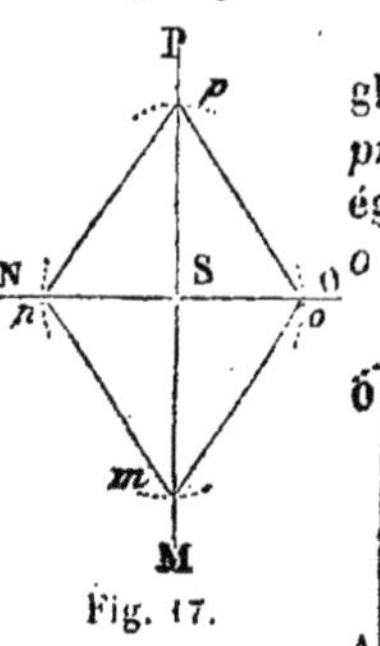

Fig. 17.

Construire un losange. Du sommet du triangle isoscèle *pno* (fig. 17) abaissez la perpendiculaire *pm*, sur laquelle vous prendrez une longueur S*m* égale à S*p*, joignez ensuite le point *m* aux points *o* et *n*.

Fig. 18.

Construire un carré. Sur la droite AB (fig. 18), élevez une perpendiculaire au point A. Des points B et A, comme centres, et avec une ouverture de compas égale à AB, décrivez deux arcs de cercle qui se coupent en S et en O. Joignez les points d'intersection ; BAOS est le carré demandé. Si on avait seulement la diagonale AS, on la couperait perpendiculairement par une diagonale de même longueur, en faisant passer l'intersection des deux diagonales par le milieu de chacune d'elles, et on joindrait par des lignes les quatre extrémités.

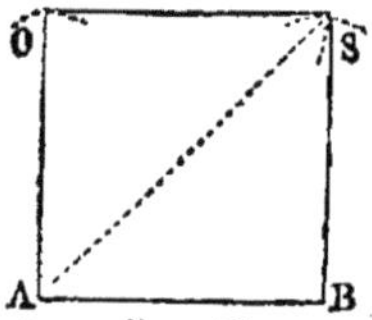

Construire un rectangle (fig. 13). Même procédé que pour le carré, en faisant la perpendiculaire AB plus courte que BP.

Construire un triangle rectangle. Coupez un carré ou un *rectangle* par une diagonale. Autre procédé : De l'extrémité d'un diamètre menez une corde à un point de la circonférence et joignez ce point à l'autre extrémité du diamètre. L'hypoténuse du triangle rectangle inscrit dans le cercle passe toujours par le centre.

§ III. — *Polygones réguliers, division du cercle.*

Un polygone est régulier quand il a tous ses côtés et tous ses angles égaux. Il peut toujours être *inscrit* dans un cercle ou lui être circonscrit.

Le polygone est dit inscrit quand des sommets sont posés sur une même circonférence. Polygone D (fig. 19). Il est circonscrit quand ses côtés sont tangents à cette circonférence. Polygone C. Le centre O du polygone régulier est celui du centre du cercle où il est inscrit; le rayon OB marquant la distance du centre du polygone à l'un de ses côtés est son rayon droit ou *apothème*, le rayon R, aboutissant à l'un des angles, est son rayon oblique.

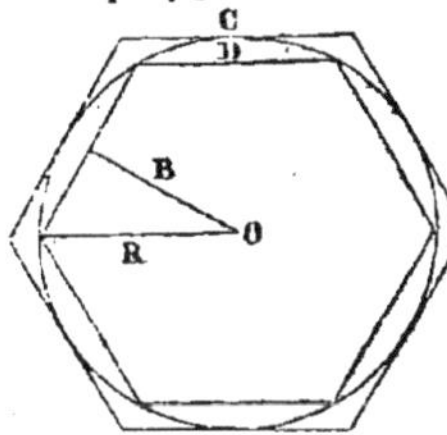

Fig. 19.

Division de la circonférence en trois parties égales. Portez deux fois le rayon sur la circonférence. La corde de cet arc sera le côté du triangle équilatéral inscrit.

Inscrire un triangle rectangle. De l'extrémité D d'un diamètre (fig. 20), menez une ligne droite aboutissant en un point quelconque du cercle, le point B, par exemple, et joignez le point B à l'autre extrémité du diamètre.

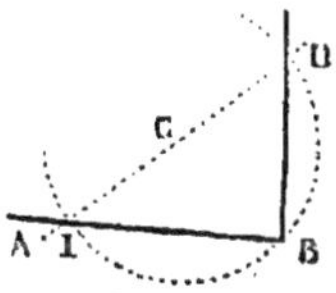

Fig. 20.

Par une construction à peu près analogue, on peut élever une perpendiculaire à l'extrémité B de la ligne droite AB même figure : d'un point C comme centre au-dessus de cette ligne et avec une ouverture de compas égale à la distance CB, on trace un arc de cercle ; du point I, où le cercle coupe la ligne AB, ou mène un diamètre passant par C et du point D où il vient aboutir, on abaisse sur l'extrémité B de la ligne donnée une droite qui lui est perpendiculaire.

Le même procédé sert à trouver le diamètre d'un cercle. On opère dans ce cas avec une équerre dont on porte l'angle droit sur la circonférence intérieure du cercle.

L'angle inscrit a pour mesure la moitié de l'arc compris entre ses côtés.

En quatre parties, ou *inscrire un carré à un cercle*. Tracez deux diamètres coupant le cercle à angles droits, et joignez les quatre extrémités.

En cinq parties. — Tracer un pentagone. Menez un diamètre AOB (fig. 21) et un rayon vertical CO; joignez le point C au milieu D du rayon OB ; du point D comme centre, et avec un rayon égal à DC, décrivez un arc de cercle qui coupe le diamètre de l'autre côté du cercle en un point M. La distance OM formera le côté d'un décagone; en joignant les divisions du décagone de deux en deux, on obtient le pentagone.

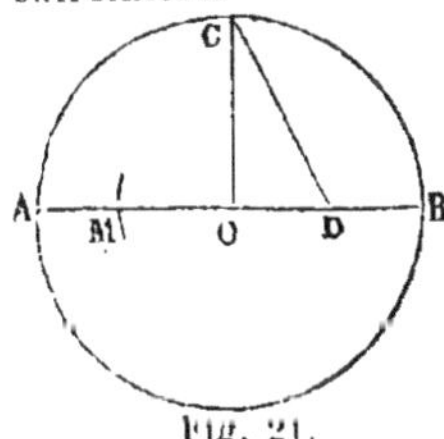

Fig. 21.

En six parties. — Inscrire un hexagone. Portez sur la circonférence six fois le rayon, et joignez ces six points. On obtient avec l'hexagone les polygones de 12, 24, 48, etc., côtés. On n'a pas de procédé géométrique pour diviser le cercle en sept parties. On y arrive approximativement en le divisant par des angles au centre de 51° 30'.

En huit parties. — Tracer un octogone. Abaissez des perpendiculaires du centre sur les côtés du carré inscrit, et prolongez cette ligne jusqu'à la circonférence. En joignant les extrémités de ces lignes à celles des angles du carré, vous aurez un octogone. On obtient de même les polygones de 16, 32, 64, etc., côtés. On obtient la division du cercle en neuf parties égales à l'aide du rapporteur en faisant au centre des angles de 40°.

§ IV. — *Rapport des figures.*

Comparées entre elles, les figures sont *égales* quand, étant superposées, leurs angles et leurs côtés coïncident exactement ; *semblables*, quand elles ont les angles égaux et leurs côtés *homologues* (c'est-à-dire correspondants) proportionnels ; enfin les figures sont *équivalentes* quand, sans être semblables, elles présentent la même surface.

Figures égales. Deux triangles sont égaux quand ils ont soit leurs angles et leurs côtés égaux, soit un angle égal et deux côtés égaux chacun à chacun, soit un côté égal et les angles adjacents égaux, ou enfin quand (étant rectangles) l'hypoténuse et un des angles adjacents sont égaux.

Construire une figure semblable et égale à une autre. Le procédé le plus simple est le calque, soit à la vitre ou au calquoir, soit à l'aide du papier à calquer. On emploie encore, sous le nom de *tricage*, le procédé suivant : Fixez sur une table le papier où est le polygone à copier, en plaçant à côté une feuille destinée à la copie; puis des sommets des angles des polygones tirez comme l'indique la fig. 22 des parallèles, que vous prolongerez sur cette feuille, ensuite, à l'aide d'un compas ou d'une règle, portez sur ces lignes une longueur arbitraire qui partant des sommets des polygones ABCDE aboutit sur les parallèles aux points A'B'C'D'E' qui représenteront les sommets du polygone à reproduire, on complète la figure en joignant ces points par des droites.

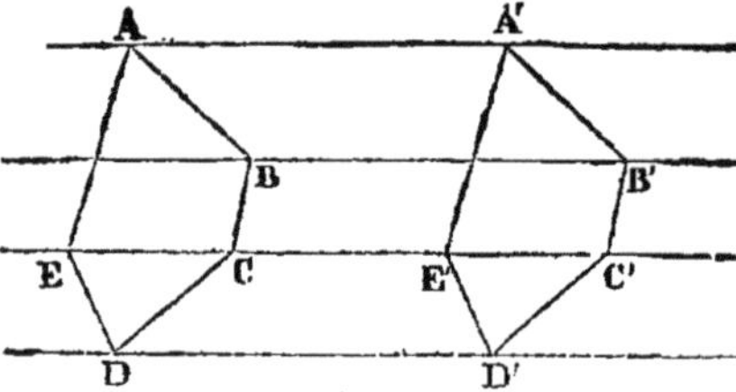

Fig. 22.

Figures semblables. Les contours de deux polygones semblables, mais inégaux, sont entre eux comme les longueurs des côtés correspondants de ces polygones, mais leurs surfaces sont entre elles comme les carrés de ces côtés.

Il en est de même pour le cercle; en doublant son rayon on double la circonférence, mais on quadruple sa surface.

Faire un polygone semblable à un polygone donné, mais de proportions différentes. Plusieurs procédés sont en usage, mais le plus simple consiste dans l'emploi des *échelles de proportion* et de la mesure des angles. (Voir plus loin le levé des plans.)

Diviser une ligne AB en parties proportionnelles à des longueurs données ou en parties égales. Tirez du point A (fig. 23) une droite indéfinie AO, sur laquelle vous porterez à partir du point A, et à la suite l'une de l'autre, cinq longueurs Am, mn, no, op, pD, égales aux longueurs données. Joignez le point D au point B, et par les points p, o, n, m, menez des parallèles à DB, qui couperont la ligne AB en parties proportionnelles aux longueurs données. — Si les cinq longueurs portées sur AO sont égales, la ligne AB sera divisée en parties égales.

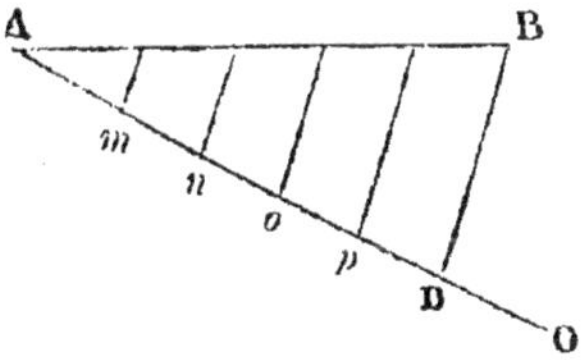

Fig. 23.

Construire un triangle semblable à un triangle donné et dont la surface soit 8 fois moindre. Soit le triangle CBG (fig. 24). Prolongez les lignes GB et GC, de manière à faire un angle opposé au sommet G, dont les côtés GA et GD auront la moitié des côtés de ceux du grand triangle; fermez le petit triangle par le côté DA, le triangle GDA sera le triangle cherché.

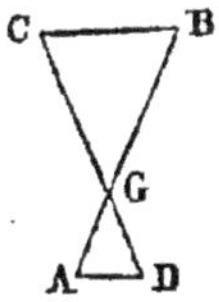

Fig 24.

Construire un carré qui soit le double d'un autre. Faites un triangle rectangle dont chacun des petits côtés soit égal à un côté du carré donné; le carré construit sur l'hypothénuse de ce triangle sera le carré demandé.

C'est l'application du théorème connu sous le nom de carré de l'hypoténuse. Le carré construit sur l'hypoténuse d'un triangle rectangle est équivalent à la somme des carrés construits sur les deux autres côtés.

Le carré circonscrit à un cercle est le double du carré inscrit dans le cercle.

Figures équivalentes. Deux triangles non semblables, mais de même base et de même hauteur, sont équivalents.

Un triangle est équivalent à un rectangle (ou à un carré) construit sur sa base et ayant moitié de la hauteur de ce triangle.

Faire un carré équivalent à un parallélogramme ou à un triangle donné. Le côté du carré cherché est une *moyenne proportionnelle* entre la base et la hauteur du parallélogramme, ou entre la base et la moitié de la hauteur du triangle. Cette moyenne se trouve par le procédé suivant. Sur une ligne indéfinie (fig. 25) portez d'abord O B, que nous supposerons être la hauteur du parallélogramme ou la demi-hauteur du triangle. Ajoutez de B en C la ligne BC que nous supposerons également être la base du rectangle ou du triangle. Sur OC comme diamètre, décrivez une demi-circonférence, élevez une perpendiculaire BD terminée à la circonférence. Cette perpendiculaire est la *moyenne proportionnelle* cherchée et le côté du carré demandé.

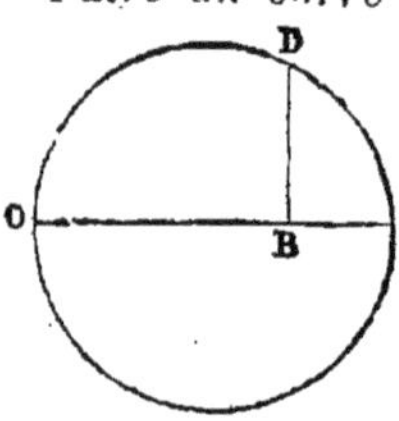

Fig. 25.

Convertir un polygone quelconque en un triangle équivalent. Soit A B C D E (fig. 26) le polygone donné. Menez la diagonale C A qui sépare le triangle B A C; au point B menez B O parallèle à C A et prolongez E A de manière à ce qu'elle coupe la droite au point O; joignez C O, et le polygone E D C O sera équivalent au polygone A B C D E, et aura un côté de moins, attendu que les côtés C B, B A se trouvent remplacés par C O. En effet, si les triangles C O A, C B A ont une même base, leur hauteur est aussi commune, car leurs sommets B O sont situés sur une droite parallèle à la base; donc ces triangles sont équivalents. Ensuite menez la diagonale C E qui sépare le triangle C D E; tirez D R parallèle à C E jusqu'à la rencontre de A E prolongée et joignez le point C au point R; le polygone A B C D E sera aussi équivalent au polygone A B C R. De l'égalité des polygones O C D E, A B C D E et A B C R, il s'ensuit que le pantagone A B C D E est transformé en triangle équivalent C O R.

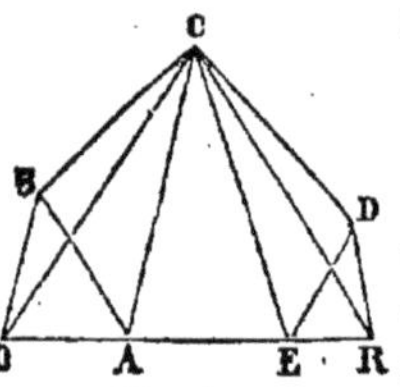

Fig. 26.

Convertir le carré A B C D *en un triangle équivalent* (fig. 27). Prolongez la droite A B d'une quantité égale à elle-même, et menez la droite C P, le triangle A P C sera égal au carré, car le triangle rectangle O D C est équivalent au triangle ajouté O B P comme ayant même base et même hauteur.

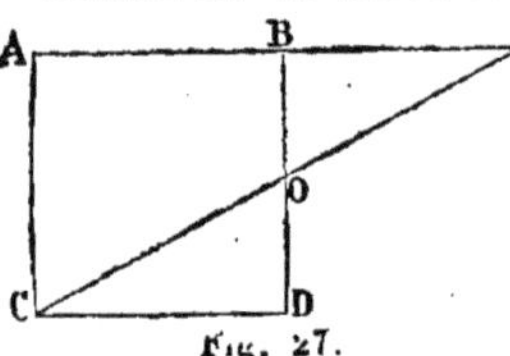

Fig. 27.

Faire un champ carré équivalant à trois champs plus petits O P Q *de même forme* (fig. 29). Construisez un triangle rectangle dont l'un des petits côtés aura pour longueur le côté du carré O de A en B, l'autre le côté du carré P de A en C, on joindra B et C par l'hypothénuse BC ; le carré construit sur cette hypothénuse sera déjà équivalant aux carrés O et P. Pour qu'il contienne de plus la grandeur de Q, on élèvera sur la ligne CB la perpendiculaire BD égale au côté de Q ; puis de D, on mènera une nouvelle hypothénuse DC, dont la longueur sera celle du carré demandé.

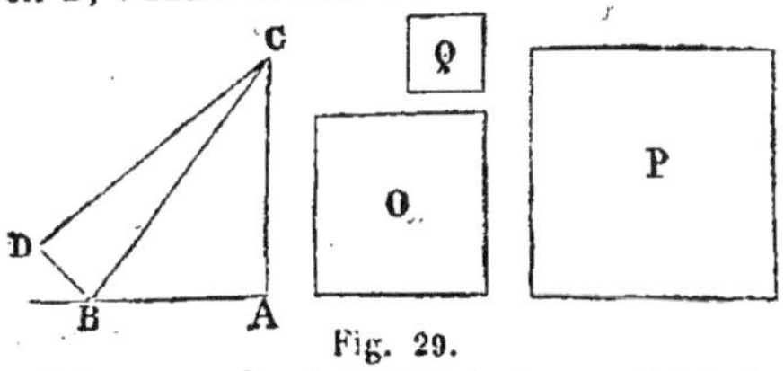

Fig. 29.

Faire sur une droite donnée un rectangle équivalant à un autre donné. La hauteur du rectangle cherché est une quatrième proportionnelle à la hauteur de ce rectangle. Par exemple, un rectangle a 4 mètres de hauteur et 6 mètres de base, sa surface est, conséquemment, de 24 mètres ; on demande de faire avec une base de 3 mètres un rectangle de même superficie. Le problème consiste à trouver pour la hauteur du rectangle cherché le dernier terme (ou la quatrième proportionnelle) de la proportion suivante $3 : 6 :: 4 : x$. Le calcul donne $x = 8$ mètres. On trouve également cette quatrième proportionnelle par une construction géométrique.

Faire un carré équivalant à un cercle. Par le calcul, on détermine la surface du cercle ; la racine carrée de ce nombre est le côté du carré demandé.

§ VI. — *Mesure des polygones et du cercle.*

L'aire du rectangle est égale au produit de sa base par sa hauteur ; ce qu'on exprime par la formule : $R = B \times H$. (R signifie rectangle, B base, H hauteur.)

L'aire du carré s'obtient en multipliant l'un de ses côtés par lui-même : $C \times C = C^2$.

L'aire du parallélogramme est égale au produit de sa base multipliée par sa hauteur. En effet, le parallélogramme pourrait être ramené au rectangle. $P = B \times H$.

L'aire du triangle s'obtient en multipliant sa base par la moitié de sa hauteur, ou moitié de la base par la hauteur, ou en prenant la moitié du produit de la base multipliée par la hauteur. D'où la formule : $T = B \times \frac{H}{2}$.

La hauteur d'un triangle se mesure par une ligne abaissée perpendiculairement du sommet sur la base ou sur son prolongement si cette ligne tombe en dehors (fig. 11).

Quand on a les trois côtés d'un triangle, on peut en trouver l'aire par le calcul suivant. On fait la somme des trois côtés, et on en prend la moitié ; puis on retranche alternativement de cette demi-somme chacun des côtés ; ensuite on fait le produit de cette demi-somme par ces trois différences successives, pour en prendre enfin la racine carrée, laquelle exprimera la surface cherchée.

La surface d'un trapèze est égale au produit de sa hauteur par la demi-somme de ses bases parallèles.

Ceci résulte de ce qu'un trapèze peut se convertir en un parallélogramme équivalent. — La formule est donc trap. $= \frac{B+b}{2} \times H$. Soit un trapèze dont la grande base $= 8$ mètres, la petite base $= 6$ mètres et la distance perpendiculaire des deux bases ou hauteur $= 4$ mètres ; on a trap. $\frac{8+6}{2} \times 4 = 28^{m}$.

L'aire d'un polygone régulier est égale au produit de son périmètre multiplié par la moitié du rayon du cercle inscrit ou *apothème*, c'est-à-dire de la perpendiculaire abaissée du centre sur le milieu d'un des côtés :

P. rég. $=$ périmètre $\times \frac{A}{2}$ (apothème). Soit un octogone dont chaque côté ait 3 m. et le rayon inscrit 6 m., on aura : $8 \times 3 = 24 \times \frac{6}{2} = 72$.
$= 72$.

En résumé, il faut, pour déterminer la surface des polygones, en connaître les parties suivantes :

Triangles, la base et la hauteur. T. *équilatéral*, un des trois côtés; T. *isocèle*, un côté et la base; T. *rectangle*, deux côtés; T. *scalène*, un côté et la perpendiculaire abaissée sur le côté de l'angle opposé, les trois côtés, deux côtés et l'angle qu'ils comprennent, un côté et les angles adjacents.

Quadrilatères, la base et la hauteur; *carré*, un des côtés. *Parallélogramme*, la diagonale D et l'angle, deux des côtés adjacents. *Losange*, les *diagonales*. *Trapèze*, les deux côtés parallèles et leur plus courte distance.

Polygones réguliers, le côté, l'apothème, ou le rayon du cercle circonscrit.

La *circonférence* d'un cercle se déduit de son diamètre ou de son rayon; on l'obtient en multipliant le diamètre par 3,141592, ou simplement par 3,1416. On exprime ce rapport par la lettre grecque π, *pi*, et on écrit : $C = \pi D$. Si on substitue le rayon R au diamètre, on a : $C = \pi \times 2R$ ou $2\pi R$. Connaissant la circonférence, on trouve le rayon en divisant celle-ci par 2π ou 6,2831 ; on trouve la *surface* en divisant C^2 par 4π.

L'aire du cercle est égale à sa circonférence multipliée par la moitié de son rayon, ou en multipliant par π le carré du diamètre divisé par 4; ou plus simplement encore, en multipliant le carré du rayon par π; d'où cette autre formule : $C = \pi R^2$.

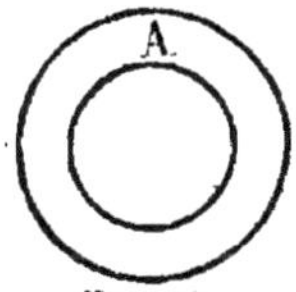

L'aire de la couronne (fig. 30) s'obtient en retranchant de la surface du grand cercle celle du plus petit qui lui est concentrique.

L'aire de l'ellipse s'obtient en multipliant le produit de ses deux demi-axes par π.

Fig. 30.

L'aire du secteur est égale à son arc multiplié par la moitié du rayon.

Pour trouver la mesure d'un arc de cercle, le centre du cercle, étant déterminé par le moyen indiqué page 117, on y mène deux droites des extrémités de l'arc, et à l'aide du rapporteur on compte les degrés. Prenant ensuite la longueur du rayon, on arrive par une proportion à la mesure de l'arc. Soit, par exemple, un arc de 90° dont le rayon est 3 mètres; on multiplie 3 par 2 et par 3,1416, pour obtenir la circonférence qu'on divise par 360; le quotient obtenu, multiplié par 90, égale la longueur de l'arc. Si le rayon de l'arc = 10 mètres, et que l'arc lui-même mesure 30 degrés, on trouve :

L'arc $= \dfrac{3,1416 \times 20 \times 30}{360} = 19^{m},85$; le secteur $19^{m},85 \times 5 = 99^{m},25$.

L'aire d'un segment de cercle se calcule en retranchant de celle du secteur qui lui correspond le triangle ayant pour base la corde de ce segment et le centre du cercle pour sommet opposé.

§ VII. — *Arpentage.*

Les opérations de l'arpentage consistent :

1° A déterminer, tracer et mesurer les lignes qui doivent servir de base à l'appréciation des surfaces, en conséquence à élever des perpendiculaires, à mener des parallèles afin de partager les surfaces en triangles rectangles, etc. ;

2° A déduire du mesurage des lignes les évaluations superficielles.

Le lever des plans et le partage des propriétés est encore une des parties de l'arpentage ; elle sera traitée plus loin.

Les instruments qui appartiennent essentiellement à l'arpentage sont : la chaîne d'arpenteur avec ses fiches, les jalons, l'équerre et le graphomètre.

La *chaîne d'arpenteur* est en fil de fer ; elle a 10 mètres de longueur et est divisée, de mètre en mètre, par des anneaux en cuivre. Chaque mètre est lui-même partagé en cinq parties égales qui ont chacune 2 décimètres. Les extrémités de la chaîne métrique portent des anneaux assez grands pour qu'on puisse y passer la main ; ces anneaux font partie de la longueur de la chaîne. L'anneau qui est au milieu est plus grand que les autres ; il divise la chaîne en deux parties égales.

Les *fiches* (fig. 31) sont de petits piquets en gros fil de fer ; leur extrémité supérieure est terminée par un anneau assez grand pour qu'on puisse y passer le doigt ; leur extrémité inférieure est terminée en pointe.

Ces fiches sont au nombre de dix ; elles ont généralement de $0^m,40$ à $0^m,50$ de longueur.

F. 31.

Les *jalons* sont des *piquets* ou des *baguettes* dont la hauteur et la grosseur dépendent de la situation ou de la configuration du terrain sur lequel on opère. Les jalons doivent être aussi droits que possible ; leur extrémité inférieure est pointue, l'autre extrémité porte une fente dans laquelle on met un *voyant* ou feuillet de papier, afin qu'on puisse les distinguer d'assez loin quand ils sont plantés en terre. Dans la plupart des cas, on les coupe dans les taillis, en choisissant des brins bien droits. Quelquefois cependant, pour le tracé d'une route, par exemple, on emploie des jalons ferrés par le pied.

Les jalons servent à marquer les limites des propriétés, ou à tracer des lignes sur le terrain.

Quand les jalons sont très-éloignés, on les rend plus apparents en faisant placer un *objet noir*, un chapeau par exemple, derrière le papier. Lorsqu'on est obligé d'employer des jalons qui ne sont pas droits, il faut avoir l'attention de mettre le sommet dans la verticale du pied.

Deux personnes sont nécessaires pour mesurer une ligne à l'aide de la chaîne. L'*aide-arpenteur* ou *porte-chaîne* marche devant et tient, dans la main droite, l'une des poignées de la chaîne ; il a les dix fiches dans la main gauche. Lorsque la chaîne a été bien tendue horizontalement, et que l'anneau tenu par l'*arpenteur* s'appuie contre le point de départ, le porte-chaîne plante verticalement une fiche, juste à l'endroit où finit l'extrémité de la chaîne. Dès que cette fiche est posée, l'arpenteur et son aide se mettent tous deux en marche en suivant toujours la direction des jalons, jusqu'à ce que l'arpenteur soit arrivé à la première fiche

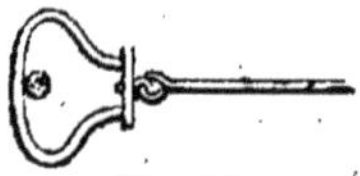

Fig. 32.

Fig. 33.

plantée par son aide. Quand la chaîne est de nouveau bien tendue, et que son extrémité s'appuie contre la fiche, comme l'indique la figure ponctuée 33, le porte-chaîne plante une seconde fiche (fig. 32), et l'arpenteur relève la première qu'il vient de rencontrer et la conserve dans la main gauche, et ainsi de suite, jusqu'à ce que la distance soit entièrement mesurée.

Lorsque l'arpenteur rencontre la dixième fiche, il l'enlève, marque le nouveau point de départ, remet les dix fiches à son aide et écrit sur son *carnet* ou sur une *feuille de papier* les mots *une portée* ou le nombre 10. Cette expression ou ce nombre signifie 10 longueurs de chaîne ou 100 mètres.

Si l'aide, pendant le chaînage, s'écarte de la direction de la ligne à mesurer, l'arpenteur lui crie de *se porter à droite* ou *à gauche*. Les fiches doivent être plantées aussi verticalement que possible et suffisamment enfoncées, afin que *la chaîne en traînant* ne les renverse pas. L'arpenteur ne doit lever la fiche contre laquelle il appuie la chaîne (comme l'indique la fig. 32) que lorsque le porte-chaîne en a posé une nouvelle. Quand on mesure des lignes jalonnées, le porte-chaîne doit toujours se tenir soit à gauche, soit à droite du jalon.

Il y a deux méthodes générales de mesurage des terrains : la méthode dite de *développement*, qui consiste à suivre avec la chaîne tous les accidents de la surface du sol, et la méthode de *cultellation*, d'après laquelle on mesure toujours le sol horizontalement, quelle que soit l'inégalité de sa surface.

La méthode par *cultellation* est fondée sur ce fait, que, par suite de la direction verticale que prennent les végétaux, un terrain en pente n'en contient pas davantage qu'un terrain uni. Cette méthode, quoique rationnelle, n'est pas toujours adoptée, parce qu'elle donne une contenance moindre que celle par *développement*, ainsi nommée parce qu'elle *développe* en quelque sorte les surfaces en relief, sous une forme plane.

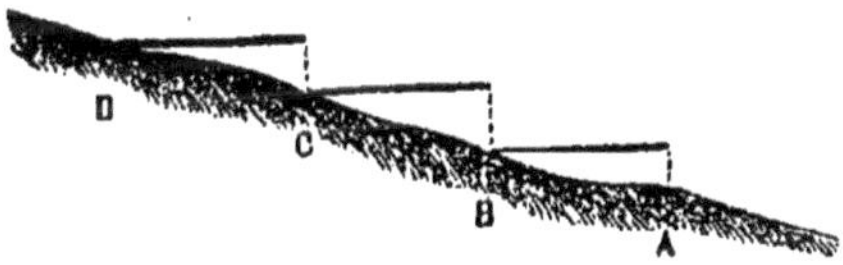

Lorsqu'on procède par la méthode de *cultellation* sur un terrain en pente, la chaîne doit être toujours tenue horizontale (fig. 34).

D C B A

Fig. 34.

Si le terrain va en montant, le porte-chaîne doit poser à terre l'extrémité de la chaîne, tandis que l'arpenteur l'élève au-dessus du sol ou à une hauteur convenable, le long du pied de l'équerre d'arpenteur, ou d'un jalon, de manière qu'elle se trouve sensiblement de niveau. Si le mesurage a lieu en descendant, l'arpenteur fait toucher à terre l'extrémité de la chaîne qu'il a dans la main, tandis que l'aide la tient au contraire à une hauteur telle qu'elle soit encore dans une position horizontale. Dans ce dernier cas, le porte-chaîne laisse tomber une fiche ordinaire, qu'il tient légèrement entre les doigts.

L'arpentage se réduit à mesurer sur le terrain, comme on l'a fait sur le papier, les lignes des différentes figures, pour en déduire la superficie d'après les principes posés. Si le champ est un rectangle, on mesure la base et la hauteur et on multiplie l'une par l'autre ; si c'est un carré, il suffit de mesurer un côté qu'on élève à la deuxième puissance ; si la figure est un triangle, on mesure la base et la hauteur, et on obtient la superficie en multipliant cette base par la moitié de la hauteur. Pour le trapèze, on mesure les deux bases inégales, puis la hauteur, qu'on multiplie par la demi-somme des deux bases.

Mais la plupart du temps, le champ ne rentre pas exactement dans l'une des figures indiquées ; en tous cas, c'est un point qu'il faut vérifier. On doit donc, pour rectifier ou vérifier les figures, mener des parallèles et des perpendiculaires sur le terrain. Cette opération s'effectue, soit avec la chaîne et les jalons seuls, soit avec l'équerre ; mais l'équerre fournira toujours le moyen le plus expéditif et le plus exact.

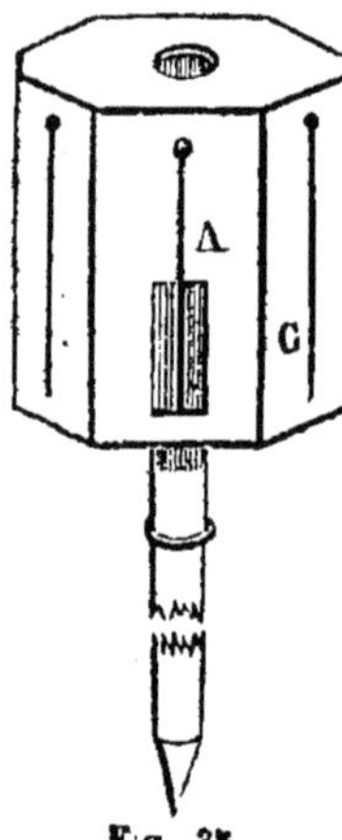

Fig. 35.

L'équerre la plus employée aujourd'hui (fig. 35) a la forme d'un prisme droit, à huit pans égaux, creux à l'intérieur et haut de 1 décimètre. Elle porte quatre fentes verticales C très-étroites appelées *pinnules*, et situées au milieu de quatre faces opposées deux à deux et à angles droits. Chaque pinnule est surmontée d'une petite ouverture ronde. Les quatre autres pans A ont aussi des fentes verticales ; mais ces fentes ont des fenêtres rectangulaires traversées en hauteur par un fil tendu. Lorsque l'œil est appliqué sur l'une des pinnules, il voit par la pinnule opposée une ligne droite et peut aisément distinguer un jalon.

L'équerre se fixe sur un jalon d'environ 1^{m},50 de hauteur, que l'on nomme *bâton de l'équerre* ; au moyen d'une douille que l'on visse au centre de la base inférieure de l'équerre. Grâce à cette disposition, l'équerre se met aisément dans la poche ou dans un étui.

Pour s'assurer si une équerre est bonne, on fixe en terre le bâton, en ayant soin qu'il soit d'aplomb ; puis on fait planter un jalon dans la direction d'une pinnule, et un autre dans la direction d'une des pinnules qui sont perpendiculaires à celle à travers laquelle on a visé en premier lieu. Quand ces conditions ont été remplies, on fait tourner l'instrument sur lui-même, c'est-à-dire sur son pied, jusqu'à ce que l'œil aperçoive à travers la pinnule où l'œil est fixé un des jalons plantés. Si, par la pinnule qui est perpendiculaire à la pinnule précédente, on aperçoit le second jalon, l'équerre est bonne, car les pinnules sont bien perpendiculaires les unes aux autres, et les quatre pans parfaitement égaux. Dans le cas contraire, l'équerre est mauvaise[1].

Élever, à l'aide de l'équerre d'arpenteur, une perpendiculaire AB (fig. 36), *sur une ligne donnée* DC *sur le terrain.* On plante verticalement l'équerre au point A, en supposant que ce point soit celui où la perpendiculaire doit être élevée, et on regarde alternativement par les deux pinnules opposées les jalons placés aux points D et C. Quand l'œil distingue aisément et successivement ces deux jalons, l'observateur, l'équerre étant toujours dans la même position, se place en A, vise par la pinnule située sur le pan qui est devant lui, et fait planter un jalon dans la direction de cette pinnule et de celle située sur la face opposée; ce jalon B et le pied de l'équerre où est le point A déterminent la perpendiculaire demandée.

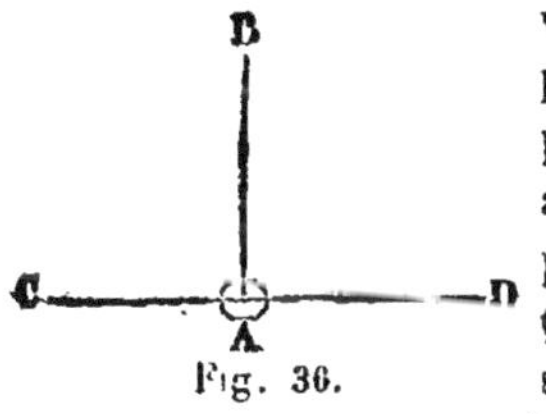

Fig. 36.

Mener avec l'équerre une perpendiculaire d'un point donné à une ligne donnée. Dans ce cas, en posant l'équerre sur différents points de la ligne, on en cherche un d'où l'on puisse apercevoir en même temps par les pinnules opposées à angles droits deux jalons qu'on place aux deux extrémités de la ligne, et un autre posé au point où la perpendiculaire doit être menée ; avec un peu d'habitude on parvient à trouver facilement ce point.

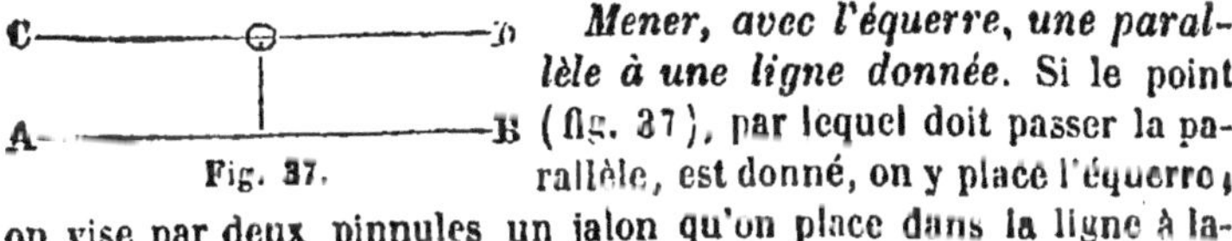

Fig. 37.

Mener, avec l'équerre, une parallèle à une ligne donnée. Si le point (fig. 37), par lequel doit passer la parallèle, est donné, on y place l'équerre, on vise par deux pinnules un jalon qu'on place dans la ligne à la-

[1] On trouve dans le commerce des équerres en cuivre au prix de 6 à 8 fr.; le bâton, garni d'une pointe de fer, vaut 2 fr. 50 ; une chaîne de 10 mètres se vend habituellement avec dix fiches 8 fr. 50.

quelle la parallèle doit être menée, et, sans déranger l'équerre, on vise par les deux pinnules opposées à angles droits, on fait poser dans leur direction deux autres jalons C, D, qui déterminent la parallèle.

On peut, d'un seul coup d'équerre, mener à la fois, dans un champ, des parallèles et des perpendiculaires. Il suffira de placer l'équerre en un point d'où, par les quatre pinnules opposées, on déterminera une perpendiculaire et la première parallèle. Un jalon posé sur cette parallèle à une distance égale servira à déterminer une seconde perpendiculaire : il suffira de jalons placés sur ces deux lignes, à distances voulues, pour chaque planche.

Les équerres, portant huit pinnules, peuvent encore servir à faire des angles de 45°, utiles pour la mesure des lignes inaccessibles.

Lorsqu'on veut arpenter un champ, on doit d'abord jeter un coup-d'œil général sur l'ensemble de la pièce, pour reconnaître à peu près quelle en est la configuration. En même temps qu'on pratique cet examen, on place des jalons aux angles principaux du terrain ; puis on trace sur le papier, à mesure que l'on opère, et, à l'aide d'un crayon, un *canevas*, *croquis* ou *esquisse*, représentant une figure à peu près semblable à celle du champ que l'on veut arpenter.

Lorsque la pièce est sinueuse, que ses contours sont très-irréguliers, on en fait le tour avant de l'esquisser et de la jalonner. Quand le canevas du champ à arpenter est tracé, on doit l'examiner avec soin. Lorsque cet examen est fait, on détermine et on trace sur le *croquis figuratif* les lignes que l'on mènera sur le terrain pour le partager en figures géométriques, afin d'abréger le travail et de le rendre plus facile. On comprend combien il importe, pour que le choix du procédé à suivre soit parfait, que le croquis soit aussi semblable que possible à la figure du champ.

Les *contours* et les *limites des champs* que l'on esquisse sont représentés par des *lignes pleines* ou avec un *trait plein*, exemple : ———————————— ; les *lignes de constructions*, celles dites *perpendiculaires*, *parallèles*, *ordonnées*, *subordonnées*, etc., qui ont pour objet de partager le terrain, de le diviser en triangles, en rectangles, en trapèzes, celles enfin qui ne déterminent pas la figure du terrain, sont marquées par des lignes ponctuées - - - - - - - - .

Dès que ces travaux préliminaires ont été exécutés, l'arpenteur, accompagné d'un ou plusieurs aides, procède à l'arpentage du champ qu'il doit mesurer. On doit agir avec beaucoup d'ordre, afin d'éviter les erreurs, et mesurer d'abord les lignes prises comme bases communes de plusieurs figures, si ces lignes ont été tracées sur le terrain, puis les lignes secondaires. Quoi qu'il en soit, on doit avoir le soin d'écrire, toutes les fois qu'une ligne ou une distance est mesurée, la longueur en mètres et en centimètres, constatée le long de la ligne qui représente cette droite ou cette distance sur le croquis. Écrire une longueur sur le canevas, c'est inscrire une *cote*. Il est entendu qu'on ne doit commencer le mesurage que lorsque les lignes de construction, nécessaires pour opérer l'arpentage, ont été déterminées à l'aide d'une équerre d'arpenteur et indiquées sur le terrain par des jalons.

Il est bon de conserver les notes, les renseignements recueillis sur le terrain. Ces notes sont quelquefois utiles aux cultivateurs lorsqu'ils veulent connaître soit la longueur, soit la largeur exacte d'une pièce ou d'une portion quelconque d'un champ. Ces données sont surtout essentielles dans l'application des engrais, la pratique des semailles, les travaux de récoltes, les labours, roulages et hersages. Les agriculteurs qui comprennent l'avantage de conserver les renseignements de l'arpentage, les inscrivent sur un petit registre qui a pour titre : *Carnet d'arpentage*.

L'arpentage des pièces terminées par des lignes droites est très-simple. Soit le polygone irrégulier A B C D (fig. 38) à arpenter.

On place des jalons aux points A, B, C, D, et on jalonne la diagonale B D. On pourrait prendre comme diagonale une ligne A C ; mais comme on doit toujours tracer la *directrice* entre les angles opposés le plus éloignés l'un de l'autre, afin que la base des opérations ait le plus d'étendue possible, il lui faut préférer la droite B D. En opérant cette construction, le polygone quadrilatère se trouve décomposé en deux triangles B C D, B A D qui ont tous les deux pour base la diagonale ou la directrice B D. Pour avoir les hauteurs de ces deux triangles, il faut mener, à l'aide de l'équerre, les droites C N et A O perpendiculaires sur B D.

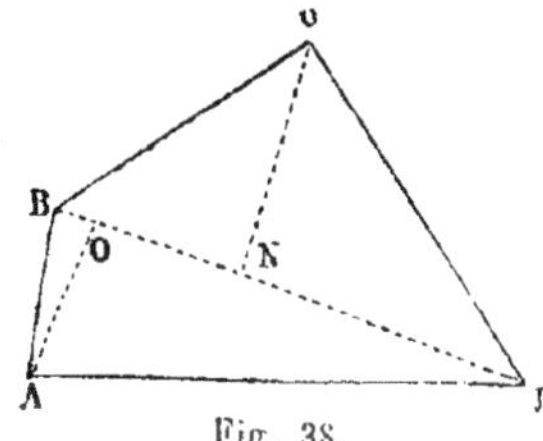

Fig. 38.

Supposons que la base commune B D $=75^{m},50$, la perpendiculaire C N $=20^{m},10$; celle A O $=18^{m},20$. La surface du triangle B C D sera $75^{m},50 \times \frac{20^{m}10}{2}$, celle du triangle A B D sera $75,50 \times \frac{18^{m},20}{2}$.

En réunissant les surfaces des triangles, on a :

Triangle BCD $=75^{m},50 \times 10,05 = 758^{mc},77^{cc}$.
Triangle ABD $=75^{m},50 \times 9,10 = 687^{mc},05^{cc}$.
Total. . . . $1445^{mc},82^{cc}$.

Ainsi la surface du polygone est de 1445 mètres carrés ou 14 ares 45 centiares.

Cette manière d'opérer est exacte, mais elle est longue et compliquée. Il est un moyen plus simple et aussi parfait : il consiste à diviser les polygones en deux parties par une *directrice*, et à partager ensuite ces parties en triangles, en parallélogrammes rectangles ou en trapèzes, selon la configuration du terrain.

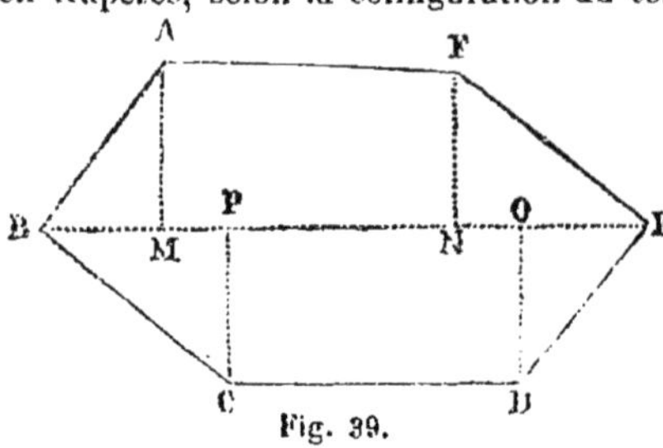

Fig. 39.

Soit à arpenter le polygone (fig. 39).

Après avoir placé des jalons aux angles A, B C, D, E, F, on mène et on jalonne la diagonale B E qui doit servir de base aux opérations. A l'aide d'une équerre d'arpenteur, on abaisse sur la directrice des perpendiculaires des points A, F, C, D. Le polygone de six côtés se trouve dès lors divisé en deux trapèzes et quatre triangles. Ensuite on mesure les perpendiculaires AM, FN, DO, CP, ainsi que les distances EO, EN, OP, NM, PB, MB qui servent de bases aux triangles DEO, FNE, CP-B, ABM, et de hauteurs aux trapèzes DCPO, AFNM.

Supposons que AM égale 170 mètres, FN égale 150 mètres, DO égale 180, CP égale 150 mètres, EO égale 100 mètres, EN égale 125 mètres, OP égale 240 mètres, NM égale 250 mètres, PB égale 130 mètres, MB égale 100 mètres. La surface du polygone se déterminera ainsi qu'il suit :

Triangle ABM	$= 100^m \times (170 : 2)$	$=$	$8{,}500^{mc}$
Triangle FNE	$= 125^m \times (150 : 2)$	$=$	9,375 »
Triangle DOE	$= 100^m \times (180 : 2)$	$=$	9,000 »
Triangle CPB	$= 130^m \times (150 : 2)$	$=$	9,750 »
Trapèze AFMN	$= [170^m + 150^m] : 2 \times 250$	$=$	40,000 »
Trapèze DCPO	$= [180^m + 150^m] : 2 \times 240$	$=$	39,600 »
	Total :		$116{,}225^{mc}$

Ainsi la surface du polygone est égale à 116,225 mètres carrés, ou 11 hectares 62 ares 25 centiares.

Lorsqu'un terrain est terminé par des lignes courbes, la manière la plus simple et la plus exacte de le mesurer consiste à partager la surface courbe par des droites parallèles assez rapprochées les unes des autres pour que les arcs qu'elles comprennent sur la courbe soient tellement petits qu'on puisse les considérer comme des lignes droites.

Soit un terrain (fig. 40) borné par un cours d'eau A B C.

Si l'on divise la base en parties égales, et si, de chaque point de division, on élève une perpendiculaire ou *ordonnée*, le terrain sera divisé en huit trapèzes. On pourra réunir les surfaces partielles de ces figures, et on aura l'étendue totale du terrain donné.

Le géomètre Thomas Simpson a proposé un procédé plus exact. La formule consiste à faire la somme des deux *ordonnées* ou perpendiculaires extrêmes élevées sur la base A C, puis celle des autres ordonnées de rang impair ; enfin, celle des ordonnées de rang pair sans y comprendre la dernière, si elle est de rang pair.

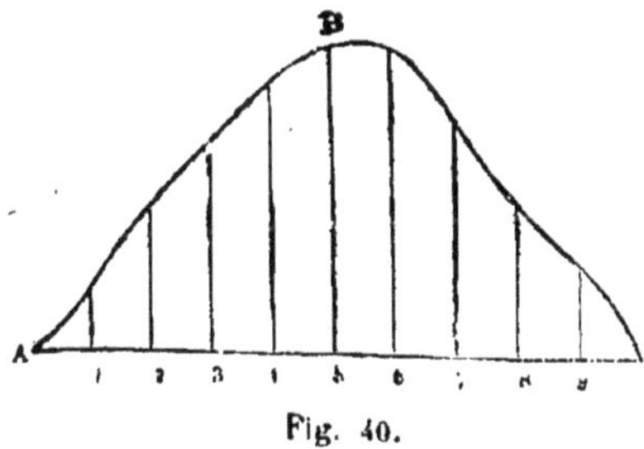

Fig. 40.

Ensuite on ajoute la première somme à quatre fois la seconde et à deux fois la troisième ; on multiplie le résultat de cette addition par le tiers de la distance constante qui sépare deux ordonnées consécutives. Le résultat donne la surface demandée.

On peut encore, au moyen de certaines compensations, transformer les terrains terminés par des courbes en un triangle, un trapèze ou en un polygone irrégulier.

L'arpentage des lignes et des surfaces inaccessibles présente quelques difficultés. Mais on les surmonte aisément à l'aide de l'équerre. Voici quelques exemples :

Prolonger une ligne droite A B *au delà d'un obstacle.* On mène à l'une des extrémités d'une droite, A B par exemple, une perpendiculaire assez longue pour dépasser la largeur de l'obstacle, puis, à l'extrémité de cette ligne, on en mène une autre, parallèle à la première ligne A B, cette ligne passe devant l'obstacle, et, l'obstacle franchi, on revient à la ligne A B.

Mesurer une ligne AB (fig. 41) *coupée par un obstacle.* Du point A, sous un angle aigu quelconque, on mène une ligne A O sur laquelle on cherche, avec l'équerre, un point O, duquel on puisse élever une perpendiculaire passant par le point B. Le triangle rectangle ainsi obtenu donne

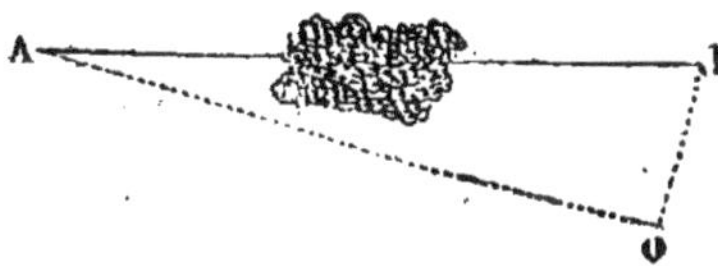

Fig. 41.

$$\overline{AB}^2 = \overline{AO}^2 + \overline{OB}^2,$$

D'où l'on tire $AB = \sqrt{\overline{BO}^2 + \overline{AO}^2}$.

Si on veut éviter ces calculs, on construit le triangle sur le papier, au moyen d'une échelle, et la ligne cherchée se mesure au compas.

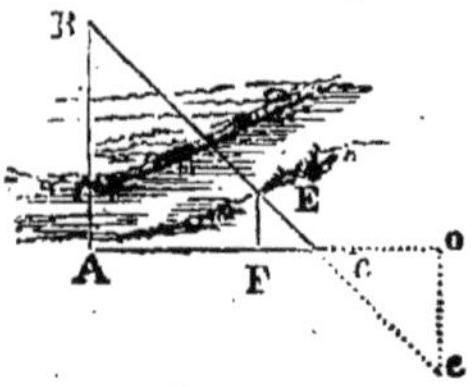

Fig. 42.

Mesurer la ligne AB (fig. 42) *dont le point* B *est rendu inaccessible par un cours d'eau.*

En A, on mène la ligne A c à angle droit avec AB, puis d'un point F, on élève sur cette ligne la perpendiculaire EF, dont le point E est dans l'alignement du rayon visuel allant de c en B. On peut alors poser la proportion suivante : A c : F c :: AB : FE.

On mesure A c, Fc et FE qui sont accessibles, et l'on trouve : AB = A c × EF : F c, où on fait un petit triangle c, o, e semblable à AFB, et l'on en déduit la longueur de AB.

Mesurer un terrain dans lequel on ne peut pénétrer. On enveloppe le terrain de lignes formant une figure géométrique facile à mesurer, telle qu'un carré, un triangle, un trapèze rectangle, etc. (fig. 43), dont on mesure la surface, et on en déduit les trapèzes VACD, RISO, MNLH, ABCa, et des deux triangles EQF et FGH, qu'on mesure ensuite.

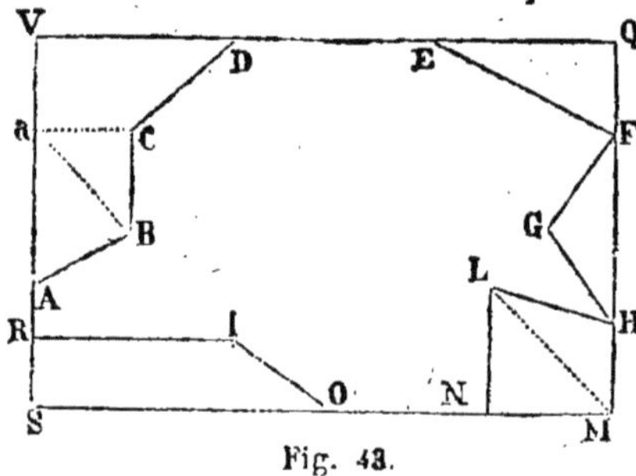

Fig. 43.

CHAPITRE II. — LEVÉ DES PLANS.

§ Ier. — *Levé au graphomètre et à l'équerre.*

Le *levé des plans* consiste dans la reproduction, en petit, d'une figure semblable à celle que forme une propriété sur le terrain. Cette reproduction se fait, sur le papier, en conservant l'égalité des angles et la proportionnalité des côtés.

Avant de procéder au levé d'un plan, on doit le parcourir, visiter l'étendue du terrain, jalonner tous les angles saillants et rentrants, et faire le canevas de la surface à lever. Ce croquis sert de guide dans les opérations graphiques.

Le levé des plans s'exécute à l'aide de la *planchette*, du *pantomètre*, du *graphomètre* et de la *boussole*. Cependant on peut, dans beaucoup de cas, opérer simplement avec l'équerre, et même avec la chaîne seulement.

Mais disons d'abord qu'un plan ne peut représenter une surface

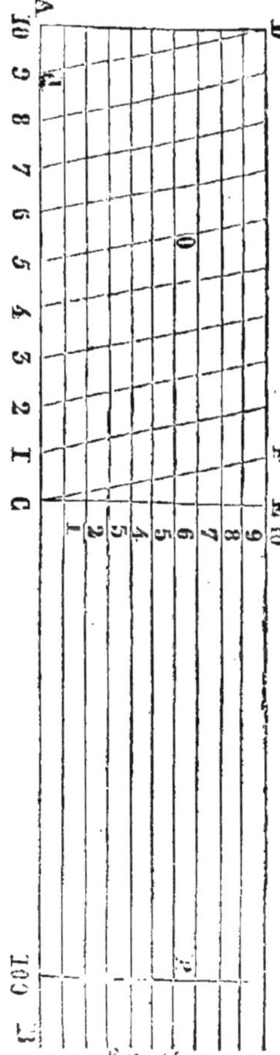
Fig. 44.

un peu étendue, que d'après une proportion convenue, ce qui se fait à l'aide d'une *échelle*. L'échelle est simplement une ligne droite, telle que par exemple (fig. 44) la ligne AB sur laquelle on porte un certain nombre de divisions égales; puis on partage chacune de ces divisions en dix autres, et ainsi de suite.

On obtient ces subdivisions d'une manière plus rapide et plus commode en convertissant, comme on le voit dans la figure 44, l'échelle simple en échelle des *dixmes* ou dixièmes. Dans ce but, on mène à la ligne ACB, dix lignes parallèles 1, 2, 3, 4, etc., on les coupe par la perpendiculaire CE, et on termine l'extrémité de l'échelle par une autre perpendiculaire AD. Puis de D, on abaisse une oblique sur la division 9, et de même sur les divisions suivantes autres obliques parallèles à celle-ci. Il suit de cette construction que dans le triangle ECF les 10 parallèles à la base AD représentent successivement 10 divisions de cette base, diminuant chacune d'un dixième, de manière que si l'espace FE de la ligne 10 représente 10 mètres, l'espace 9 en représente 9, et ainsi de suite. La même division se reproduit, à l'extrémité droite de *d* en A, mais dans l'ordre inverse; pour prendre sur cette échelle une longueur de 156^{m}, par exemple, on porterait l'une des pointes sur la ligne 6 en P, et l'autre en O.

Le plus ordinairement lorsqu'il s'agit de surfaces peu considérables, on adopte pour les terrains l'échelle d'un millimètre pour mètre. Dans le cadastre, les plans sont levés à l'échelle de 1 pour 5000, ou 1 millimètre pour 5 mètres. Lorsque la surface à représenter excède 1200 hectares, on adopte l'échelle de 1 à 10,000, ou d'un millimètre par 10 mètres; si le territoire à lever excède 3,000 hectares, on se sert de l'échelle de 1 à 20,000, ou un millimètre pour vingt mètres.

Les cartes de France dressées par le dépôt de la guerre sont construites à l'échelle de $\frac{1}{10000}$, $\frac{1}{20000}$, $\frac{1}{40000}$, $\frac{1}{80000}$.

Il faut bien remarquer toutefois que, dans la réduction des figures, la superficie subit une diminution plus grande que celle des côtés de la figure, qui renferment cette superficie, d'après le théorème, *les polygones semblables se contiennent comme les carrés de leurs côtés*; d'où il suit que, pour réduire une superficie à une fraction quelconque de son étendue, il faut réduire les côtés dans une proportion qui représente la racine carrée du dénominateur de cette fraction.

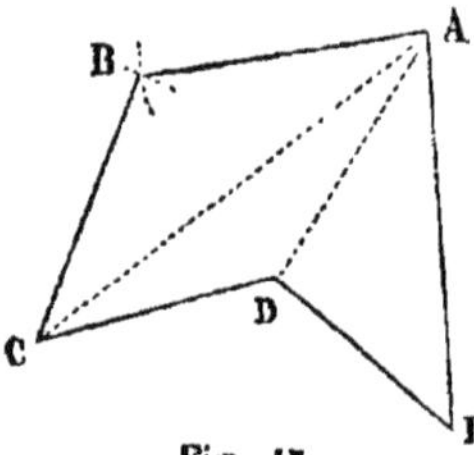

Fig. 45.

Le *levé* se fait *à la chaîne* pour des surfaces peu étendues et bien limitées. On opère en décomposant la surface en triangles, dont on mesure tous les côtés, qu'on reporte ensuite sur le papier à une échelle donnée. Soit à lever le champ ABCD (fig. 45), on mène la diagonale AC, qu'on mesure ainsi que les côtés du polygone. A l'aide de ces longueurs, on construit la ligne sur le papier. Supposons que la ligne AC=150 mètres, AD=72, DC=25 et que l'échelle du plan soit de 1 millimètre. Sur une ligne indéfinie, nous portons, de A en C, une longueur de 150 millimètres, puis avec une ouverture de compas de 72 millimètres, nous traçons un petit cercle. Enfin de C, avec une ouverture de compas de 25 millimètres, nous coupons le petit cercle tracé par un autre. Réunissons le point d'intersection D aux points A et C par des lignes droites, nous aurons le triangle ACD levé sur le terrain. On opère de même pour le triangle ABC et pour tout autre triangle qui viendrait s'y ajouter, comme, par exemple, AED.

Le *levé à l'équerre* permet d'agir sur une plus grande surface et beaucoup plus rapidement. Soit à lever le polygone (fig. 39) que nous avons déjà arpenté. Tracez sur le papier la directrice EB, ainsi que les perpendiculaires O, N, P, M, d'après une échelle donnée, puis joignez les extrémités. Ce mode d'opération se nomme *levé à l'équerre*, parce que les perpendiculaires et la directrice se mènent au moyen de l'*équerre d'arpenteur*.

Levé au graphomètre. Cet instrument permet d'opérer plus rapidement encore et sur de plus grandes étendues.

Il consiste en un demi-cercle de cuivre, dont le limbe ou bord est divisé en 180° (fig. 46). Il porte deux alidades P, D munies, à leurs extrémités, de pinnules. L'une de ces alidades, l'alidade P, est immobile; ses pinnules sont situées aux deux extrémités du diamètre du cercle. L'autre alidade D est une règle mobile tournant autour du centre du demi-cercle qu'elle peut parcourir, de manière que son plan de visée fasse un angle quelconque avec celui de l'alidade fixe; à chaque extrémité de cette alidade est un arc de cercle D d'un certain nombre de degrés et divisé en plus petites parties formant *vernier*. Un graphomètre ainsi construit porte le nom de *graphomètre à pinnules*. Dans quelques graphomètres on a remplacé les alidades à pinnules par des lunettes portant dans leur intérieur deux fils croisés; ces lunettes sont garnies de vis de rappel qui servent à leur donner de très-petits mouvements. On les appelle *graphomètres à lunettes*. Au milieu du graphomètre se trouve une petite *boussole* qui sert à *orienter* le plan.

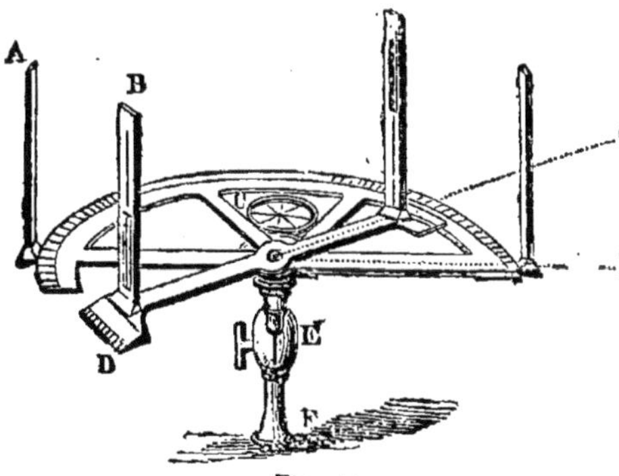

Fig. 46.

Les graphomètres sont supportés sur un pied composé de trois branches; la tête, que l'on nomme *tige*, et sur laquelle les branches sont attachées par une vis et un écrou, entre dans la douille F du graphomètre; cette douille est surmontée d'une articulation E, dite articulation à *genou*, mobile dans tous les sens, et qui permet de placer le graphomètre plus ou moins horizontalement et même verticalement.

Le graphomètre sert à mesurer les angles horizontaux et verticaux; on l'emploie surtout pour le levé des plans; on peut aussi l'employer dans l'arpentage, soit pour élever une perpendiculaire à une droite, soit pour mener une parallèle à une ligne donnée.

Pour trouver la mesure d'un angle, celui, par exemple, déterminé par le concours de deux lignes O et P, on place le graphomètre de manière que le centre du demi-cercle réponde exactement au point de concours des deux lignes, et qu'un rayon visuel, dirigé par les deux pinnules de l'alidade immobile, puisse apercevoir le jalon planté au point P; puis on fait marcher l'alidade mobile jusqu'à ce que l'œil distingue, par ses deux pinnules, le jalon placé en O. Quand ces deux conditions ont été remplies, on examine sur le limbe le nombre de degrés et de minutes indiqué par l'alidade mobile, et que contient l'angle AOP; car l'angle formé par les deux alidades est égal à celui donné sur le terrain.

Pour vérifier un graphomètre, on trace sur le terrain un triangle, et on observe successivement les trois angles, après avoir placé le cercle de l'instrument bien horizontalement. Si la somme de ces trois angles équivaut à deux angles droits, c'est-à-dire 180°, le graphomètre est bon. Il n'est pas inutile de répéter plusieurs fois l'opération, car le hasard peut faire naître des compensations qui font regarder comme bon un mauvais instrument.

Pour bien lever les angles avec le graphomètre, il faut le mettre horizontalement à chaque station et s'assurer, à l'aide d'un fil à plomb, si le centre de l'instrument répond exactement au sommet de l'angle qu'on veut mesurer. Pour placer le demi-cercle horizontalement, on emploie un niveau à bulle d'air. Ensuite il faut, à chaque station, diriger l'alidade fixe sur le point de la station précédente. A cet effet, lorsqu'on change de station, on plante un jalon sur le point pris comme sommet de l'angle que l'on a mesuré.

Le *vernier* que l'on remarque sur l'alidade mobile consiste dans la disposition suivante : On prend, sur les bords de l'alidade D (fig. 47) un espace correspondant à un espace égal du limbe du graphomètre, et embrassant 5 degrés par exemple. Ces degrés forment sur le limbe 5 divisions; mais on partage ce même espace en 6 divisions sur le bord de l'alidade. Il suit de là que si on met le bord de l'alidade sur le limbe, de manière que le premier trait 1 des divisions coïncide, le deuxième trait 2 marquant la 1re division du limbe ne correspondra pas avec celui de l'alidade, mais en différera d'un 6e ou de 10 minutes; le 2e différera de 20 minutes, et ainsi de suite. Par la même raison, si au lieu de tomber exactement sur la division qui marque les degrés, le trait milieu de l'alidade la dépassait d'un 6e ou 10 minutes, la 1re division de l'alidade correspondrait avec la 1re du limbe; s'il la dépassait de 2/6 ou 20 minutes, la 2e du limbe correspondrait à la 2e de l'alidade; et enfin, s'il la dépassait de moitié ou de 30 minutes, la 3e division correspondrait à la 3e du limbe, ainsi que l'indiquent les divisions ponctuées de la figure. Avec un vernier de cette espèce, on pourrait donc lire les angles à moins de 10 minutes d'erreur; avec des verniers très-divisés, on ne peut plus lire qu'à la loupe.

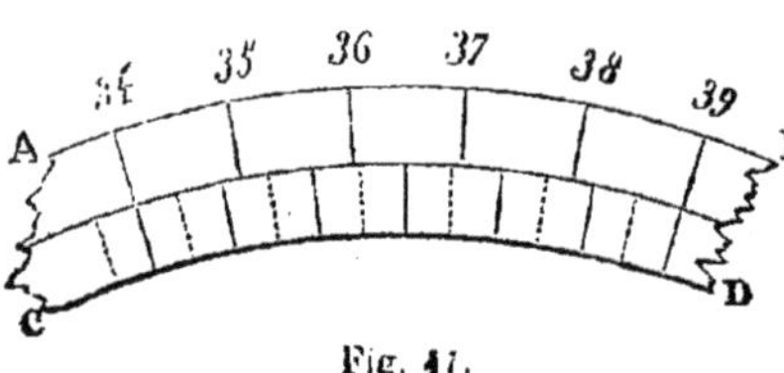

Fig. 47.

Soit à lever le champ ABCDE (fig. 48). Voici comme on procède dans le levé au graphomètre.

Après avoir fait un croquis aussi exact que possible et placé des jalons aux angles A, B, C, D, E, on prend, avec le graphomètre, l'angle EAB, et on porte sa valeur sur le croquis, puis on mesure l'angle ABC, BCD, CDE, DEA. A mesure qu'on relève les angles, on fait mesurer les côtés on porte leur valeur sur le croquis. Lorsque tous les angles ont été pris et que toutes les lignes ont été mesurées, le levé du plan est terminé. Si la somme des angles relevés égale 540 degrés, le levé du plan aura été bien exécuté, car la somme des angles d'un triangle est égale à 180°, répétés autant de fois que le polygone a de côtés moins deux. Cette méthode se nomme *méthode de cheminement*. Mais on opère généralement par *triangulation*, comme nous l'avons indiqué en parlant du levé à la chaîne, fig. 43.

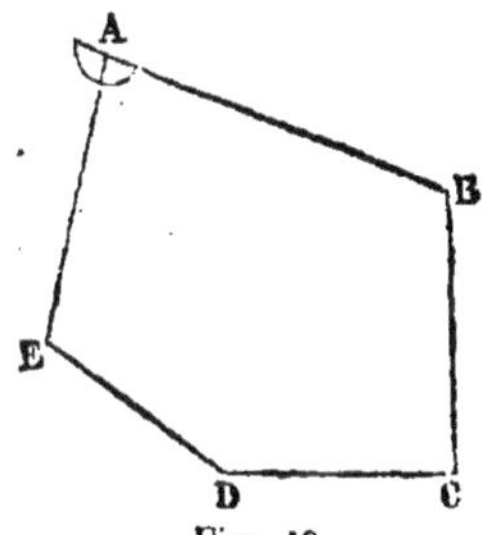

Fig. 48.

On pose le graphomètre au point A, par exemple, et de là on mesure les trois angles EAD, DAC, CAB, dont on calcule les côtés, puis on rapporte sur le papier les angles à l'aide du rapporteur (fig. 5). Sur des surfaces très-étendues, on établit au milieu de la propriété une base d'opération, c'est-à-dire une ligne jalonnée et mesurée très-exactement. Aux deux extrémités de cette ligne, on met successivement le graphomètre en station et on dirige des rayons visuels sur tous les points qui peuvent aider à présenter la configuration du terrain et à reproduire tous les détails qu'on veut indiquer. Ces rayons sont autant de lignes qu'on jalonne et qu'on reporte sur le papier à l'aide de l'échelle.

Autres usages du graphomètre.

Avec le graphomètre, trouver la hauteur d'un arbre ou d'une tour (fig. 49). Nous supposerons d'abord le pied de la tour accessible. On place le graphomètre en D, soit à une distance *ad* de 50 mètres du *centre* de la tour ; avec cet instrument tourné verticalement, on mesure l'angle *a*. Soit cet angle = 30° et l'angle droit $d = 90°$. Si l'on construit sur le papier un triangle semblable au triangle *ad*B, on trouvera, en donnant à la ligne *ad*

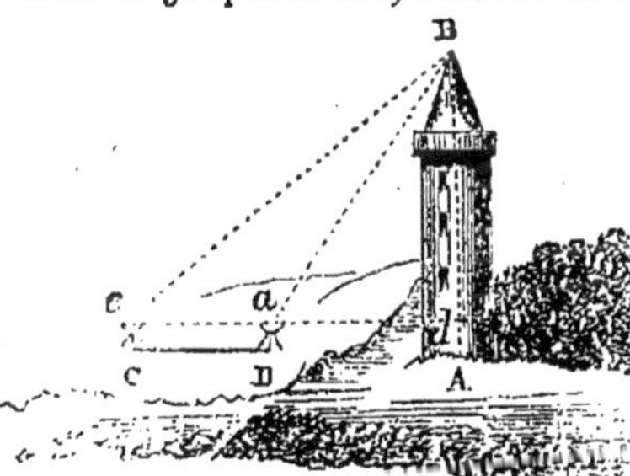

Fig. 49.

50 mètres d'une échelle de proportion, la longueur de la ligne *Ba*. A cette longueur, il faut ajouter la hauteur du graphomètre pour avoir la hauteur exacte de la tour.

Autre procédé. On transporte le graphomètre sur la ligne *a d*, jusqu'à ce que dans le triangle *ad*B l'angle *a* soit de 45° ; alors le triangle rectangle sera isocèle et la distance de l'instrument au centre de la tour sera la hauteur cherchée.

Lorsque le pied de la tour est inaccessible, l'opération à faire est plus complexe.

On mesure sur le terrain une base arbitraire CD de 100 mètres et on prend, avec le graphomètre, la valeur des angles *e* et *a* du triangle *Bae*. Ayant le côté *e a* et les angles adjacents *a* et *e*, on construira sur le papier un triangle semblable auquel on donnera des mesures proportionnelles ; à l'aide de ce triangle on trouvera la longueur de *a* B en prolongeant la base *a e* du triangle assez loin pour abaisser sur cette base une perpendiculaire du sommet B ; la hauteur de cette perpendiculaire, à laquelle on ajoutera celle du graphomètre, donnera celle de la tour.

Mesurer la distance de deux points A *et* X *séparés par une rivière.* Menez sur le terrain une base A B (fig. 50) de 100 mètres ; des points A et B dirigez deux droites vers le point X ; mesurez à l'aide du graphomètre les angles que font ces deux lignes avec la base AB ; tracez alors sur le papier, avec des lignes proportionnelles, un triangle semblable ; la mesure du côté A X sur le papier vous donnera par une proportion celle qui existe sur le terrain et qui est la distance cherchée.

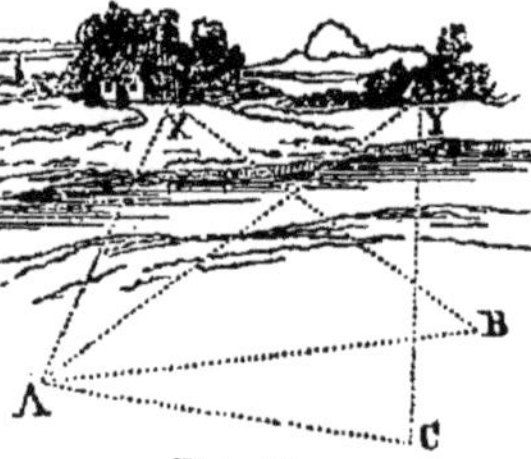

Fig. 50.

Trouver la distance qui sépare deux points inaccessibles XY (même fig.). On détermine, comme pour le point X, la distance du point Y au point A, puis on mesure l'angle A du triangle AXY, et on le porte sur le papier ; ayant la longueur des lignes A X et A Y et l'angle A, on construit sur le papier, avec une échelle de proportion, un triangle semblable au triangle A X Y, et on mesure le côté X Y, longueur cherchée.

Pour des opérations qui exigent peu de précision, le cultivateur peut remplacer l'équerre et même le graphomètre par une simple planchette sur laquelle est tracé un carré parfait dont les angles sont marqués par de petites pointes un peu saillantes pour diriger le rayon visuel. Cette planchette (fig. 51) est fixée sur une douille en bois percée de deux trous pour recevoir un support. L'un de ces trous qui est dans l'axe de la douille et à son extrémité inférieure, sert pour placer la planche horizontalement; l'autre sur le côté de la douille et perpendiculairement à son axe, reçoit l'extrémité du support quand la planchette doit être verticale (fig. 52). En dessous est un fil à plomb pour vérifier la verticalité de l'instrument; il doit se confondre avec une ligne tracée soit sur la douille quand la planchette est horizontale, soit sur la planchette quand celle-ci est verticale.

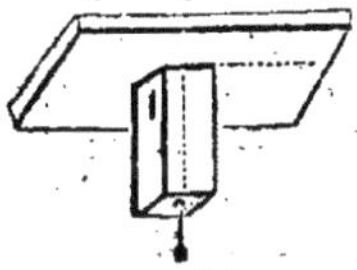

Fig. 51.

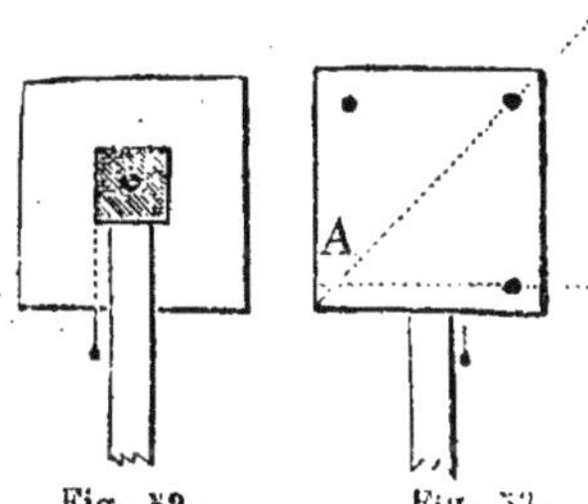

Fig. 52. Fig. 53.

Pour déterminer des lignes droites, perpendiculaires ou parallèles, on procède à peu près comme avec l'équerre. Soit à élever une perpendiculaire sur la ligne AB (fig. 54), placez la planchette horizontalement en un point de la ligne AB (fig. 54), de manière que la ligne de visée passe par les petites alidades ou pointes a b et un jalon planté en B, visez ensuite par les deux alidades $b\,i$, faites planter un jalon en e, la ligne $b\,e$ est la perpendiculaire cherchée. Pour mener à A B une parallèle C D, dirigez deux lignes de visée diagonalement par a et par b, prenez sur chacune de ces lignes une longueur égale ($a\,c$ et $d\,b$), la ligne $d\,c$ prolongée donnera la ligne CD parallèle à AB. On aurait encore pu reporter la planchette un peu plus loin, sur la ligne AB, et déterminer par le premier procédé un point à la même distance de cette ligne que e. Pour mesurer des hauteurs verticales, celle d'un arbre, par exemple : on place la planchette verticalement (fig. 53) et on s'approche de l'arbre jusqu'à ce qu'en visant par les points $a\,b$ on en aperçoive le sommet, en même temps la ligne $a\,c$ doit être parfaitement horizontale (ce qu'indique le fil à plomb); la distance du point a à l'arbre est égale à la hauteur de celui-ci en ajoutant toutefois celle de la planchette au sol.

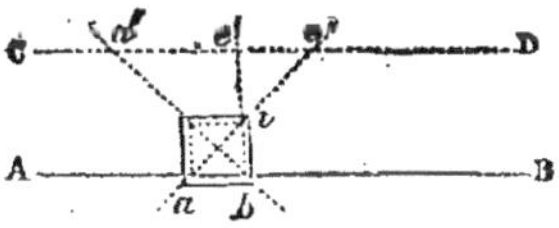

Fig. 54.

En ajustant ou traçant un *rapporteur* sur la planchette on pourrait déterminer approximativement les angles sur le terrain. Une règle bien droite servirait d'alidade.

Mesurer la ligne A B *interrompue par un obstacle.* Placez le graphomètre en C, mesurez l'angle B C A, puis les lignes AC, BC, construisez à l'échelle le triangle E C D, la mesure du côté E D vous donnera en degrés de l'échelle la longueur cherchée.

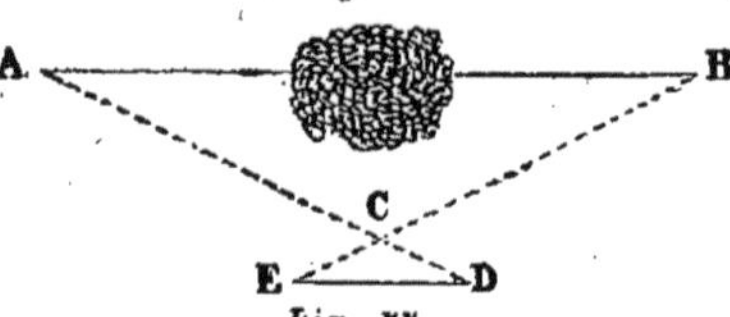

Fig. 55.

§ II. — *Levé au pantomètre.*

Le levé au *pantomètre* a beaucoup d'analogie avec le levé au graphomètre, mais ce dernier est susceptible de plus de précision. On n'insistera donc pas sur le pantomètre dont on donne seulement ici la figure (fig. 56). L'instrument ressemble beaucoup à une équerre cylindrique, il en diffère en ce que le cylindre est divisé dans sa hauteur en deux parties. La portion inférieure C présente d'un côté une pinnule opposée à une *fenêtre* divisée par un fil tendu, et au-dessus de cette pinnule existe un trait de division nommé ligne de foi. La partie supérieure du cylindre s'emboîte avec la partie inférieure et peut tourner à frottement sur elle comme le couvercle d'une boîte; son bord inférieur est divisé en 360 parties égales numérotées de 10 en 10 depuis 0 jusqu'à 360; une pinnule est placée au-dessus du trait de division marqué 0 et une *fenêtre* opposée répond à la division 180.

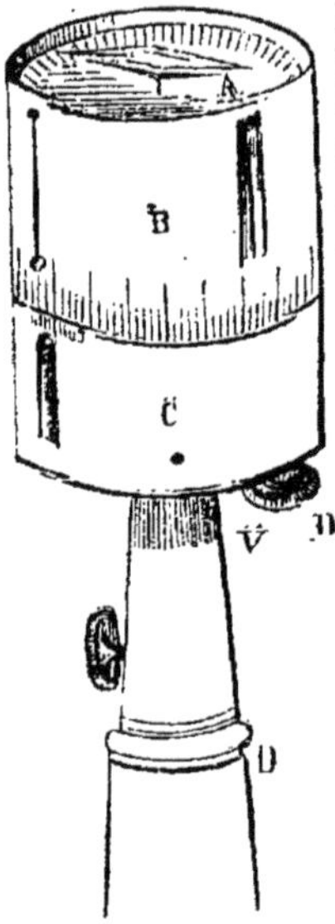

Fig. 56.

Pour mesurer sur le terrain un angle A B C marqué sur le terrain par des jalons, on plante au sommet B le bâton qui porte le pantomètre; on fait coïncider le 0 de la graduation avec la ligne de foi, on tourne ensuite l'instrument sur sa douille jusqu'à ce qu'on aperçoive par la pinnule inférieure et la fenêtre qui y correspond, le jalon A planté sur l'un des côtés de l'angle; lorsque le fil de la fenêtre couvre bien le jalon on fixe le pantomètre sur sa douille D à l'aide de la vis de pression et on fait tourner légèrement la partie supérieure B à l'aide de la vis D jusqu'à ce qu'on puisse apercevoir par la pinnule de cette partie et la fenêtre opposée le jalon C, on lit alors sur la graduation le nombre de degrés compris depuis 0 jusqu'au point où la ligne de foi est parvenue. Ce nombre exprime la valeur de l'angle. L'instrument porte quelquefois une boussole A.

§ III. — *Levé à la planchette.*

La *planchette* (fig. 57) a été inventée vers la fin du seizième siècle. Cet instrument est une petite table portative de $0^m,80$ de longueur sur $0^m,50$ de largeur, sur laquelle on pose une feuille de papier et une règle bien droite ou mieux une alidade à pinnules. Elle se compose de trois parties : 1° de la *planchette*, proprement dite ; 2° du *genou* qu'on ne voit pas dans la figure, mais qui est ordinairement composé d'une boule en cuivre retenue par deux espèces de coquilles aussi en cuivre et qui s'adaptent, par leur partie inférieure, à une douille dans laquelle est la tête du support ; 3° du *trépied*, ou support à trois branches mobiles, afin qu'on puisse l'élever ou l'abaisser à volonté ; on ajoute encore un fil à plomb ou un niveau à bulle d'air pour bien vérifier l'horizontalité.

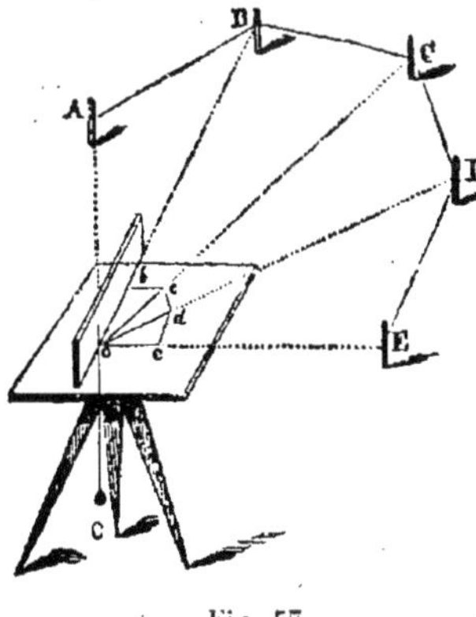

Fig. 57.

L'*alidade* est une règle en cuivre sur laquelle est gravée une échelle de proportion ; ses extrémités sont terminées par deux pinnules verticales, c'est-à-dire par deux lames de cuivre perpendiculaires à la règle et portant une fente très-étroite et une petite fenêtre traversée par un fil ; cette fente et cette fenêtre sont placées en se..s opposé dans les deux pinnules.

Soit à lever le plan du terrain ABCDEO (fig. 57).

On choisit un point O d'où il soit possible de voir tous les angles, et on y place la planchette. Comme le point *o* de la table doit correspondre exactement avec le point O du terrain, on fixe le bout supérieur d'un fil à plomb sous la planchette vis-à-vis du point *o* du papier, et on place l'instrument de manière à ce que la ligne verticale donnée par le plomb tombe sur le point O du sol. A défaut d'un fil à plomb on peut prendre une petite pierre et la laisser tomber librement.

Dès que la planchette est fixée et placée horizontalement, on plante une aiguille sur le point *o* du papier et on applique alors le bord de l'alidade contre cette aiguille ; on la dirige d'abord vers l'angle E, de manière à voir par les pinnules le jalon qui y est planté d'aplomb ; lorsque ce premier résultat est obtenu, on trace sur le papier avec un crayon et sans déranger l'alidade, la droite OE ; ensuite on dirige l'index dans la direction D, en ayant soin que son bord soit toujours appliqué contre l'aiguille située en *o*, et on trace la droite *o* D; puis on tire successivement le long de l'alidade les lignes *o* C, *o* B, *o* A au fur et à mesure qu'on aperçoit par les pinnules les jalons E, D, C, B, A. Pendant ces divers tracés, on doit avoir l'attention de ne point déranger la planchette. Quand toutes ces lignes ont été tirées, on fait mesurer les distances *o* E, *o* D, *o* C, *o* B, *o* A, que l'on porte à l'aide d'une échelle et d'un compas sur les lignes qui correspondent à ces droites et qui ont été tracées sur le papier situé sur la planchette, ce qui détermine les points *a*, *b*, *c*, *d*, *e*. Si l'on relie ces points les uns aux autres par des lignes on obtient une figure *abcde* entièrement semblable au polygone irrégulier ABCDE.

Pour vérifier le plan, on fait chaîner un des côtés du polygone donné, le côté ED par exemple, et on constate, à l'aide de l'échelle que l'on a employée, qu'elle est la longueur de la ligne *ed* du plan. Si les nombres correspondent, c'est-à-dire ont la même valeur, l'opération est bonne.

Cette méthode est le levé par rayonnement. Au lieu de placer la planchette à l'un des angles de la pièce, il est souvent plus convenable de l'établir à l'intérieur en un point duquel on aperçoit tous les angles, et de ce *centre* on tire des lignes vers l'extrémité de chacun d'eux.

La méthode dite par *intersections* évite le mesurage de toutes les lignes. Voici comment on opère : soit à lever le plan du terrain ABCDEF (fig. 58), on prend pour *base* et *directrice* du plan soit un des côtés AB soit une ligne arbitraire à l'intérieur; plus cette base est grande, plus facile et plus exacte est l'opération. On doit pouvoir des deux extrémités A et B apercevoir les jalons posés en CDEF. Cette base est reportée sur la planchette de *a* en *b* dans les proportions d'une *échelle* quelconque. Puis la planchette elle-même est posée d'abord au poind A du terrain de manière que le point *a* de la planchette soit bien perpendiculairement au-dessus de celui-ci. La planchette étant bien horizontale, on plante une aiguille au point *a* du papier, et on dirige l'alidade successivement vers les points CDEF en traçant chaque fois sur la planchette une ligne droite dans la direction de ces points, on enlève ensuite la planchette pour la reporter au point B où on procède comme on l'a fait au point A en tirant également des lignes droites vers les mêmes points CDEF; ces lignes coupent

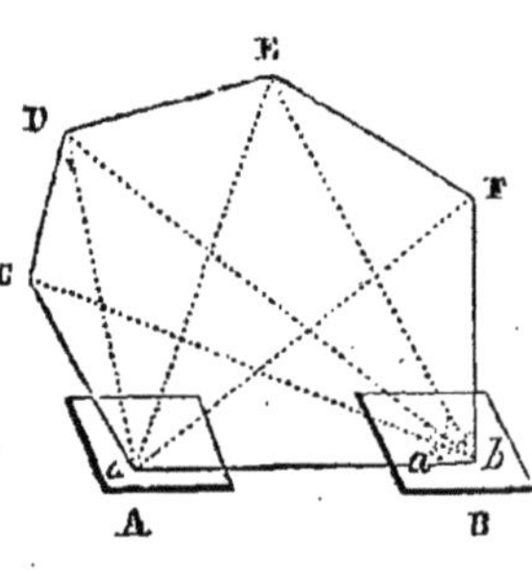

Fig. 58.

en un point celles précédemment tirées du point A de manière qu'on obtient sur le papier les angles ABCDEF qu'il suffit de joindre par des lignes droites pour obtenir un polygone semblable à celui du terrain, et dans les proportions de l'échelle adoptée pour la mesure de la base.

§ IV. — *Levé à la boussole.*

La *boussole d'arpenteur* se compose d'une aiguille aimantée munie d'une chape d'agate et soutenue dans une position horizontale par la pointe d'un pivot d'acier. Elle est renfermée dans une boîte au fond de laquelle se trouve un cercle divisé en 360° servant à mesurer les angles que fait la boussole avec une droite donnée. Cette boîte est carrée, et à l'un des bords parallèles au diamètre nord-sud est adaptée une alidade nommée *visière*. Pour empêcher l'aiguille de ballotter lorsqu'on transporte la boussole d'un point à un autre, on la fixe à volonté à l'aide d'un petit ressort et d'une vis. La boussole repose sur un pied à trois branches comme la planchette. Ce support est connu sous le nom de *trépied*.

Le levé à la boussole est fondé sur la propriété qu'a une *aiguille aimantée* de se diriger constamment vers le nord lorsqu'elle est librement suspendue, et de pouvoir conserver cette direction si on la change de place.

L'aiguille aimantée ne se dirige cependant pas toujours vers le pôle nord de la terre comme le *méridien vrai*. Ce méridien et le méridien magnétique font entre eux un angle qu'on appelle *déclinaison de l'aiguille aimantée*. Cette déclinaison n'est pas la même pour tous les lieux ni pour tous les temps. Il est donc utile, quand on veut employer la boussole au levé des plans, d'avoir la déclinaison de l'aiguille. On obtient cette déclinaison en traçant le méridien du lieu que l'on habite ; l'angle que fait l'aiguille aimantée avec la méridienne est la déclinaison demandée. Pour Paris l'angle est de 20° 6'.

Pour tracer une méridienne, élevez sur un terrain parfaitement de niveau un bâton de $0^m,50$ de hauteur à l'extrémité duquel sera fixée une plaque de fer ou de carton percée d'un petit trou et légèrement inclinée à l'horizon. Si par l'ouverture de la plaque on fait passer un fil à plomb, on obtiendra le pied d'une verticale ; à dix heures du matin, quand le soleil brille, marquez sur le terrain le point lumineux qui se trouve dans l'ombre projetée par la plaque ; décrivez ensuite un arc de cercle avec un rayon égal à la distance qui sépare le pied de la verticale et le point lumineux marqué sur le sol. Observez, l'après-midi, le moment où le point lumineux donné par l'ouverture située sur la plaque tombe exactement sur l'arc décrit ; marquez ce nouveau point. Prenez alors le milieu de la partie de l'arc comprise entre les deux points observés et joignez ce milieu au pied du bâton par une ligne ; cette ligne sera la méridienne vraie, surtout si on opère au mois de juin ou de décembre.

On obtient aussi une méridienne exacte en dirigeant la nuit, quand les étoiles brillent, l'hypoténuse d'une équerre triangulaire, reposant sur une table parfaitement de niveau, vers l'*étoile polaire*, lorsque cette étoile se trouve dans le même plan vertical avec la première étoile de la queue de la *grande Ourse* ou du *grand Chariot*. La ligne que l'on trace ensuite le long de l'équerre sur la table donne la méridienne demandée.

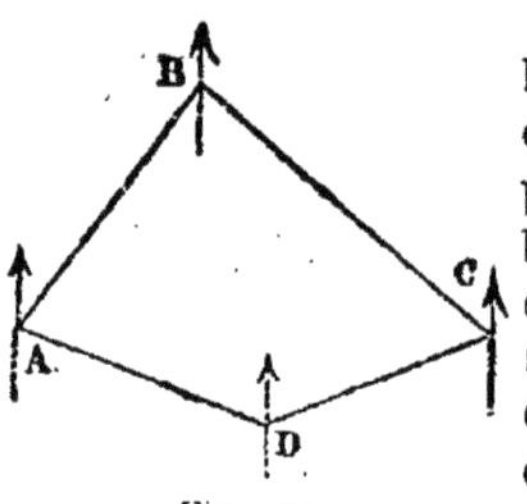

Fig. 59.

Lorsqu'on veut connaître à l'aide de la boussole l'amplitude d'un angle A (fig. 59), on place l'instrument horizontalement au point A, et on dirige l'alidade vers le point B. Alors on relève le nombre de degrés qu'indique la pointe aimantée ; puis on dirige l'alidade sur le point D, et on note également le nombre de degrés indiqué ; la différence entre ces deux nombres donne l'amplitude de l'angle cherché.

§ V. — *Tracé et dessin des plans.*

Tracés. Le tracé graphique, le seul dont nous nous occuperons ici, se fait soit sur un tableau noir à l'aide de crayons de craie, soit sur le papier.

Les *crayons* sont de quatre sortes : *crayons lignes* marqués n° 4, assez durs pour tracer des lignes très-fines, ceux n° 3 un peu moins durs, ceux n° 2 plus employés mais un peu tendres, le n° 1 très-tendre pour dessiner.

Pour le tracé ou *dessin* sur le papier il faut des *règles*, une *équerre*, un double *décimètre*, un *tireligne*, un *compas*, des *crayons* de mine de plomb, un morceau de gomme élastique, un morceau d'*encre de chine* et un *godet;* on peut ajouter un *pistolet*, petite planchette découpée pour raccorder les courbes.

Le *papier* doit être épais, bien collé et avoir un grain fin. Pour les plans on emploie le papier de *Hollande* de différentes dimensions, le *Grand aigle* de 0,975 de largeur et 0,665 longueur ; le *Jésus* de 0,690 et 0,625 ; le *Grand raisin* de 0,650 et 0,480 ; le *Carré* de 0,530 et 0,420. On emploie encore avec avantage pour les plans une toile fine gommée. Les *règles* sont de diverses longueurs. Celle nommée *té* glisse au moyen d'un arrêt ou mentonnet, sur le bord de la planche à dessiner. L'*équerre*, ordinairement en bois de noyer, est une planchette mince ayant la forme d'un triangle rectangle, elle sert à tracer des parallèles et des perpendiculaires (fig. 7); on fait également des équerres en forme de triangle isocèle, pour tracer des angles de 45°. Le *double décimètre* en buis est à double biseau et s'emploie souvent comme échelle. Le *tire-ligne* sert à tracer les lignes plus ou moins épaisses suivant qu'on écarte les deux lames ou pointes. Pour charger le tire-ligne on desserre la vis, on prend, à l'aide d'une plume, un peu d'encre de Chine qu'on introduit entre les lames en évitant de les mouiller extérieurement. Le tire-ligne se tient presque d'aplomb; on l'incline seulement un peu vers la droite en l'appuyant contre l'arête supérieure de la règle. Lorsqu'on a fini de se servir du tire-ligne, on doit l'essuyer avec soin entre les lames qu'on tient ensuite écartées d'environ un millimètre. On égalise les pointes du tire-ligne en les frottant sur un morceau d'ardoise ou une feuille d'émeri. Le compas doit être à deux pointes, dont l'une, mobile, peut être remplacée par un porte-crayon ou un tire-ligne.

L'encre de Chine doit être de très-bonne qualité, exhaler une odeur légèrement ambrée; elle ne doit pas *fuser sous le pinceau*, c'est-à-dire que les lignes tracées avec cette encre ne doivent pas s'altérer dans le *lavis*. Elle se prépare en mettant trois ou quatre gouttes d'eau dans un godet et en frottant le pain d'encre sur le fond, jusqu'au moment où le liquide formera un sillon qui permettra d'apercevoir le fond.

La feuille sur laquelle a lieu le tracé est ordinairement fixée sur une planche à dessin à l'aide de colle à bouche. On exécute d'abord au crayon afin de pouvoir effacer à la *gomme*, puis on passe à l'encre. Les lignes *données* seront très-fines et à peu près continues comme ce trait ...., les lignes de résultat se traceront ainsi par un trait un peu moins fin ____________, les autres lignes qu'on nomme lignes de construction seront très-fines. On commencera par les principales lignes afin de déterminer la masse ou le canevas du dessin. Lorsqu'il y a des droites et des courbes à raccorder ensemble, on commencera toujours par les courbes. Dans le dessin linéaire on représente par des lignes plus grosses, appelées *traits de force*, les arêtes suivant lesquelles se rencontrent deux surfaces dont l'une est éclairée et l'autre dans l'ombre. La lumière est toujours censée venir de gauche à droite et sous un angle de 45°.

Le dessin des plans est soumis aux règles générales des tracés graphiques. Il exige l'emploi des mêmes instruments, auxquels il faut ajouter le *rapporteur* et une échelle ordinaire ou une *échelle des dîmes*. En général, le plan à dessiner par suite d'un *levé* n'est qu'une copie d'un plan déjà exécuté. La première opération s'appelle rapporter, et la seconde copier un plan.

Manière de rapporter des plans. Supposons qu'on veuille rapporter la figure ABCD, représentée par le croquis (fig. 59) fait sur le terrain et qui indique la longueur des côtés du polygone et l'amplitude des angles déterminés de la manière suivante : Côté BC = 230 mètres, CD = 140, DA = 170 et AB = 180, angle C = 60°, angle D = 140°, angle A = 72°, angle B = 90°.

Tracez une échelle, que nous supposerons de $\frac{1}{100}$; arrêtez le plan (fig. 60) à l'aide d'une ligne OP, tracée du bas en haut d'une feuille de papier, le haut marquant le nord. D'un point B de cette ligne et dans un angle faisant avec elle 50°, dirigez une droite sur laquelle vous prendrez la longueur BC proportionnelle à 320 mètres, soit 320 centimètres ; au point C, faites avec le rapporteur un angle de 60°, qui vous fournira la direction de la ligne CD à laquelle vous donnez la longueur proportionnelle de 140 mètres. Prenez de même les longueurs et les angles en D et A ; en joignant enfin A à B par la ligne AB vous devez, si l'opération est juste, trouver pour longueur proportionnelle 180 mètres, et pour l'angle de la ligne AB avec la ligne OP 40°, qui, réunis aux 50° trouvés pour l'angle de la ligne BC avec OP, donnent, pour l'angle total B, 90°.

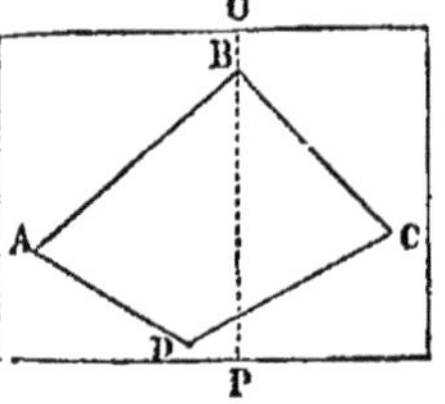

Fig. 60.

Soit à rapporter le plan de la pièce dont le croquis a été donné fig. 39 avec tous les éléments de calcul. Tracez une échelle que nous supposons être de $\frac{1}{1000}$ (1 millimètre pour mètre).

Tirez au crayon (fig. 61), au milieu d'une feuille de papier, une droite BE à laquelle vous donnez une longueur de $0^{m},465$, proportionnelle aux 465 mètres trouvés sur le terrain ; prenez sur cette ligne quatre distances proportionnelles à celles marquées sur le croquis par les points ONPM ; élevez, toujours au crayon, de chacun de ces points les perpendiculaires OD, NF, PC, MA, auxquelles vous donnerez également des longueurs proportionnelles à celles trouvées sur le terrain, joignez par des lignes les extrémités ABCDEF, et le plan sera rapporté. Ces lignes, formant le contour de la pièce, devront

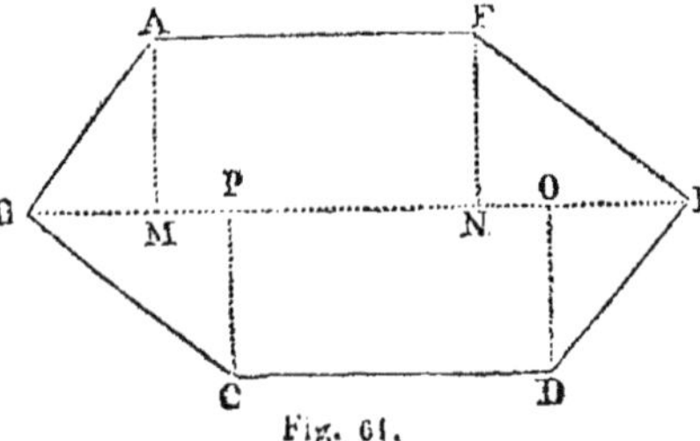

Fig. 61.

toutes rester et être passées à l'encre; les autres seront effacées.

Le plan d'une propriété, d'un champ n'est déterminé que lorsqu'on a tracé ou indiqué l'échelle que l'on a employée, écrit au haut de la feuille *plan de telle propriété.....*, et indiqué l'*orientation*, c'est-à-dire la direction du nord. Le plus ordinairement, le côté nord se place en tête du plan.

§ VI. — *Copie des plans.*

Il y a deux manières faciles de copier les plans. Le premier moyen consiste à les *calquer*, et le second à les *piquer*.

Lorsqu'on veut *calquer un plan*, on le place sur une table unie et on y applique une feuille de papier transparent et très-mince qu'on nomme *papier végétal*. Ce papier est fixé sur le *plan-minute* au moyen d'épingles fines ou avec de la colle à bouche. Ensuite, à l'aide d'une pointe de crayon bien fine, on suit avec précaution tous les traits que présente le plan et que l'on distingue parfaitement à cause de la transparence du papier. Quand toutes les lignes ont été tracées, la copie du plan est faite. On peut calquer à l'aide d'un carreau de fenêtre. On attache par-dessus la feuille qui porte le plan la feuille de papier sur laquelle doit être faite la copie, et on assujettit ces deux feuilles contre le verre; puis on suit tous les détails du plan avec un crayon dont on repasse ensuite les traits à l'encre.

Pour *piquer un plan*, on le pose sur le papier qui doit le recevoir et on assujettit ces deux feuilles au moyen d'épingles ou de pointes à tête appelées *punaises*. Alors, avec une aiguille ou le *piquoir* d'un tire-ligne, on pique toutes les extrémités des lignes droites et le contour des lignes courbes, de manière à percer légèrement les deux feuilles de papier à la fois. Lorsque ce premier travail est fait, on ôte les épingles, on sépare les deux feuilles et on trace sur la copie au crayon, puis à l'encre, les lignes limitées et indiquées par les piqûres. Dans cette opération, on doit souvent consulter l'original afin de ne pas commettre d'erreurs.

Lorsque le plan que l'on veut copier n'a pas une grande valeur, on le copie par la méthode dite *copie par treillis*.

Soit à copier le plan *a b c d* (fig. 62).

Fig. 62.

On enveloppe la figure par un rectangle OPSR et on mène des diagonales (elles sont omises dans la figure); puis on divise le côté PS en 4 parties et le côté PO en 6, on mène des lignes qui divisent le rectangle enveloppant la figure à copier en 24 petits carrés. Le nombre des carrés varie suivant la dimension du plan. Quand cette opération est faite, on la répète sur la feuille de papier qui doit recevoir la copie; puis, avec un compas, on marque en se guidant sur les lignes du treillis les points *abcd* qu'on joint par des lignes droites qui doivent être de même longueur que celles du plan à copier. On marque de même par des points les courbes et les sinuosités des cours d'eau et des chemins, ou les divers détails du plan.

Le treillis doit être d'autant plus fin qu'il existe plus de détails. On trouve aussi dans le commerce des papiers *quadrillés* portant des treillis à différentes échelles. Quand les détails sont peu nombreux, on peut se contenter de la méthode du tricage indiquée page 118. Enfin on enveloppe le plan par un carré (fig. 63) et on abaisse de tous les angles du polygone des perpendiculaires sur les côtés de ce carré; on construit ensuite un rectangle égal qu'on partage de la même manière en petits rectangles, et on porte les sommets du polygone sur les points correspondant à ceux de l'autre figure.

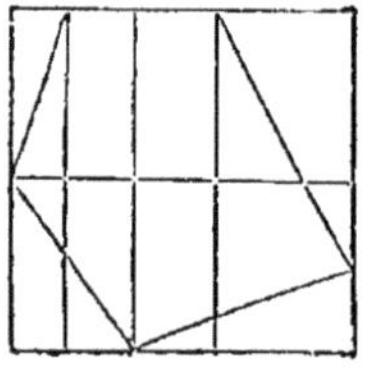
Fig. 63.

Réduction des plans. On réduit un plan au cinquième en réduisant les lignes dans les proportions voulues, par exemple à moitié si le plan doit être au quart, au quart s'il doit être au huitième, etc.; pour amplifier un plan on augmente les lignes dans les mêmes proportions. On opère fréquemment à l'aide d'un *angle de réduction* de la manière suivante : Soit à réduire au quart le plan figure 57, si le plan modèle est par exemple à l'échelle de $\frac{1}{10000}$, vous faites une échelle de $\frac{1}{5000}$, puis vous établissez l'angle de réduction. A cet effet, tirez une ligne indéfinie (fig. 64); portez de O en B sur cette ligne une longueur égale à 100 parties de l'échelle du plan modèle, et avec cette longueur pour rayon tracez du point O un arc de cercle également indéfini, puis, avec un autre rayon égal à 100 divisions de l'échelle adoptée pour la réduction, tracez du point B un autre arc de cercle qui coupera le premier en C, joignez les trois points OBC par des droites, vous aurez *l'angle de réduction* dont voici l'usage :

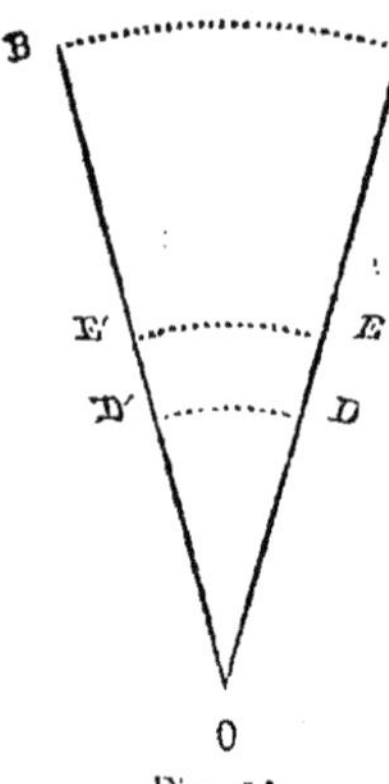

Fig. 64.

Tirez dans le plan à réduire une ligne AO (fig. 66), tracez ensuite sur une feuille de papier une ligne *ao* (fig. 65) à peu près dans la même direction, prenez au compas sur le plan la longueur de cette ligne A O, portez-la sur le côté OB de l'*angle de réduction* (fig. 64); avec cette longueur comme rayon décrivez l'arc DD′ (fig. 64) et reportez sa corde sur la copie du plan de *a* en *o*, prenez ensuite la longueur du côté A B du modèle, portez-la également sur le côté O B de l'angle de réduction et décrivez l'arc E E′; avec la corde de cet arc décrivez du point *a* de la copie un petit arc de cercle dans la direction de *b*, puis coupez cet arc par un autre obtenu du point *o* avec la longueur BO que vous aurez réduite de la même manière à l'aide de l'angle de réduction. L'intersection des petits arcs marquera la place du point *b*. Vous prendrez ensuite les longueurs B C et O C pour les réduire et trouver le point *c*. Enfin les points *d* et *e* seront déterminés de la même manière.

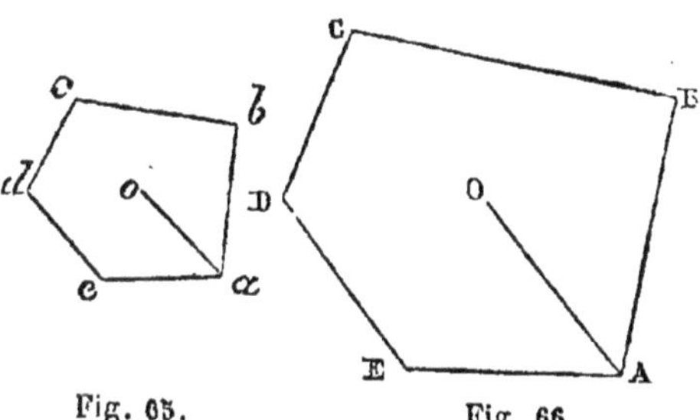

Fig. 65. Fig. 66.

On emploie encore pour la réduction des plans la méthode du *treillis* en réduisant les carrés proportionnellement à la réduction; on opère aussi quelquefois d'une manière plus expéditive en prenant un point vers le centre du plan et en dirigeant de ce point des droites vers les angles. On place une feuille de papier transparent sur le centre, on calque tous les angles faits par les lignes qui convergent vers le centre, on prolonge les lignes de la longueur voulue pour la réduction qu'on désire et on réunit leurs extrémités par des droites.

On simplifie les opérations de réduction à l'aide du *compas* de réduction; c'est une espèce de compas à deux branches réunies à pivot vers un point de leur longueur, de manière à présenter deux paires de pointes embrassant un espace inégal, mais proportionnel, qu'on fait varier à volonté en faisant monter ou descendre dans la mortaise à jour de chaque branche le pivot qui leur sert de charnière. Pour réduire un plan on prend la mesure sur le modèle avec les grandes pointes et on la reporte sur le plan à l'aide des petites.

Enfin le moyen le plus expéditif, surtout quand un plan présente beaucoup de détails, de réduction ou d'amplification des figures, est le *pantographe*, espèce de parallélogramme articulé portant un crayon qui reproduit à l'échelle voulue les lignes du plan dont il suffit de suivre les contours à l'aide d'un calquoir fixé à l'une des branches.

§ VII. — *Lavis des plans.*

Quand le dessin d'un plan est terminé, il n'y a plus qu'à donner aux diverses parties qu'il représente des teintes qui conviennent à leur destination. Cette opération constitue le *lavis des plans.*

Signes conventionnels et lavis des plans. La topographie emploie pour figurer les différents objets d'un plan, *terres, bois, habitations*, etc., des traits, des détails de dessin ou des signes particuliers, qu'elle fait encore ressortir à l'aide de couleurs et de teintes variées ; cette dernière opération se nomme le *lavis des plans.* Le dessin et le lavis s'apprennent à l'aide de la pratique, on ne peut donner ici que des indications générales sur les signes et les couleurs employées.

Terres arables. Lignes de points allongés parallèles dans les directions des rayages. La séparation des pièces indiquée par un trait un peu plus fort, ou s'il existe une *haie*, par une ligne feuillue. *Terres humides*, quelques points marécageux ou des flaques d'eau. Lavis : teinte claire de sépia ou d'ocre avec sillons plus foncés.

Prés. Pointillé, massé régulièrement. *Pâturages*, même pointillé avec petites touffes irrégulières. Lavis : *vert d'herbe* formé de six parties de bleu de Prusse et deux de gomme gutte, plus huit parties d'eau (on nomme *partie* ce que peut retenir un pinceau).

Friches. Même teinte panachée de terre de Sienne. *Bruyères* : pointillé léger et touffu. *Sables :* pointillé très-fin. Terre de Sienne brûlée très-faible ou jaune. *Bruyères.* Légèrement feuillus, teinte de sépia panachée de carmin. *Landes :* Même dessin panaché de jaune.

Arbres. Masse feuillue avec ombre projetée de gauche à droite. *Vert jonquille :* huit parties de gomme gutte, trois de bleu de Prusse, huit d'eau. *Vergers :* quinconces d'arbres.

Vignes. Quinconces de petits traits verticaux entourés d'une ligne sinueuse imitant le cep. Teintes violacées, panachées verdâtres.

Bois et *forêts.* Masses irrégulières de feuillages tracées à la plume. On distingue par des traits les *futaies, gaulis*, taillis, jeunes plantations. Lavis : vert jonquille.

Eaux courantes, rivières, fleuves : Tracé des bords avec quelques traits qui en suivent les contours, flèche indiquant le courant.

Eaux stagnantes. Quelques traits parallèles aux hachures sur les bords. Lavis : bleu léger.

Habitations. Représentées en plan, supposées coupées à 0m,60 du niveau du terrain. On trace sur le plan toutes les lignes indiquant les murs et les cloisons. On détaille les portes, fenêtres, escaliers, auges, râteliers, etc. Lavis : carmin, teinte forte.

Jardins : divisions de carrés. Lavis de diverses couleurs.

Montagnes. Tracez d'abord légèrement des *courbes horizontales,* puis des lignes ou ***tranches verticales***, partant de ces courbes et légèrement tremblées. Lavis : teinte gris bleuâtre.

Routes. En général elles sont indiquées par deux lignes parallèles, en plaçant des deux côtés, pour les routes de première classe (20 mètres de large), deux rangs d'arbres ; de deuxième classe (12 mètres de large), une rangée ; on n'accompagne pas de rangées d'arbres les routes de troisième et de quatrième classe, qui ont 10 et 8 mètres de large. On borde les chemins vicinaux d'une ligne feuillue. On laisse les routes et chemins en blanc ; les chemins particuliers de service prennent la teinte des terres arables et les sentiers sont exprimés par une seule ligne ou deux lignes fines et rapprochées.

Pour *laver* un plan on tend la feuille en la collant par les bords sur une planchette. On delaye les couleurs à employer en frottant le pain au fond du godet jusqu'à ce que la couleur soit aussi épaisse que possible, puis au moyen de pinceaux on en prend des parties qu'on mélange avec de l'eau, soit ordinairement de huit à dix parties et plus d'eau, contre une de couleur suivant les teintes. On doit, avant d'appliquer une teinte plate, humecter légèrement le papier ; puis on étend la teinte à plein pinceau et peu à peu, en évitant que la couleur ne s'accumule et ne sèche sans avoir été étendue.

CHAPITRE III. — PARTAGE ET BORNAGE DES CHAMPS.

Dans la configuration à donner aux champs, on doit le plus possible : 1° se rapprocher de la forme du rectangle ou du parallélogramme allongé, pour l'économie du travail de la charrue ; 2° faire aboutir les champs sur les chemins ; 3° ménager l'exposition, l'évacuation des eaux nuisibles, l'accès des eaux utiles ; 4° éviter le morcellement des pièces et réunir au contraire les pièces morcelées.

Lorsque les champs sont des carrés, des rectangles ou des parallélogrammes et qu'il s'agit de les diviser en portions de mêmes formes, il suffit de partager les lignes de leur base ou de leurs côtés et de tirer des parallèles. Ainsi soit à partager un rectangle de 120 mètres de largeur sur 60 de hauteur, en 6 parties dans sa largeur, on divise un côté en 6 portions de 20 mètres ; si le partage se fait en hauteur, on partage la base par longueurs de 10 mètres.

On veut prendre dans la même pièce une portion de 480 mètres superficiels dans la largeur ; on divise 480 par la hauteur 60 et le quotient 8 est la longueur de mètres à prendre sur la base et on obtient un rectangle de 8 × 60 — 480 mètres.

Pour partager dans sa hauteur un trapèze en 2, 3 ou 4 parties égales, il suffit de partager proportionnellement les deux bases et de réunir les points de partage par des lignes. On divisera de même un triangle en 4 parties égales ou proportionnelles à des nombres donnés, en partageant sa base en 4 portions égales ou proportionnelles et en tirant des lignes des points de partage au sommet.

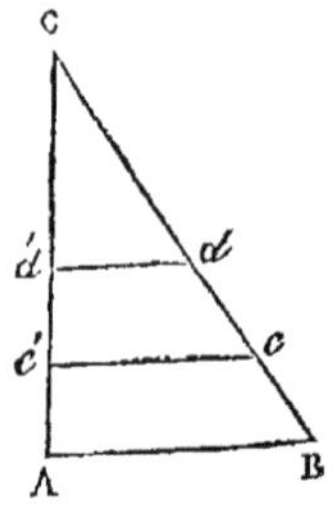

Fig. 67.

Soit à partager le triangle A B C (fig. 67) *en trois parties parallèlement au côté* AB *que nous prendrons pour base :* on mesure la longueur du côté AC que nous supposerons de 300 mètres, on cherche la *moyenne proportionnelle* entre la longueur entière 300 mètres et le *tiers* de cette longueur 100 mètres ; or cette valeur s'obtient *numériquement* en multipliant 300 par 100 et en extrayant la racine carrée du produit. Or, $300 \times 100 = 3000$ et $\sqrt{3000} = 17^m,32$; portez cette longueur de C en *d* et tirez du point *d* une parallèle à A B, cherchez de même la moyenne proportionnelle entre A C et les *deux tiers* de ce côté. Cette moyenne $= \sqrt{30 + 20} = \sqrt{600} = 24,494$, on reporte cette longueur de C en *e'*, on tire les lignes *d* et *d'*, *e* et *e'* qui partagent le triangle en 3 parties égales.

Diviser un trapèze en trois parties égales par des lignes parallèles à la base. Le procédé consiste à trouver *graphiquement* des *moyennes proportionnelles.* Soit le trapèze ABCD (fig. 68), prolongez les côtés A B et CD jusqu'à leur point de rencontre E, puis décrivez sur le côté D E une demi-circonférence, du point E, pris comme centre, avec une ouverture de compas égale à E C, tracez l'arc de cercle C F qui coupera la circonférence en F; de ce point abaissez la perpendiculaire IF. Partagez en 3 parties égales la longueur I D, élevez aux points de partage des perpendiculaires qui couperont la demi-circonférence en G et H, enfin prenez la longueur de E en G, portez-la sur le côté ED du triangle, son extrémité arrivera au point O; prenez de même la longueur EH et portez-la sur le même côté de E en P, puis des deux points O et P menez les parallèles à la ligne AD, ces deux lignes partagent le trapèze en 3 parties égales.

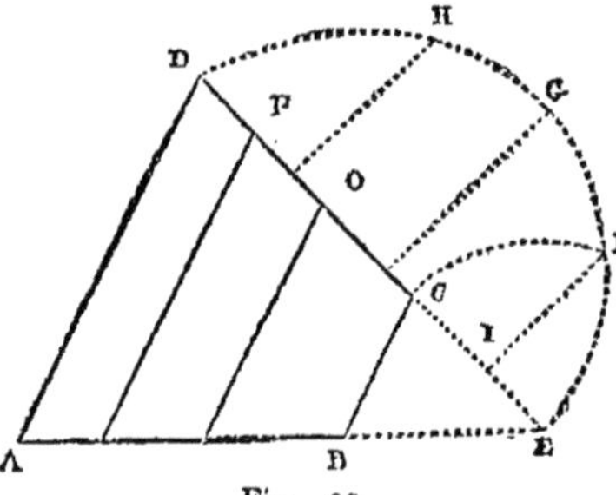

Fig. 68.

Le *bornage* des propriétés est une opération qui suit souvent l'arpentage et sert à fixer les limites déterminées. Le bornage s'exécute au moyen de la plantation de pierres ou *bornes* qu'on fait affleurer le sol, et sur le sommet desquelles on indique par un trait la direction de la limite des champs. La borne doit être enfouie de 40 à 50 centimètres. Elle est ordinairement taillée, et l'on place à son pied des tuileaux, du charbon et autres matières qui peuvent servir à reconnaître en cas de déplacement le lieu qu'elle occupait. Le bornage est une mesure qu'on doit désirer de voir s'étendre pour prévenir les contestations. Tout propriétaire peut obliger son voisin au bornage de propriétés contiguës, et cette opération se fait à frais communs. Le bornage est *amiable* ou *judiciaire :* amiable s'il se fait par une convention écrite entre les parties, qui exécutent le bornage, soit par elles-mêmes, soit par *experts*, soit enfin par un *arbitre;* à la différence des experts l'arbitre décide seul les questions que peut soulever le bornage, et le fait même en dernier ressort lorsque les parties ont renoncé à se pourvoir en justice contre sa sentence.

Le bornage judiciaire a lieu par sentence du juge de paix, si les titres de propriété ne sont pas contestés; autrement il est ordonné par décision des juges des tribunaux de première instance. Un expert est nommé; il prête serment et fait l'opération, dont il dresse procès-verbal. Dans tous les cas, il sera toujours préférable de s'en tenir au bornage amiable par arbitre.

Cadastre.. Dans le but de percevoir l'impôt foncier, le gouvernement a fait opérer, depuis cinquante ans environ, l'arpentage général de toute la surface du territoire français, et comme cet arpentage a compris toutes les parcelles différentes, telles qu'elles se présentent, on a nommé le cadastre *cadastre parcellaire.* Par suite de cette opération, il a été dressé, pour chacune des 34,000 communes de la France, une série de plans en deux exemplaires, dont l'un est à la direction des contributions directes du département, et dont l'autre reste dans la commune. Ces plans consistent : 1° en un plan d'ensemble de la commune entière; 2° en feuilles séparées pour les *sections* qui divisent le territoire communal. Ces plans sont généralement à l'échelle de 1/2500 pour les plans de section, c'est-à-dire que 1 décimètre représente 250 mètres. Outre ces plans il existe deux registres ou séries de registres. L'un, portant le titre d'*états des sections*, contient par ordre de numéros toutes les parcelles cadastrées; l'autre, sous le nom de *matrice cadastrale*, renferme par ordre alphabétique les noms des propriétaires. Ces registres et ces plans doivent être communiqués à toute personne qui désire les consulter.

LARGEUR des raies ou bandes, distance des plants.	NOMBRE de plants ou tas par hectare.	LONGUEUR des raies ou bandes dans un hectare.	LARGEUR des raies ou bandes, distance des plants.	NOMBRE de plants ou tas par hectare.	LONGUEUR des raies ou bandes, dans un hectare.
mètres.		mètres.	mètres.		mètres.
0,10	1 000 000	100 000	0,60	27 755	16 666
0,11	826 446	90 909	0,61	26 863	16 393
0.12	694 444	83 333	0,62	25 985	16 129
0,13	591 716	76 923	0,63	25 185	15 873
0,14	510 204	71 428	0,64	24 398	15 615
0,15	444 444	66 666	0,65	23 654	15 384
0,16	390 625	62 500	0,66	22 952	15 151
0,17	346 208	58 823	0,67	22 260	14 925
0,18	308 642	55 555	0,68	21 609	14 705
0,19	277 008	52 631	0.69	20 996	14 492
0,20	250 000	50 000	0,70	20 391	14 285
0,21	226 757	47 619	0,71	19 824	14 084
0,22	206 600	45 454	0,72	19 265	13 888
0,23	189 000	43 478	0,73	18 741	13 698
0,24	173 600	41 666	0,74	18 252	13 513
0,25	160 000	40 000	0,75	17 768	13 333
0,26	147 900	38 461	0,76	17 292	13 157
0,27	137 100	37 037	0,77	16 848	12 987
0,28	127 500	35 714	0,78	16 435	12 820
0,29	118 800	34 482	0,79	16 002	12 658
0,30	111 000	33 333	0,80	15 625	12 500
0,31	104 000	32 258	0,81	15 227	12 345
0,32	97 667	31 250	0,82	14 859	12 195
0,33	91 809	30 303	0,83	14 496	12 048
0,34	86 494	29 411	0,84	14 186	11 904
0,35	81 624	28 571	0,85	13 829	11 764
0,36	77 172	27 777	0,86	13 502	11 627
0,37	73 062	27 027	0,87	13 202	11 494
0,38	69 221	26 315	0,88	12 904	11 363
0,39	65 740	25 641	0,89	12 611	11 235
0,40	62 500	25 000	0,90	12 343	11 111
0,41	61 951	24 390	0,91	12 056	10 989
0,42	56 644	23 809	0,92	11 793	10 869
0,43	54 056	22 255	0,93	11 556	10 752
0,44	51 619	22 727	0,94	11 299	10 638
0,45	49 372	22 222	0,95	11 067	10 526
0,46	47 219	21 739	0,96	10 836	10 416
0,47	45 241	21 276	0,97	10 609	10 309
0,48	43 388	20 833	0,98	10 404	10 204
0,49	41 616	20 408	0,99	10 201	10 101
0,50	40 000	20 000	1	10 000	10 000
0,51	38 416	19 607	2	2 500	5 000
0,52	36 979	19 230	3	1 108	3 333
0,53	35 569	18 867	4	625	2 500
0,54	34 262	18 518	5	400	2 000
0,55	33 051	18 181	6	277	1 666
0,56	31 862	17 857	7	204	1 428
0,57	30 765	17 543	8	156	1 250
0,58	29 721	17 241	9	123	1 111
0,59	28 696	16 949	10	100	1 000

Cette table est destinée à faciliter tous les calculs relatifs aux travaux dans lesquels des longueurs, des surfaces et même des volumes entrent comme élément d'appréciation, tels que la longueur par hectare des raies, lignes de plants, fossés, drains, etc. La quantité superficielle de plants, racines, gerbes, bottes, l'espacement et le volume à donner aux tas de fumiers ou amendements pour une fumure déterminée, etc., etc. Un certain nombre de questions que nous allons résoudre à l'aide de cette table, en feront mieux saisir les usages multipliés. On en comprend du reste, à la première vue, la disposition. La première colonne indique la distance existant entre les raies de charrue, les lignes, les plants ou les tas; la deuxième le nombre de *plants* ou *tas* par hectare, les chiffres de cette colonne sont le quotient de la division de 10,000 mètres, surface d'un hectare par le carré des chiffres de la première colonne[1]; enfin la troisième colonne indique quelle longueur on obtiendrait si l'étendue d'un hectare était divisée en *planches*, *raies*, *lignes* ou *passées* dont la largeur est donnée par la première colonne.

Une charrue trace un sillon de $0^{m},25$ *de large, combien parcourra-t-elle de chemin pour labourer un hectare?* Prenez dans la première colonne le chiffre 0,25, vous lisez à la troisième 40,000 mètres.

Un attelage travaille avec un rouleau de deux mètres de longueur, combien parcourra-t-il de kilomètres pour rouler un hectare? En regard de $0^{m},20$ dans la première colonne de la table vous trouvez dans la troisième 50000 mètres : soit pour 2 mètres, 5000.

Si on demande le temps employé pour le travail, il suffit de constater la vitesse de la marche de l'attelage. On se rendra compte de la vitesse de l'attelage par seconde en mesurant une longueur de raie faite en deux minutes par exemple et en la divisant par 120. Cette vitesse est variable, mais ces variations sont cependant, pour le travail ordinaire du cheval ou du bœuf, renfermées dans des limites assez restreintes, qui s'écartent rarement par seconde au minimum de $0^{m},40$, au maximum de $1^{m},10$. Soit par heure de 1440^{m} à 4000^{m}. Mais cette vitesse, en raison des tournées et des temps d'arrêts accidentels, doit encore se réduire de 1/10 plus ou moins. Le rapport de la vitesse par seconde, toutes compensations faites, et le chemin parcouru par un attelage, sont à peu près comme suit :

Vitesse par seconde.	Kilom. par heure.	Vitesse par seconde.	Kilom. par heure.
0m,35	1,260	0m,70	2,520
0m,40	1,440	0m,75	2,700
0m,45	1,620	0m,80	2,880
0m,50	1,800	0m,90	3,240
0m,55	1,980	0m,95	3,420
0m,60	2,160	1m,00	3,600
0m,65	2,340	1m,05	3,780

On prendra dans la 1re colonne de la table la largeur de raie, soit 0,25, et dans la 3e la longueur par hectare, soit 40 kilomètres, la vitesse de l'attelage étant de 0m,50 ou 1800 mètres à l'heure, le quotient de 1800 par 4000 indiquera le nombre d'ares labourés par jour de 10 heures. Ce nombre est de 42 dans le cas dont il s'agit.

Si la terre est labourée en billons de 0m,60 à 1m,20 comme dans une grande partie de la France, le tableau rend les mêmes services. On trouvera qu'un hectare renferme 14285 mètres de billons de 0m,70, 12,500 de 0m,80; 1,000 mètres du premier billon égalent 7 ares et la même longueur du second fournit 12 ares 50, il est dès lors facile de mesurer le travail fait à l'hectare.

On demande la longueur par hectare de lignes de betteraves ou de colza espacées entre elles à 0m,40. Cherchez 0m,40 dans la première colonne, en regard de la troisième vous trouverez le chiffre 25000 mètres, longueur de toutes les lignes par hectare; avec cette donnée on peut, si les plants ne sont pas également espacés dans les deux sens, trouver le nombre par hectare. Supposons l'espacement de 0m,30 *sur les lignes*, on divise 25000 mètres par 0,30, on obtient 83333 pour le nombre des plants.

Le même procédé servira encore à l'évaluation d'une récolte : on fait couper ou arracher 100 ou 200 mètres de lignes présentant la moyenne du champ et on en tire une proportion ; si par exemple 200 mètres de lignes de betteraves ont donné 400 kilog., le produit probable est de 2 kilog. par mètre ou 50,000 kilog. pour les 25,000 mètres. On peut évaluer de la même manière la coupe d'une prairie ; supposons les *andains* fauchés distants de 2 mètres de milieu en milieu, notre tableau indique 5000 mètres à l'hectare; pesez 100 mètres, ramenez-les à l'état de foin en en prenant 1/4 ou 1/5, suivant l'état de l'herbe, et multipliez le chiffre obtenu par 50 vous aurez approximativement le produit en foin.

On demande combien il faudra de plants de colza, betterave, etc., pour planter un hectare? Si la plante est également espacée dans tous les sens, le tableau vous donne immédiatement le nombre. Soit la distance 0m,35, vous lisez de suite 81624 plants. Si l'espace est différent sur un sens, procédez comme il est dit plus haut, prenez la longueur de la ligne et divisez par l'espace. On pourrait encore se contenter en ce cas d'une simple multiplication. Supposons, en effet, que l'espacement soit de 0m,50 sur un sens et de 0m,33 sur un autre, multipliez 0,33 par 0,50, cherchez le produit 0,165 ou le chiffre qui s'en rapprochera le plus dans la première colonne et lisez à la deuxième le nombre des plants, dans le cas actuel vous trouvez 0,16, nombre le plus rapproché de 0,165 et 62500 plants. Le véritable nombre est 60606, différence environ 3 à 4 p. 100.

Un hectolitre de pommes de terre moyennes en contient 1000 environ. Si la plantation est espacée de 0m,60 dans tous les sens, combien faudra-t-il par hectare d'hectolitres de semence. Le nombre de plants donné par le tableau avec cet espacement est de 27755, le nombre d'hectolitres est donc de 27.

Les semailles à la volée ou au semoir en lignes se régleront facilement avec la *table des espaces*. Pour ce cas il faut combiner la valeur du *jet*, de la *poignée* et du *pas*. Exemple : dans la semaille ordinaire du froment, l'étendue latérale du *jet* est de 6 pas, soit en moyenne 5 mètres qu'on sème à moitié à chaque passée ; le semeur avance à chaque jet de 2 *pas* ou de 1m,70, le *jet* ou la *poignée* est de 0 lit. 10 ; pour trouver avec notre table quelle est dans ces conditions la quantité semée, on prend à la 1re colonne la largeur de la *passée* = 2m,50 (ou 0m,25), et on trouve à la 3e, longueur parcourue par le semeur par hectare, 4000 mètres ; divisez ce nombre par chaque progression du semeur, 1m,70, vous aurez 2353 jets de 0 lit. 01 ou 235 lit. 3.

Si, au lieu de 235 litres, on voulait semer 3 hectolitres, on poserait la proportion suivante : 435 : 4000 :: 300 : x ; $x = 5010$. Cherchez ce chiffre à la 3e colonne, vous trouverez le nombre 50000 qui s'en rapproche le plus et qui répond au chiffre 2 mètres à la première colonne : on fera donc une *passée* large de 2 mètres, en conservant au semeur le même pas et la même *poignée*.

On veut semer 12 *à* 13 *hectolitres de poudrette à l'hectare*. On réduira la *passée* à 2 petits pas ou 0m,17, ce qui donnera, d'après la table des espaces, un trajet par hectare de 5880m, On lancera deux *jets* à chaque pas ou par 0m,85, soit 6811 × 0 lit, 2 = 13 hectol. 61.

Notre table sera encore utile pour l'espacement des *sacs et tas à semer* ou à planter.

Il peut être intéressant de savoir dans quelle proportion les amendements ou les terres apportées ont augmenté la couche de terre à laquelle on les a mêlées. Le tableau des espaces est insuffisant pour la résoudre; mais nous ajoutons ici une autre table très-courte qui répond aux questions de ce genre; la première colonne exprime la quantité de marne ou terre répandue sur 1 hectare; cette colonne s'applique à l'*are* en reculant la virgule à gauche de 2 rangs, et au *mètre* en la reculant de 4 rangs; la deuxième, l'épaisseur de la couche que formerait cette quantité en la supposant uniformément répartie. La troisième colonne indique le rapport de l'engrais ou de la matière répandue sur la masse de terre arable, la couche étant supposée de 25 centimètres de profondeur.

Quantités par hectare. m. c.	Épaisseur de la couche. mètres.	Proportion avec la couche arable.
0,100	0,00001	1/25000
0,500	0,00005	1/5000
1,000	0,00010	1/2500
5,000	0,00050	1/500
10,000	0,00100	1/250
50,000	0,00500	1/50
100,000	0,01000	1/25
500,000	0,05000	1/5
1000,000	0,10000	2/5
5000,000	0,50000	2/3
10000,000	1,00000	4/1

D'après ce tableau, un marnage de 1,000 hectolitres ou 100 mètres cubes par hectare fournirait une couche de 1 millimètre d'épaisseur, et si la profondeur de la couche arable non calcaire était de $0^{m},250$ et la marne de carbonate de chaux pur, le sol aurait reçu 4 millièmes de carbonate; on voit encore qu'il faudrait charrier 2,500 mètres cubes de terre pour constituer sur un hectare une couche de 25 centimètres (sans tenir compte du foisonnement de la terre remuée).

On veut fumer à 40,000 kilog. par hectare, en faisant des tas d'un quart de mètre cube ou de 200 kilog. environ, à quelle distance devra-t-on placer les tas? 40,000 divisé par 200 = 200 tas, cherchez dans la 2e colonne de la table des espaces le chiffre qui se rapproche de celui-ci. Ce chiffre est 204 que vous trouvez vis-à-vis de 7 mètres, on devra donc placer les tas à 7 mètres. Veut-on faire une fumure de 30,000 mètres seulement en conservant également les tas de 200 kilog., on n'a plus que 150 tas, on devra les mettre à 8 mètres et on aura, comme l'indique le tableau, 156 tas, nombre très-rapproché de 150.

On marne au sac de 80 litres ou $0^{mc},080$, on veut mettre 190 mètres de marne à l'hectare, à quelle distance devront être vidés les sacs, 90 divisé par 0m,080 = 1124 tas. Vous cherchez dans la troisième colonne du tableau le chiffre qui se rapproche le plus de celui-ci, c'est 1108 qui correspond à un espacement de 3 mètres entre les tas.

La même table servira encore à calculer le nombre de drains par hectare s'ils sont uniformément espacés; ainsi à 12 mètres d'écartement des drains la table indique 833 mètres de longueur, soit 2380 tuyaux de 0m,35 par mètre.

Le lecteur trouvera de lui-même les autres applications de ce tableau.

Notre table ne comprend que les nombres de 1 décimètre à 10 mètre, mais pour l'appliquer aux mètres ou aux centimètres, il suffira de supprimer ou d'ajouter par la pensée des chiffres décimaux à droite ou à gauche. *Exemples :* A la distance de 0m,10 un hectare contient 1000000 de plants, si la distance des plants était de 0m,01 il en contiendrait 100000000, si cette distance était de 1 mètre il n'en contiendrait que 10.000; en principe si on recule la virgule d'un rang à gauche dans la première colonne, on l'avance de deux chiffres à droite dans la deuxième; au contraire si on avance la virgule d'un rang à droite dans la première colonne on la recule de deux chiffres à droite dans la deuxième colonne. Même opération pour la troisième colonne avec cette différence qu'on n'avance ou ne recule la virgule que d'un rang. Si la raie est de 0m,10 de large il y en aura 100000 mètres de longueur dans un hectare, et 10,000 seulement si la bande a 1 mètre de largeur.

Si on veut connaître le nombre de plants ou la longueur de raie par *are*, on supprimera par la pensée deux chiffres dans les deuxième et troisième colonnes. Ainsi 1 hectare contenant 1,000,000 de plants avec un espacement de 0m,10 1 are en contiendra 10,000.

CHAPITRE V. — NIVELLEMENT.

§ Ier. — *Définitions.*

Le nivellement consiste à déterminer les hauteurs d'une ligne ou d'une surface et à mesurer ces hauteurs au moyen de verticales élevées de cette ligne ou de cette surface à une ligne ou à un plan de comparaison appelées *ligne* ou *plan de niveau*, la distance d'un point à la ligne ou à la surface de niveau est la *cote* de ce point.

Cette opération se fait à l'aide d'instruments appelés *niveaux*.

CHAPITRE III. — NIVELLEMENT.

§ 1er. — Pentes.

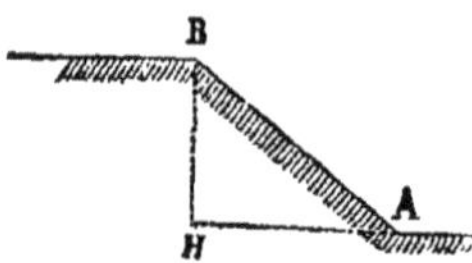

Fig. 69.

Des pentes. On nomme *pente* le degré d'inclinaison d'un plan par rapport à un plan horizontal. On mesure la pente d'un plan par la distance perpendiculaire BH (fig. 69) qui existe entre l'extrémité B du plan incliné BA et la base HA. Soit la hauteur BH 6 mètres et la base HA 10 mètres, la pente $= \frac{6}{10}$. On indique les pentes par le rapport décimal du mètre; ainsi on dit une rampe de 1, 2, 3 centimètres par mètre, ou par abréviation de 1, 2, 3 centièmes ou millièmes.

Les talus se mesurent non plus en divisant la hauteur par la base comme pour les rampes, mais la base par la hauteur, ainsi le talus (fig. 69) qui se projette horizontalement en AH et verticalement en BH, se mesure par les valeurs de $\frac{AH}{BH}$; soit AH de 10 mètres et BH de 6 mètres, le talus sera de $\frac{10}{6}$ ou de 10 mètres de base pour 6 mètres de hauteur ; le même usage est suivi pour indiquer le *fruit* des murs, c'est-à-dire la légère inclinaison qu'on leur donne du côté intérieur. On dit également $\frac{1}{10}$ ou $\frac{1}{20}$ de *fruit*. L'expression d'un talus donnant la base et la hauteur, on en déduit facilement la pente en divisant la hauteur par la base ; ainsi un talus de $\frac{1}{2}$ de base $= \frac{2}{1}$ ou 2 de pente.

Lorsqu'on connaît deux des trois dimensions d'une rampe ou d'un talus (la base HA, la hauteur BH et la longueur BA) on en retrouve la troisième à l'aide des propriétés du carré de l'hypoténuse. Ainsi

$$BH = \sqrt{BA^2 - AH^2} \quad BA = \sqrt{AH^2 + BH^2}$$
$$AH = \sqrt{BA^2 - BH^2}$$

Les pentes s'évaluent encore quelquefois par l'ouverture de l'angle qu'elles forment avec le plan de l'horizon. On dit une pente de 2, 3, 4, etc., degrés. Voici le rapport de quelques pentes en décimales et en degrés.

Pentes exprimées en décimales.	Pentes exprimées en degrés et minutes.	Pentes exprimées en décimales.	Pentes exprimées en degrés et minutes.
0m,001	0°, 3′	0m,090	5°,08
0m,005	0°,17′	0m,100	5°,42′
0m,010	0°,34′	0m,150	8°,31′
0m,015	0°,51′	0m,200	11°,18′
0m,020	1°,08′	0m,300	16°,41′

Pentes exprimées en décimales.	Pentes exprimées en degrés et minutes.	Pentes exprimées en décimales.	Pentes exprimées en degrés et minutes.
0m,025	1°,25′	0m,400	21°,48′
0m,030	1°,43′	0m,500	26°,34′
0m,035	2°,00	0m,600	30°,57′
0m,040	2°,17′	0m,700	34°,59′
0m,050	2°,51′	0m,800	38°,39′
0m,060	3°,26′	0m,900	41°,59′
0m,070	4°,00	0m,950	43°,21′
0m,080	4°,34′	1m,000	45°,00

§ II. — *Niveaux.*

Les niveaux les plus généralement employés sont le *niveau à perpendicule*, le *niveau d'eau* et le *niveau à bulle d'air*. On emploie encore les *nivelettes*.

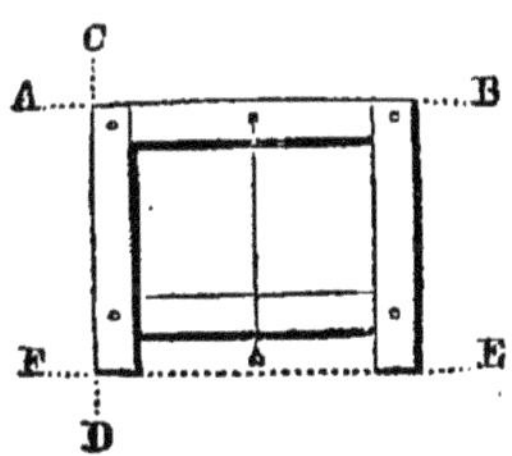

Fig. 70.

Le niveau à perpendicule (fig. 70) est employé par les maçons, celui de charpentier n'en diffère que par la forme triangulaire; le niveau de *maçon* peut s'appliquer à des lignes horizontales A B, E F, ou verticales D C et vérifie les angles de 90°. Ces niveaux s'emploient de plusieurs manières. La plus simple est la suivante :

Soit à tirer une ou plusieurs lignes de niveau destinées à rendre horizontal un terrain *abdc* (fig. 71), représenté en plan par X et en profil par X′. Par la ligne *ef*, milieu de ce terrain, on mène le nivellement, qui donne la coupe du terrain X suivant la ligne *ef*. On se munit à cet effet de deux règles de trois mètres et d'un double mètre divisé en centimètres. La ligne à niveler étant bien déterminée, on pose de champ en *e*′ à l'origine de cette ligne, et dans la direction à peu près horizontale, une des règles; on appuie à sa partie supérieure un niveau à plomb; on lève ou on abaisse la règle jusqu'à ce que la corde couvre la *ligne de foi;* alors on enfonce en *g* un piquet sur la tête duquel on appuie la règle ainsi horizontale; puis on pose l'autre règle exactement au bout de la première, toujours dans la direction de la ligne *ef*; on la maintient également horizontale et on plante en *p* un nouveau piquet affleurant son extrémité inférieure. Si on voulait, au lieu

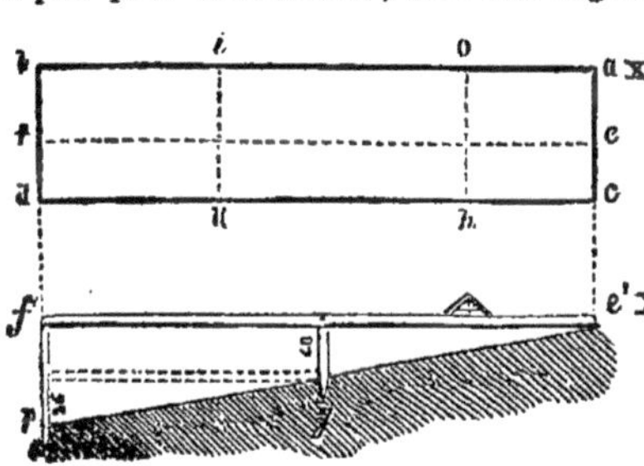

Fig. 71.

d'une *ligne*, établir une *surface* de niveau, on ferait mouvoir la règle horizontalement et on tracerait une autre ligne de niveau qui croiserait la première ; ces deux lignes détermineraient le plan du niveau. On comprend qu'à l'aide de la première ligne horizontale *ef*, on peut en établir une autre qui lui soit parallèle, comme *ab*, ou perpendiculaire comme *ho*, *ik*. En déterminant ces lignes par la tête de nouveaux piquets, on aura un plan horizontal passant par ces têtes. On peut encore remplacer les règles par un fort cordeau bien tendu sur lequel on pose le niveau légèrement, de manière à ne pas faire fléchir le cordeau.

Dans le cas où on ne voudrait que niveler la ligne *ef*, après avoir obtenu la première hauteur en *g* de $0^m,40$, on pose la règle sur le sol en *g*; on trouve encore $0^m,25$ en *f*, hauteur totale, $0^m,65$ pour la longueur des deux règles ou 6 mètres. On opère de la même manière pour mesurer la pente d'une route, d'un terrain quelconque, etc.

Si maintenant on voulait *coter*, c'est-à-dire indiquer les hauteurs des différents points de la surface du terrain, on n'aurait qu'à prendre la hauteur même des piquets. On aurait : cote $g = 0^m,40$, cote $p = 0^m,65$. La cote est ainsi rapportée à la ligne de comparaison *e' f*. Mais on la rapporte ordinairement à un plan de plusieurs mètres en dessus ou en dessous du point le plus élevé ou le plus bas de la surface à niveler.

On remplace quelquefois les deux règles et le niveau par un assemblage fixe consistant en une règle de 3 mètres (fig. 72), surmontée d'un niveau à perpendicule. Cette règle doit, pour conserver la ligne droite, être de bois bien sec, ou composée de deux règles assemblées par des chevilles ou boulons; on doit, du reste, en vérifier fréquemment l'exactitude à l'aide du niveau à bulle d'air; la forme en indique l'usage.

Fig. 72.

On emploie encore cet instrument à déterminer des pentes fixées d'avance; pour le rendre propre à cet usage, on place cette règle bien horizontalement. le fil à plomb correspondant à la ligne de foi déjà tracée sur le bois et qui indique la verticale. On élève alors l'une des extrémités en plaçant au-dessous une petite cale d'une épaisseur donnée, et on marque sur le bois la nouvelle ligne qu'indique le fil à plomb. Si la longueur de la règle est de 3 mètres, par exemple, et que la cale ait une épaisseur de $0^m,03$, la longueur de l'instrument indiquera une inclinaison de $0^m,03$ ou de 1 pour 100. Enfin, on peut élever le niveau à perpendicule sur un trépied, comme le niveau d'eau, et quand la règle est bien horizontale, diriger un rayon visuel dans la direction de ses arêtes. On le ramène, dans ce cas, au même usage que le niveau d'eau.

Niveau à bulle d'air. Le niveau à bulle d'air (fig. 73), inventé par Thévenot, consiste en un tube de verre de forme cylindrique, presque entièrement rempli d'un liquide (d'esprit-de-vin ordinairement), et fermé hermétiquement à ses deux bouts, de manière à laisser un petit espace occupé par une bulle d'air, ou absolument vide. Ce tube est renfermé dans un tuyau de cuivre qui laisse voir les mouvements de la bulle par une petite échancrure ou fenêtre pratiquée à sa partie supérieure. Le tube, avec sa garniture, repose sur une règle de cuivre dont la face inférieure doit être horizontale lorsque la bulle s'arrête au milieu du tube. Des traits tracés sur le verre, ou deux petites brides de métal, limitent les points où doit s'arrêter la bulle quand l'instrument est sur une surface horizontale ou de niveau.

Fig. 73.

Cet instrument, très-sensible, peut remplacer le niveau de maçon pour les nivellements décrits plus haut. On le vérifie en le plaçant sur une surface bien horizontale, et, en l'examinant après l'avoir retourné *bout à bout*, la bulle doit toujours reprendre sa position.

Le niveau d'eau repose sur ce principe que *les surfaces de deux colonnes d'eau communiquant entre elles se mettent toujours de niveau.*

Cet instrument consiste en un tube de cuivre ou de fer-blanc (fig. 74), de $0^m,04$ de diamètre et de $1^m,20$ environ de longueur, relevé à angle droit à ses deux extrémités, de manière à former deux coudes

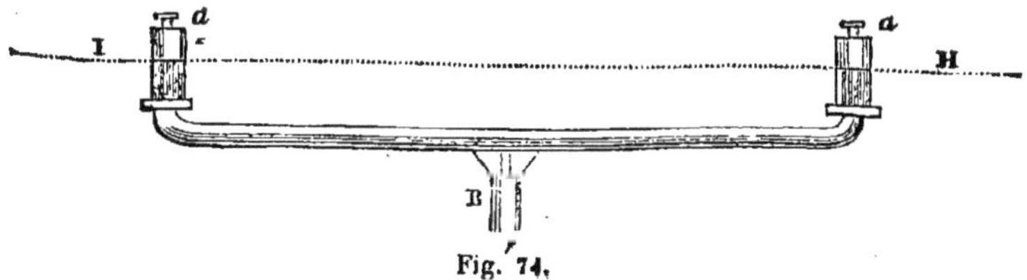

Fig. 74.

de $0^m,06$ de hauteur, surmontés par deux fioles en cristal *aa* d'égal diamètre. Un étroit orifice existe à l'extrémité supérieure de ces fioles. Au milieu du tube est fixée une douille B, qui sert à fixer l'instrument sur un trépied semblable à celui du graphomètre. Lorsque l'instrument est ainsi établi, on le remplit d'eau ordinaire ou colorée en rouge, jusqu'à ce que cette eau monte vers la moitié des fioles. En vertu de la loi indiquée plus haut, les deux surfaces du liquide, dans chaque tube, sont de *niveau*, et pour établir ou prolonger une ligne horizontale, il suffit de diriger un rayon visuel IH tangent aux deux surfaces. Le rayon visuel est dirigé toutefois non pas au travers des fioles, mais sur le côté en les affleurant au point où s'arrête la ligne.

On doit tenir les verres des fioles parfaitement nets et éviter d'en approcher des matières grasses. Lorsqu'on y versera de l'eau, on maintiendra l'instrument bien horizontal; on s'assurera de cette horizontalité en lui faisant faire un tour d'horizon; on purgera complétement le tube d'air à cet effet. On l'enlèvera et on le tiendra un instant dans une situation verticale, en bouchant l'un des orifices avec la main. Lorsqu'on transportera l'instrument, on tiendra également un doigt sur l'un des orifices pour éviter le jaillissement de l'eau.

La *mire* accompagne toujours le niveau d'eau; elle se compose du *voyant* et du *corps* de la mire. Le voyant (fig. 75) est une plaque de forme rectangulaire, dont la face, qui doit être présentée à l'observateur, est divisée en quatre carreaux dont deux sont blancs et les deux autres rouges ou noirs. C'est au centre d'intersection des lignes que se dirige le rayon visuel. Le voyant est fixé sur un bracelet (fig. 76) muni d'une vis de pression A, qui permet de l'élever ou de l'abaisser à volonté le long de la règle de la mire et de l'y fixer à la hauteur qu'on désire.

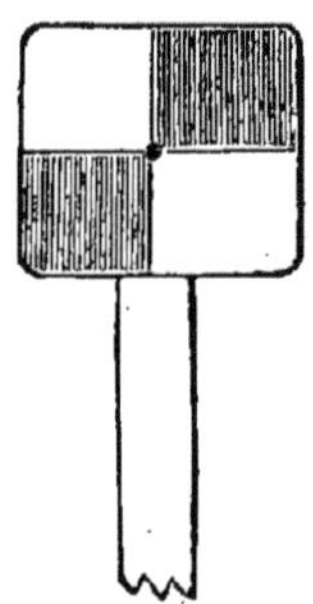

Fig. 75.

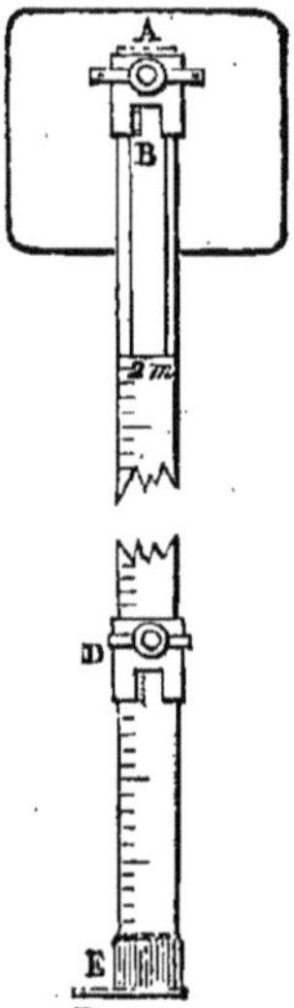

Le corps de la mire se compose d'une forte règle faite d'un bois dur bien sec de 2 mètres de hauteur. Afin qu'elle puisse servir à mesurer des côtés de plus de 2 mètres, cette règle est formée de deux parties glissant l'une sur l'autre au moyen d'une languette, de manière qu'on peut élever le voyant jusqu'à

Fig. 76.

$3^m,50$, ce qu'on appelle *déployer la mire*. Le dos de la mire est divisé en décimètres, dont le 0 est à son pied. Cette graduation est complétée par une petite échelle B fixée à l'embrasse du voyant, dont le 0 correspond à la ligne *de foi* et sur laquelle on lit le nombre de millimètres qu'il faut ajouter aux centimètres trouvés lorsque le côté est inférieur à 2 mètres. Dans le cas où elle est plus forte, la même graduation peut servir au moyen d'une autre petite échelle adhérente à l'embrasse D de la règle à languette, dont le 0 est à 2 mètres exactement en dessous du centre du voyant. On ajoute 2 mètres à la hauteur qu'on lit au-dessous de ce 0 sur la règle immobile.

La mire devra être posée solidement d'aplomb, sur un terrain résistant, et maintenue bien verticale. Les signaux qu'on fait au porte-mire sont ordinairement les suivants : pour indiquer que la mire penche, on porte la main du côté opposé ; pour faire hausser ou baisser le voyant, on élève ou on abaisse la main à plusieurs reprises. Pour indiquer que le porte-mire doit faire usage de la coulisse, on porte la main au-dessus de la tête, on l'élève à plusieurs reprises. Le porte-mire lit la cote à haute voix, l'observateur écrit l'indication, et le porte-mire vient à lui pour lui faire vérifier la cote. En général, on ne doit pas viser au delà de 30 à 40 mètres, car au delà de cette distance on est exposé, à cause de la capillarité, qui imprime une certaine convexité à la surface du liquide, à commettre des erreurs.

§ III. — *Opération du nivellement.*

Dans les opérations du nivellement, on emploie diverses dénominations qu'il importe de bien connaître. On appelle *station* l'endroit où l'on pose l'instrument, c'est-à-dire une distance située entre deux points sur lesquels on pose la mire. Chaque station porte un *nivellement simple ou partiel*. Quand sur une distance donnée on fait plusieurs stations successives, le *nivellement* est dit *composé*.

On distingue les coups de niveau que l'on donne entre deux points en coups d'avant et coups d'arrière. Le *coup d'avant* est celui que l'on donne en se tournant du côté du point de départ ; le *coup d'arrière* est celui que l'on donne en regardant ce point. Le coup d'arrière est celui que l'on donne en premier lieu à chaque station. La différence de niveau d'un point à un autre est dite *positive*, quand le terrain va en descendant. On la nomme négative dans le cas contraire.

On donne le nom de *point de repère* à la marque que l'on trace sur le sol pour indiquer les endroits où la mire a été placée.

Pour déterminer la différence de niveau d'un point A à un point B (fig. 77), on procède de la manière suivante : On placera le niveau au point *a*, qui est à peu près intermédiaire entre les deux points, en ayant soin que la ligne de visée *zx* soit un peu plus élevée que le point *m*. On fait ensuite placer la mire en A et on donne un coup de niveau d'*arrière*, puis le porte-mire va placer la mire en *m*, et l'obser-

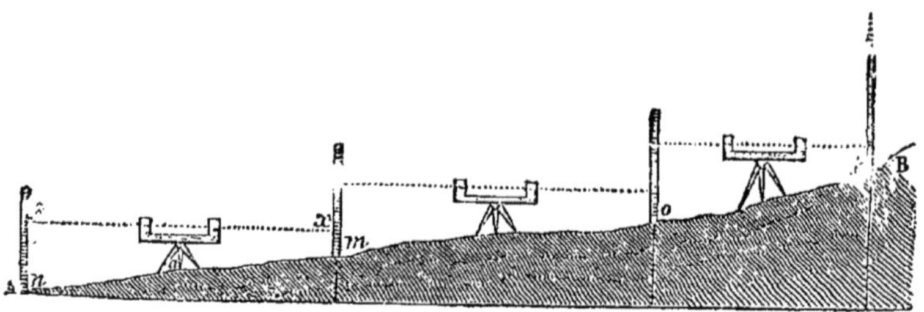

Fig. 77.

vateur donne un coup de niveau d'*avant*. Si la ligne de visée tombe en *x*, on a une ligne horizontale *zx* qui sert à déterminer l'élévation du point *n* au-dessus du point *m*. Soit la hauteur en *n* $1^m,80$, et en *m* $0^m,50$, on aura la hauteur réelle de *m* au-dessus de $n = 1^m,30$. On opère de même dans les deux stations suivantes entre *m* et *o*, entre *o* et *p*, en donnant toujours à chaque station un coup d'avant et un coup d'arrière. On trouve ainsi la hauteur de *o* au-dessus de *m*, celle de *p* au-dessus de *o*.

On consigne les résultats qu'on obtient pendant l'opération à l'aide d'un croquis du terrain qu'on nivelle, sur lequel on inscrit les coups avant et les coups arrière des divers points, ainsi que les stations du niveau. On tient aussi une minute du nivellement, qui peut être disposée comme le tableau suivant, où nous inscrirons les résultats du nivellement dont on vient de donner la figure.

Stations.	Repères.	Distance horizontale.	Coup d'arrière.	Coup d'avant.
1	*n*	28	$1^m,80$	»
	m	32	»	$0^m,50$
2	*m*	38	$1^m,50$	»
	o	36	»	$0^m,60$
3	*o*	22	$1^m,20$	»
	p	24	»	$0^m,40$
		180	$4^m,50$	$1^m,50$

On voit d'après ce tableau que la différence de hauteur de *n* en *m* est de $0^m,80—0,50$ ou $0^m,30$; celle de *m* en *o* de $1^m,50—0,60$ ou $0^m,90$; celle de *o* en *p* de $1^m,20—0,40$ ou $0^m,80$. On voit encore que la hauteur totale de la ligne de n en p s'obtient en retranchant la somme de coups d'avant de celle de coups d'arrière. Cette hauteur $= 4^m,50 - 1^m,50$ ou 3 mètres. La distance de la ligne étant de 180 mètres, sa pente est de $\frac{3}{180}$ ou environ 0,016, ou enfin 16 millimètres par mètre. On comprend comment on devrait opérer s'il y avait des contre-pentes ; on exprimerait alors que la pente est en descendant ou en montant.

Trouver aux environs d'un point donné sur le terrain plusieurs points situés au même niveau que le point donné. Installez le niveau à une distance convenable du point donné, faites poser la mire sur celui-ci et amenez la ligne de foi du voyant à la hauteur du rayon de visée, puis fixez la mire. La mire ainsi fixée est portée et posée sur différents points autour de la station. On dirige une ligne de visée ; si cette ligne tombe dans le voyant, le pied de la mire est sur un point de niveau. Si on ne trouvait pas de point de niveau, on creuserait un peu le sol dans le cas où il serait trop élevé, et s'il était trop bas on planterait un piquet faisant saillie à la hauteur convenable. Les points de niveau ainsi trouvés peuvent servir à établir une ligne ou un plan de niveau.

Tracer une courbe de niveau. Sur le terrain, on procède de même que dans le cas précédent. Mais comme cette courbe, en se prolongeant, oblige à changer de station, lorsque ce changement doit avoir lieu, le porte-mire reste au dernier point déterminé, et quand on a établi le niveau dans une nouvelle station convenable, on vise sur ce point et on fait tourner ou baisser le voyant sur la règle de la mire, jusqu'à ce que la ligne de foi se trouve dans le nouveau rayon visuel. Alors on fixe la mire et on opère comme il a été déjà indiqué.

Un point A étant donné sur le terrain, en trouver un autre B qui soit à une hauteur déterminée au-dessus ou au-dessous du premier, de $0^m,40$, par exemple. On met l'instrument à portée des points A et B. Si la distance le permet, on fixe, par un coup d'arrière, la cote du point A, soit $1^m,50$. Si on veut un point de 40 centimètres plus bas, on baisse le voyant de $0^m,40$, et on cherche un point où la mire étant posée la ligne de visée corresponde à la ligne de foi. Si le point à trouver devait être plus élevé de $0^m,40$, on abaisserait au contraire de cette hauteur.

Trouver le point le plus élevé ou le plus bas d'un champ. Ce point est toujours connu approximativement ; on jalonne, dans la direction où on peut le rencontrer, plusieurs lignes, et le niveau étant en station à proximité on promène la mire sur ces lignes. Tant que le voyant doit être baissé pour arriver au rayon visuel, le terrain continue à monter. Si le contraire a lieu, c'est que la surface va en baissant ; on trouve, par le tâtonnement, le point dont la cote est la plus élevée.

Tracer sur le terrain une ligne qui présente une pente de 0^{m},005 *par mètre.* Ceci revient à trouver un point au-dessus ou au-dessous d'un autre, d'une hauteur déterminée. Installez l'instrument, donnez un coup de niveau pour fixer le point de départ. Soit la cote en ce point, que nous nommerons A, 1^{m},75, fixez le voyant de manière à ce qu'il donne une cote de 1^{m},70, et prenez une chaîne de 10 mètres déployée, dont un des bouts sera fixé au point de départ; puis, fixant la mire à l'autre extrémité, promenez-la sur le terrain jusqu'à ce qu'elle arrive en un point où la ligne divisée correspond à la ligne de foi du voyant, il y a en effet 0^{m},005 de pente; car la différence de 1^{m},75 à 1^{m},70 représente les inégalités d'une surface, soit en plan, soit en coupe.

Nivelettes. Lorsqu'on a déterminé à l'aide d'un niveau un ou plusieurs points dans un plan ou sur une ligne, on peut se servir de nivelettes pour régler la ligne ou le plan dans toute son étendue. La nivelette consiste dans une espèce de jalon (fig. 78) portant à sa partie supérieure une planchette peinte ordinairement de deux couleurs d'un côté, de manière que l'intersection de ces couleurs forme au milieu une ligne de foi. On opère avec trois nivelettes de la manière suivante.

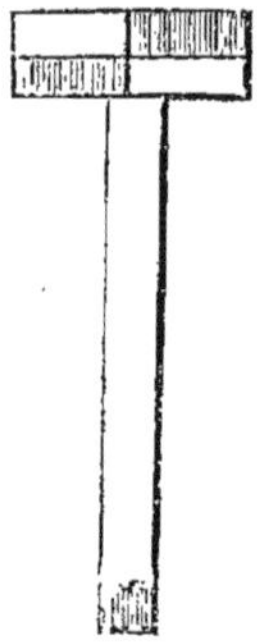

Fig. 78.

Soit à établir à travers le terrain dont la figure 79 *présente le profil une ligne de niveau* EF. On détermine d'abord deux points de niveau *ab*, où on plante deux piquets de *repère* dont la tête affleure ce niveau; on fixe ou on fait tenir par un aide sur le piquet *a* la nivelette B, dont la ligne de foi répond à la hauteur du bord supérieur des deux autres nivelettes, puis l'opérateur place en *b* la ni-

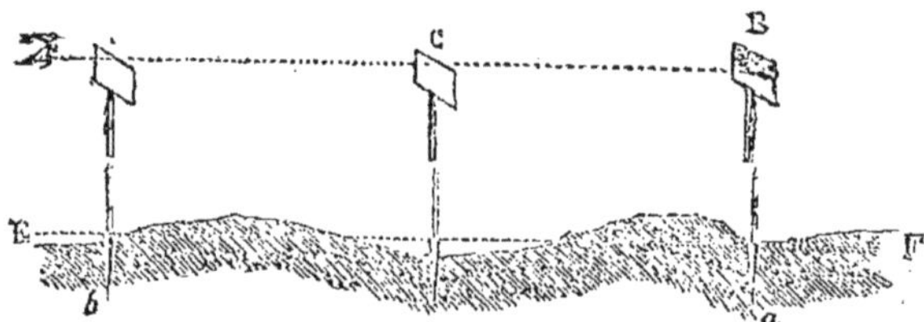

Fig. 79.

velette A et fait promener par un autre aide la troisième nivelette C sur la ligne EF; en même temps il dirige par le sommet de la nivelette A un rayon visuel vers la ligne de foi de la nivelette B, qui doit également affleurer le sommet de la troisième nivelette. Si celle-ci est au-dessous de cette ligne, l'aide enfonce un piquet qu'il laisse sortir du sol de la hauteur voulue pour que, la nivelette étant posée dessus, l'affleurement ait lieu comme dans la figure 77. Dans le cas contraire, il creuse un peu le sol, jusqu'à ce que la nivelette placée dans cette dépression soit à la hauteur voulue.

Quand les repères sont ainsi convenablement placés, l'opération du nivellement est terminée, et la ligne E F indique toute la quantité de terre qu'il faudra déplacer en *remblais* ou *déblais*, pour obtenir par le terrassement une pente ou une surface régulière.

Les nivelettes servent également dans le drainage pour régler le fond des drains. Une nivelette étant placée au point le plus bas du drain et une autre à l'extrémité supérieure. Il suffit de quelques coups de nivelette intermédiaires pour rendre la pente uniforme.

Un moyen très-simple d'avoir un plan horizontal qui puisse servir de visée, consiste à creuser une rigole en T, qu'on remplit d'eau; aux trois extrémités, on plante des piquets exactement de même hauteur à partir du niveau de l'eau; une règle ou une corde tendue sur ces piquets donnera une ligne d'alignement qu'on peut prolonger dans toutes les directions

§ IV. — *Plans et tracés du nivellement.*

Le nivellement a pour but de déterminer soit les pentes d'une ligne par laquelle doit passer une route, un canal, une *rigole*, etc., soit le *relief* de la surface d'un terrain étendu. Dans le premier cas, pour conserver les traces du travail, il suffit de *niveler* une bande plus ou moins large et de la tracer sur un plan, s'il en existe, ou sur une zone de plan figurée dans ce but, en l'accompagnant de *coupes* et de *profils*.

Dans le second cas, on lève le plan total de la propriété par les moyens ordinaires et on relève, à l'aide d'un nivellement complet, un certain nombre de points *isolés* ou destinés à être reliés par des *courbes horizontales*.

Il est toujours très-utile d'avoir dans une exploitation un plan avec les cotes de nivellement; ce plan devient la base des travaux qu'on doit exécuter, tels que irrigations, assèchements, drainages, ensillonnement des pièces, plantations, constructions, etc.

Si la surface du terrain est presque plane, avec quelques pentes faibles et bien accusées par le cours des eaux, il suffira de prendre quelques cotes dans les parties plus basses et plus élevées. Si le sol est très-accidenté avec pentes variées, on coupe le terrain par des lignes *normales* (perpendiculaires) à l'un des côtés du terrain pris pour base, et sur ces lignes qu'on fait, autant que possible, passer par les points les plus élevés ou les plus bas, on relève des cotes assez nombreuses qu'on reporte sur le plan. Ces traces servent plus tard à diriger des lignes de pentes ou de niveau sur le plan, sans travail nouveau sur le terrain.

Le *tracé de courbes horizontales* est un moyen plus expéditif et plus sûr pour l'étude d'un assainissement, d'un drainage, d'une irrigation, opérations les plus fréquentes sur une exploitation. Nous empruntons en partie la description de ce procédé aux instructions pratiques sur le drainage de M. H. Mangon. Sur un terrain ABCDEF et dans la direction de la pente du sol autant que possible, pente que nous supposerons allant de B en D et de A en E, la portion la plus haute du champ étant sur la ligne AB (fig. 80), on détermine avec des jalons une série de lignes parallèles équidistantes 1, 1; 2, 2; 3, 3..., etc., espacées de 40 mètres, plus ou moins, suivant que le terrain est accidenté. Pour déterminer ces parallèles il suffit de tracer d'abord une ligne arbitraire 4, 4, par exemple; on pose l'équerre en *d*, puis en *d'*, et on coupe cette ligne par deux perpendiculaires sur lesquelles on place, à des distances égales *a b c d*.... et *a' b' c' d'* ....., les jalons par lesquels on fait passer les parallèles 1, 1; 2, 2 ..., etc.

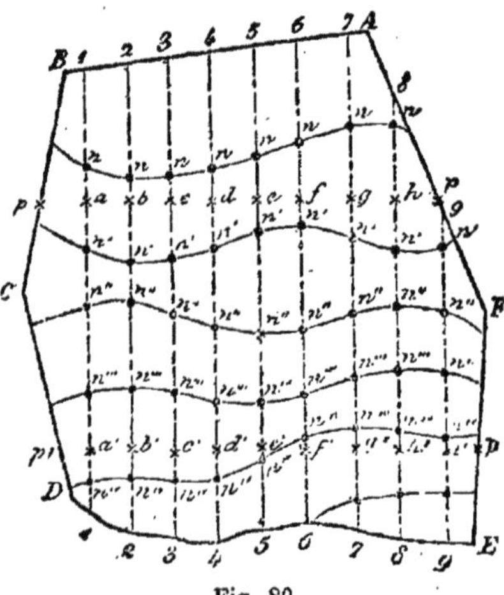

Fig. 80.

Les choses étant ainsi disposées on procède au nivellement, mais préalablement on le rattache à un *repère* ou point fixe quelconque, soit au plan supérieur d'une borne plantée en A et que nous supposerons à 10 mètres au-dessus d'un plan pris pour terme de comparaison.

Le niveleur met un niveau en station, en un point d'où il puisse embrasser d'un coup d'œil le plus grand espace possible d'une seule visée; puis il fait placer le porte-mire en un point de la ligne 1, 1, entre la station et le bord AB du champ, soit au point *n*. Le porte-mire, après avoir fixé très-solidement le voyant de la mire à $0^m,50$ par exemple au-dessous du repère, soit $9^m,50$ au-dessus du plan de comparaison, place en ce point un jalon facile à distinguer des autres par la couleur du papier ou tout autre signe (il est bien d'enfoncer à son pied un piquet à *encoche* portant l'indication de la *cote* $9^m,50$ de la courbe qu'on va tracer); l'aide se transporte ensuite sur la ligne 2, 2, etc..., monte ou descend sur cette ligne suivant les indications de l'opérateur, jusqu'à ce que le voyant de la mire se trouve de nouveau dans la ligne de visée du niveau qui est toujours à la même station; le porte-mire pose également un jalon et un piquet, puis continue la même opération sur les lignes 3, 4, 5, etc. Les points *nnn*... ainsi obtenus sont tous au même niveau, il suffit de les réunir par une courbe pour avoir la première ligne de niveau *nn*... Cette première ligne déterminée, on élève (puisqu'on a supposé qu'on avait commencé par le haut de la pièce) le voyant de la mire de l'espace qu'on veut mettre entre les plans horizontaux d'opération, soit $0^m,50$, et l'on détermine, toujours sans changer le niveau de place, une nouvelle série de points *n'* placés dans un plan inférieur de $0^m,50$ aux points *n*, c'est-à-dire à 9 mètres au-dessous du plan de comparaison. Puis on élève de nouveau le voyant de la mire de $0^m,50$, et on détermine une nouvelle série de points *n''* qui se trouvent à la cote $8^m,50$ au-dessus du plan de comparaison. On opère de même sur les autres lignes.

Lorsqu'on doit déplacer le niveau pour passer soit d'une courbe à une autre, soit d'un point d'une même courbe à un autre point, il suffit de faire rester le porte-mire au dernier point déterminé, de déplacer le niveau, de ramener le voyant dans sa nouvelle ligne de visée, et de continuer à opérer comme on l'aurait fait sans le déplacement de l'instrument et du voyant.

Pour rapporter à la fois le plan et le nivellement sur le papier, il ne reste plus qu'à chaîner sur les lignes 1, 1; 2, 2; etc., les distances *n' n'' n'''*, etc., et à les inscrire sur une feuille de papier quadrillé; l'échelle la plus commode est celle de $1^m/_m$ pour mètre.

On a encore recours aux lignes de niveau et aux *sections horizontales* pour représenter un sol très-accidenté.

La figure 81 représente le *plan* et le profil à $\frac{1}{1000}$ d'un monticule dont trois courbes de niveau *a b c* déterminent approximativement le relief, les courbes sont supposées être à 5 mètres de distance verticale. Le profil qui occupe la partie inférieure de la figure a été fait suivant la direction de la droite OP ; la ligne *a* P et la ligne *u* O peuvent être considérées comme des lignes de plus grande pente, lignes variables suivant le relief du terrain, mais en général normales aux lignes de niveau. Pour obtenir ce profil, il a suffi d'abaisser des perpendiculaires de chacun des points d'intersection des courbes par la ligne OP, de couper ces perpendiculaires par des horizontales représentant la distance verticale des courbes. Le profil passe par les points de rencontre de ces lignes.

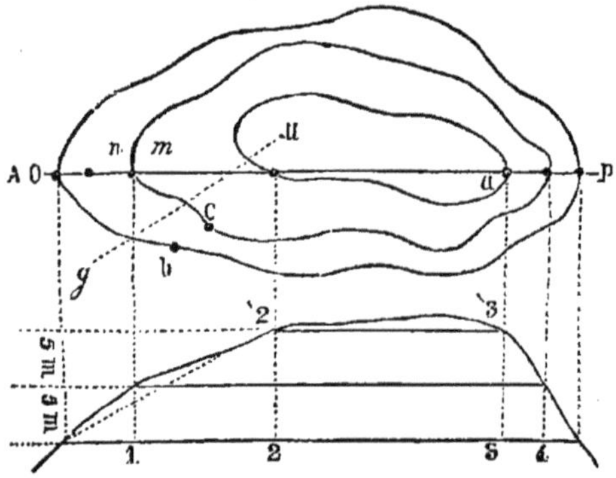

Fig. 81.

La distance *verticale* entre les courbes de niveau, distance reproduite dans le profil, est uniforme; la distance horizontale, au contraire, varie suivant l'inclinaison du terrain, ainsi la distance entre les courbes *a* et *c* mesurée par les lignes ponctuées 1 et 2, 3 et 4, est beaucoup plus grande entre 1 et 2. Cette différence est en relation avec la pente et augmente avec elle, dans un terrain à pic les courbes de niveau se confondent. Le plan du nivellement indique seulement cette distance que

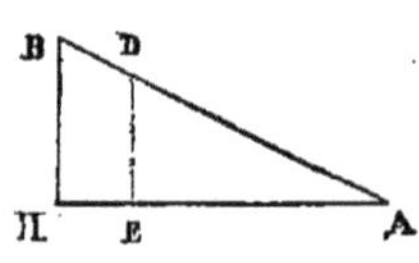

Fig. 82.

donnerait le mesurage par cultellation. Indépendamment des distances *verticale* et *horizontale* des courbes de niveau, il est une autre distance qui est la distance de la surface même du sol, distance représentée par les contours du profil, et que donne le mesurage par *développement*. Ces trois distances peuvent être représentées par un triangle rectangle BHA (fig. 82).

La distance verticale est représentée par la ligne BH, la disla distance horizotale par H A, et la surface développée ou la pente par BA.

Il suit de là qu'on peut toujours *trouver sur le plan la pente* du terrain en un point quelconque. Soit à déterminer la pente de *m* à *o* (fig. 80); on mesure avec l'échelle du plan cette ligne qui est de 6 millimètres. Avec cette longueur et celle de la distance verticale des deux courbes que nous savons être de 5 millimètres, nous construisons un triangle semblable au triangle BHA de la figure 82. En portant les 6 millimètres de H en A et les 5mm de H en B, la ligne BA par laquelle on termine le triangle représente la distance développée entre les deux courbes, distance égale à 7m,81, et sa pente $= \frac{BH}{BA} = \frac{5}{7.81} = 0,64$.

On trouverait de même la cote entre deux courbes de niveau. Si on demande par exemple quelle est la cote du point *n* entre les courbes *a* et *c* (fig. 81), on mène sur la ligne *m* O la longueur *m n* et on la reporte sur le côté B A du triangle (fig. 82). De B en D on abaisse sur la base H A la perpendiculaires DE. La cote du point *n* est à celle du point *m* comme la ligne E D est à la ligne B H.

Enfin on peut encore sur le plan même d'un terrain nivelé par courbes de niveau, tracer un chemin ou une rigole d'une pente déterminée. Soit à tracer entre les courbes *a b c* (fig. 83), dont la distance verticale est de 5 mètres, une rigole d'une pente de 0m,05 par mètre, on divisera cette distance par la pente donnée, le quotient (20 mètres) sera la longueur de la rigole entre les deux courbes. On prend sur l'échelle du plan, avec le compas, une longueur de de 20 mètres, et, posant une des pointes du compas sur *a'* on décrit avec l'autre pointe un petit arc de cercle qui coupe la courbe *b* en un point *d*. On opère de même de *d* en *c*; la rigole formera une courbe qui devra passer par les points d'intersection *c d e*.

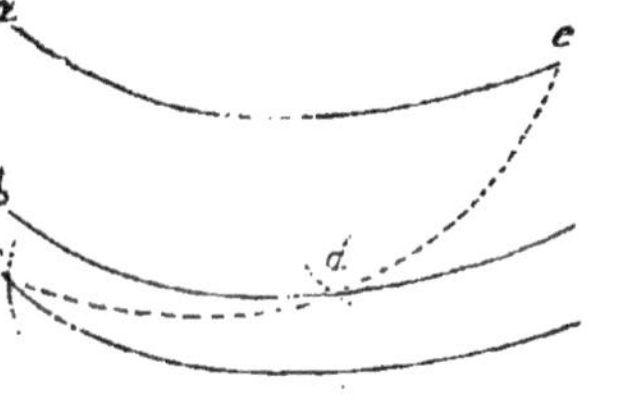

Fig. 83.

Les *coupes* ou *profils* auxquels on se borne quand il s'agit seulement d'une route, d'un canal, etc.., sont des sections du terrain faites ou supposées faites verticalement, suivant la ligne dans laquelle le nivellement a été opéré. Les *profils* sont dits profils en *long* quand la coupe est faite dans la longueur de la ligne nivelée ; on nomme profils en *travers* les coupes faites à l'occasion de nivellements qu'on exécute transversalement sur cette ligne.

La figure 84 représente la coupe ou le profil d'une portion de chemin qu'on veut rectifier. La ligne brisée *abc* donne la coupe du chemin ancien; la ligne *a' c'* le profil du chemin lorsqu'il aura subi la rectification. Le triangle ombré en *pointillé* est la portion qui devra être en *remblai*, c'est-à-dire rechargée. Le triangle ombré en lignes transversales est la portion en *déblai*, c'est-à-dire qui devra être enlevée. Les hauteurs de ce nivellement sont rapportées à une ligne horizontale AB. Les *cotes* ou indications des hauteurs sont de deux espèces . les unes s'appliquent à la ligne brisée *abc* qui indique l'état actuel du terrain, les autres, à la ligne *a' c'*, marquant le profil projeté. Les cotes de cette dernière nature sont celles inscrites sur l'horizontale supérieure et à gauche des trois verticales. Ces

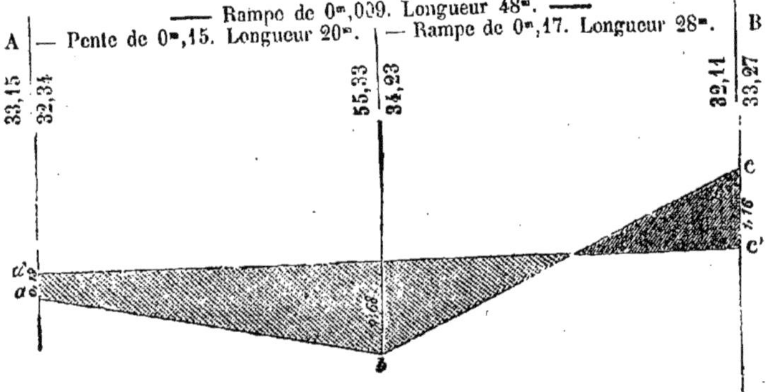

Fig. 84.

cotes qui, dans les plans, s'écrivent ordinairement en *encre rouge*, prennent le nom de *cotes rouges ;* les autres cotes s'écrivent en noir, et sont les *cotes noires*. Les chiffres 0m,19, 0m,68 et 1m,16 inscrits sous le profil, expriment les différences de hauteur entre les cotes rouges et les cotes noires, et la hauteur du déblai et du remblai dans ses différents points.

Le profil en travers se cote de la même manière que le profil en long; quelquefois on le place au-dessous, à angle droit, à l'endroit même où il a été pris.

CHAPITRE VI. — MÉTRAGE, CUBAGE ET JAUGEAGE.

§ Ier. — *Solides et polyèdres.*

Un *polyèdre* est un solide terminé par des surfaces planes. On le nomme *polyèdre régulier* quand toutes ses surfaces sont égales entre elles et tous ses angles solides égaux entre eux. On en compte cinq :

Le *tétraèdre* régulier dont la surface présente quatre triangles équilatéraux égaux ;

L'*hexaèdre* ou cube (fig. 85), ayant pour surfaces six carrés égaux ;

L'*octaèdre* et l'*icosaèdre* présentant pour surfaces, le premier huit et le second vingt triangles équilatéraux égaux.

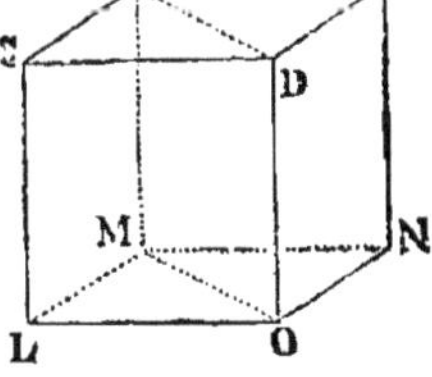

Fig. 85.

Polyèdres irréguliers : les principaux sont le *prisme* et la *pyramide*.

Le *prisme* a pour faces latérales des parallélogrammes ACNI (fig. 86), et pour bases deux polygones égaux et parallèles; il est triangulaire (fig. 87), *quadrangulaire* (fig. 86), pentagonal, etc., s'il a pour base un triangle, un quadrilatère, un pentagone, etc.

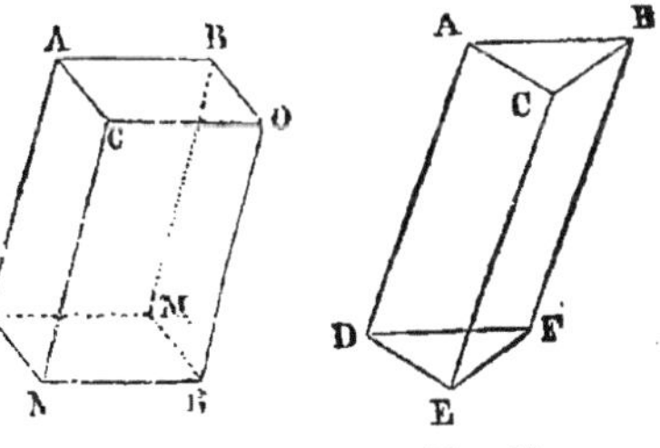

Fig. 86. Fig. 87.

Le prisme est dit *oblique* quand ses arêtes latérales ne sont pas perpendiculaires aux bases, il est dit tronqué quand les deux bases ne sont pas parallèles.

La *pyramide* (fig. 88) est formée de plusieurs plans triangulaires partant d'un même point qui est le sommet S, et aboutissant obliquement aux côtés d'un polygone qui lui sert de base. Suivant que ce polygone est un triangle, un carré, un pentagone, etc., la pyramide est triangulaire, quadrangulaire, etc. La hauteur d'une pyramide est la perpen-

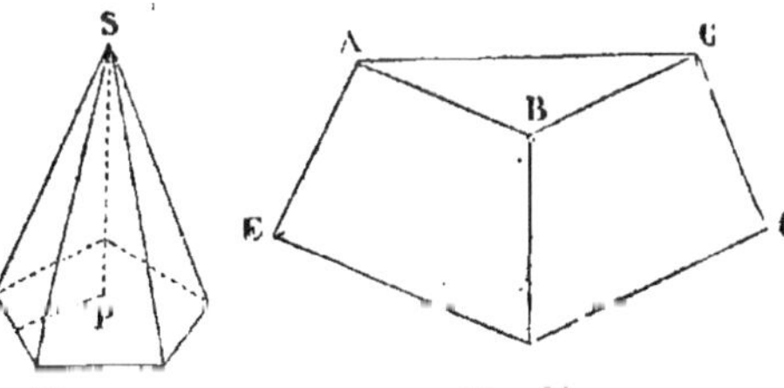

Fi

Fig. 89.

diculaire abaissée du sommet S sur le plan de la base P. La pyramide est *régulière* lorsque la base est un polygone régulier et que le sommet est perpendiculaire au centre de la base. L'*apothème* d'une pyramyde régulière est la perpendiculaire abaissée du sommet sur un des côtés de la base. Une pyramide est *tronquée* quand on retranche la partie supérieure; la figure 89 représente un tronc de pyramide triangulaire.

§ II. — *Mesure des polyèdres.*

La mesure des solides se déduit de celle de leurs côtés et de celle des surfaces qui les limitent. On distingue la mesure des *surfaces* du solide et celle de son *volume*. La mesure s'obtient par les formules indiquées précédemment. La surface totale d'un polyèdre est la somme de celles de toutes ses faces.

La surface du cube s'obtient en multipliant par 6 le carré d'une de ses arêtes.

La surface latérale du prisme droit égale le produit du périmètre de la base par la hauteur : $SL = P \times H$. Pour avoir la surface totale, on ajoute les deux bases : $ST = P \times H + 2B$ [1].

La surface latérale d'une pyramide régulière égale le produit de son périmètre par la moitié de son apothème : $S = P \times \frac{a}{2}$; *la surface totale* $= P \times \frac{a}{2} + B$.

Mesure du volume. En général, le volume du cube du parallélipipède et du prisme égale le produit de la base par la hauteur, ce qu'on exprime par $V = B \times H$. Le volume du cube égale le cube d'une de ses arêtes $V = A^3$.

Le volume du *prisme tronqué* est égal à l'aire de la base, multiplié par la hauteur moyenne des arêtes.

Une pyramide a pour mesure *en volume* le produit de sa base par le tiers de sa hauteur $V = \frac{1}{3} B \times H$.

Soit une *pyramide triangulaire*. Si la surface de la base égale 2m,50, la hauteur 1m,50; le volume sera :

$$2^m,50 \times \frac{1^m,50}{3} = 1 \text{ m. cube } 25.$$

Deux parallélipèdes rectangles sont entre eux comme les produits de leurs bases par leurs hauteurs; s'ils ont même hau-

[1] Les lettres signifient : A, arête; *a*, apothème; B, base; C, côté; D, diamètre; *d*, petit diamètre; L, longueur; H, hauteur; R, grand rayon; *r*, petit rayon; π, rapport du diamètre à la circonférence (3,1416); P, périmètre; S, surface; SL, surface latérale; ST, surface totale; V, volume.

teur, ils sont entre eux comme leurs bases; s'ils ont même base, ils sont entre eux comme leurs hauteurs. Deux cubes sont entre eux comme les cubes de leurs arêtes.

§ III. — *Corps ronds.*

Les solides compris sous le nom de *corps ronds* sont le *cylindre,* le *cône* et la *sphère*. On les nomme encore solides de révolution, parce qu'ils sont engendrés par une ligne appelée *génératrice*. La génératrice du cylindre est le côté *mn* d'un rectangle *mnop* (fig. 90), tournant sur le côté *op*.

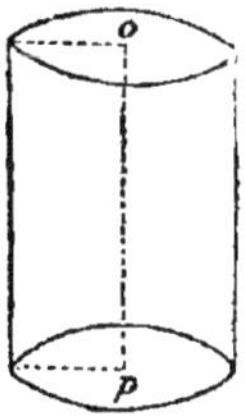

Fig. 90.

Pour obtenir la surface latérale du cylindre on multiplie la circonférence d'une de ses bases par la hauteur du cylindre; $S = 2\pi R \times H$; *pour avoir la surface totale, on y joint celle des deux bases ou* $ST = 2\pi R(H + R)$. *Le volume du cylindre s'obtient en multipliant l'aire de la base par la hauteur* $V = \pi R^2 \times H$.

L'*hélice,* d'une application fréquente dans le tracé des versoirs de charrue, est une courbe engendrée par un point qui se meut sur la génératrice d'un cylindre, en avançant de quantités égales pour des arcs égaux que cette génératrice décrit autour de cet axe. Soit *à tracer une hélice* sur le cylindre (fig. 91), dont X représente la base et Z l'élévation. Le cylindre a $0^m,40$ de diamètre, la révolution ou *spire* de l'hélice doit être également de $0^m,40$. Partagez la surface latérale en 4 parties égales par des lignes que vous couperez par d'autres lignes transversales A B C D, distancées de $0^m,10$, puis, par intersection, menez la trace de l'hélice,

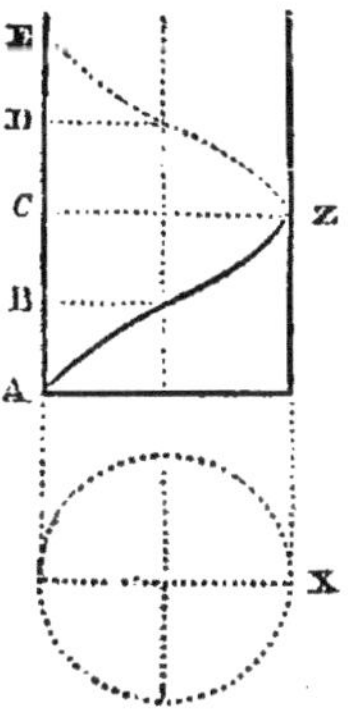

Fig. 91.

Le *manchon* est un corps creux, cylindrique à l'intérieur ou à l'extérieur; exemple : un tuyau de conduite, un tube de verre ou de plomb. *Le manchon cylindrique se cube, comme le cylindre, en déduisant du grand cylindre le volume du petit.*

Le *cône* (fig. 92) est le solide produit par la révolution d'un triangle rectangle BSD tournant autour d'un des côtés de l'angle droit SB. Ce côté immobile SB, qui est perpendiculaire au plan de la base, est l'*axe* ou la *hauteur* du cône. L'autre côté mobile de l'angle droit décrit un plan circulaire qu'on appelle *base du cône*. L'hypoténuse SD du triangle générateur se nomme *côté du cône* ou *apothème*, et la surface décrite, *surface latérale*. Le point S où toutes les droites de la surface concourent, s'appelle *sommet du cône*.

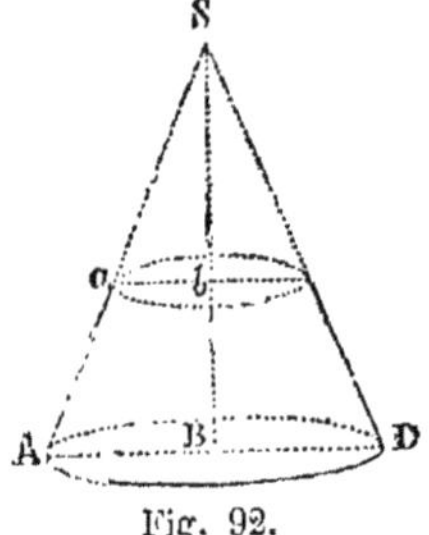

Fig. 92.

Le cône est le tiers d'un cylindre de même base et de même hauteur. D'où il suit : 1° que les cônes d'égale hauteur sont entre eux comme leurs bases; 2° que les cônes de bases égales sont entre eux comme leurs hauteurs.

Quand le cône est coupé, comme dans la figure 92, par un plan *a b* perpendiculaire à son axe, la partie inférieure prend le nom de tronc de cône.

On obtient la surface latérale d'un cône droit en multipliant la circonférence de la base par la moitié de l'apothème : $SL = \pi R \times a$ et $ST = \pi R (a + R)$.

Si le rayon = 5 mètres, l'apothème 9 mètres, on a :

Surface latérale du cône = π ou $3{,}1416 \times 5 \times 9 = 141^{m},372$.

La surface latérale du tronc de cône s'obtient en multipliant la somme des rayons des deux bases par π *et par la longueur du côté du tronc.*

Si la base supérieure a 3 mètres, celle inférieure 5 mètres de diamètre, et que la longueur du côté = 10 mètres, on a :

$SL = \pi (R + r) \times C = (3 + 5) \times 3{,}1416 \times 10 = 471^{m},24$.

Le *volume du cône* est égal au tiers de la superficie de la base par la hauteur, ou à la superficie de la base multipliée par le tiers de la hauteur : $V = \pi R^2 \frac{H}{3}$.

Soit un tas conique de marne ayant $0^{m},50$ de diamètre, et $0^{m},60$ de hauteur. Son cube sera :

$$3{,}146 \times 0^{m},25 \times 0{,}25 \times \frac{0^{m},60}{3} = 0^{m},039.$$

Le *volume* du tronc de cône est égal au produit du tiers de sa hauteur par la somme des deux bases, plus une troisième base formant une moyenne proportionnelle entre ces deux dernières. En conséquence, il faut prendre le rayon de chacune des bases, en faire la somme, l'élever au carré, ajouter le produit de la grande base par la petite base pour avoir la moyenne proportionnelle, et multiplier le tout par le tiers de la hauteur du cône et par π.

On demande le volume d'un rouleau à dépiquer en forme de tronc de cône dont la grande base a 0m,40 de rayon, la petite base 0m,30, et dont la hauteur est de 0m,60, on a : $V = (R^2 + r^2 + Rr) \times \frac{1}{3}\pi H$,

$$= (0^m,40 \times 0^m,40 + 0^m,30 \times 0^m,30, + 0^m,40 \times 0^m,30 \times \pi \frac{31416}{3}) \times 0^m,60 = 0^{mc},2324.$$

On abrége un peu le calcul en prenant seulement le rayon moyen des deux bases et en le multipliant par π et par la hauteur; mais le résultat est moins exact. Dans l'exemple précédent on aurait, le rayon moyen des bases étant 0m,35 :

$$0^m,35 \times 0^m,35 \times 3,1416 \times 060 = 0^m,230.$$

Si on coupe un cône droit par un plan, les surfaces de section, suivant la direction du plan coupant, présenteront les figures suivantes : 1o un *triangle isocèle*, si le plan est mené suivant l'axe; 2o un *cercle*, si le plan est perpendiculaire à l'axe; 3o une *ellipse*, AB (fig. 93), si le plan est oblique à l'axe et coupe le cône au-dessus de la base; 4o une *parabole* CD, si le plan sécant est parallèle à une génératrice; 5o une *hyperbole* EF, si le plan sécant coupe les génératrices de chaque côté du sommet.

Ces deux dernières courbes trouvent peu d'application dans l'industrie rurale. L'*ellipse* (fig. 5), dont on a indiqué le tracé précédemment, est plus usuelle. On obtient *la surface d'une ellipse en multipliant le produit de ses deux demi-axes par π ou 3,1416.*

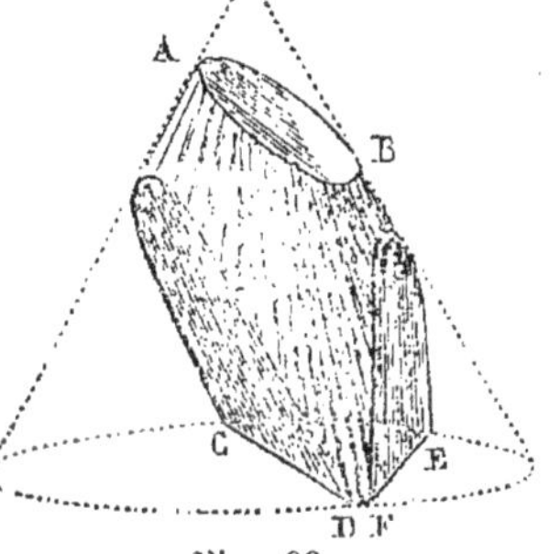

Fig. 93.

L'*ellipsoïde* est une espèce de sphère allongée formée par la révolution d'une ellipse autour de son grand axe. Sa solidité égale *la surface de son petit axe multipliée par les $\frac{2}{3}$ du grand axe.*

La *sphère* (fig. 94) est un solide terminé par une surface courbe dont tous les points sont également éloignés d'un point intérieur O qu'on appelle *centre*. Ce solide est considéré comme produit par la révolution d'un demi-cercle PAI autour de son diamètre PI.

Le *rayon* de la sphère est une ligne droite OP menée du centre à la surface; son *diamètre* est la droite PI qui passe par le centre et se termine de part et d'autre à la surface.

Toute section de la sphère faite par un plan est un cercle. On appelle *grand cercle* la section qui passe par le centre ; il divise la sphère en deux parties égales, nommées *hémisphères*.

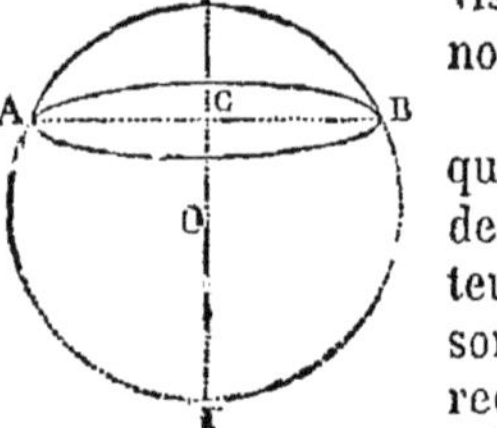

Fig. 94.

Une tranche sphérique est une partie quelconque de la sphère comprise entre deux cercles ou plans parallèles ; sa hauteur est la distance des deux plans qui en sont les bases ; la portion de surface qui recouvre la tranche se nomme *zone*.

Une *calotte* sphérique est une portion de la sphère coupée par un petit cercle. La portion qu'elle recouvre est un *segment sphérique*, le *secteur* est un cône ayant une calotte paur base et le centre de la sphère pour sommet. On appelle *onglet* sphérique la tranche comprise entre deux demi-grands cercles qui passent par le centre.

On peut se représenter l'angle sphérique comme la tranche d'un melon qu'on divise, la portion de surface qui termine cet onglet s'appelle *fuseau* à cause de sa forme.

La surface d'une sphère est égale à celle de quatre cercles égaux à son grand cercle $S = 4 \pi R^2$. Pour l'obtenir, il faut mesurer son diamètre, l'élever au carré et multiplier le résultat par π. Si le diamètre égale 3 mètres, on aura :

Surface $= 4 \pi R^2 = 3{,}1416 \times (3 \times 3)$, ou $3{,}1416 \times 9 = 28^m{,}274$.

Mesurer la surface d'une calotte sphérique. On calcule la circonférence du grand cercle de la sphère, et on en multiplie la longueur par la hauteur de la calotte. Si le diamètre égale 2 mètres et la hauteur 1 mètre, on aura :

$$\text{Surface} = 3{,}1416 \times 2 \times 1 = 6^m{,}283.$$

Le volume de la sphère a pour mesure le produit de sa surface par le tiers de son rayon, d'où on déduit la formule $V = \frac{3}{4} \pi R^3$.

Le *volume* d'un *segment sphérique* égale la demi-somme de ses bases multipliée par sa hauteur, plus le volume d'une sphére dont cette hauteur serait le diamètre. Quand le segment n'a qu'une base, on remplace dans la mesure la demi-somme des bases par la demi-base. On trouve le volume d'un *onglet* sphérique en prenant son angle dièdre, puis on multiplie le volume de la sphère par le nombre de degrés de cet angle et on divise le produit par 360.

Un cylindre dont le diamètre et la hauteur sont égaux au grand diamètre d'une sphère, présente avec celle-ci les rapports suivants :

1° Sa surface latérale égale la surface de la sphère; 2° sa surface totale est à celle de la sphère comme 3 à 2; 3° son volume est également à celui de la sphère comme 3 à 2.

§ IV. — *Métrage et cubage.*

Cubage des terrassements.

Les *excavations*, *fouilles*, *déblais*, etc., résultat de *fossés*, *déblais*, *tranchées*, *emprunts*, etc., se cubent par la mesure de leurs parois, qui prennent des formes très-diverses suivant l'objet des travaux; les *tranchées* à pied droit, comme des fossés de fondations, fosses à silos, excavations pour *emprunts*, représentent ordinairement des prismes dont la section est un rectangle. La formule $B \times H \times L$ en donne le cube; une tranchée sans talus, large de 1m,20, profonde de 0m,50, longue de 50m = 1m,20 × 0m,50 × 50m = 30m cubes.

Le plus généralement les bords des tranchées, fossés, etc., affectent un talus $\frac{1}{2}$, 1, $1.\frac{1}{2}$, etc. La section de ces fouilles est alors un trapèze dont l'ouverture et le fond sont les bases parallèles; on mesure les deux bases, et la somme divisée par 2 fournit la base moyenne, puis on multiplie cette dimension par la profondeur, puis par la longueur de la tranchée. Connaissant le talus T, la hauteur H et l'ouverture *o*, on trouve la largeur du fond *f* par la formule $f = o - H \times T \times 2$. Soit l'ouverture 3 mètres, la profondeur 1m,50, le talus $\frac{1}{2}$ = le fond = 3m — 1m,50 × 0m,5 × 2 = 1m,50, et en supposant la longueur du fossé 40m, le cube = $\frac{3^m + 1^m,50}{2} \times 1^m,50 \times 40^m = 13^m.50$,

Les tables suivantes donnent le cube d'un mètre courant de fossé de différentes dimensions. Dans la première table les fossés sont calculés avec un talus de $\frac{1}{2}$, et dans la seconde avec un talus de 1 de base pour 1 de hauteur.

Ouverture. m.	Fond. m.	Profondeur. m.	Cube. mc.
0,60	0,30	0,30	0,135
1,00	0,40	0,40	0,320
1,00	0,50	0,50	0,375
1,25	0,75	0,50	0,500
1,50	0,80	0,70	0,805
1,75	0,95	0,80	1,000
2,00	1,00	1,00	1,500
2,25	1,00	1,25	2,025
2.50	1,25	1,25	2,343

Ouverture. m.	Fond. m.	Profondeur. m.	Cube. mc.
2,75	1,50	1,50	3,187
3,00	1,50	1,50	3,375

1 de talus :

Ouverture. m.	Fond. m.	Profondeur. m.	Cube. mc.
0,60	0,20	0,20	0,080
0,60	0,00	0,30	0,090
0,80	0,20	0,30	0,150
1,00	0,20	0,40	0,240
1,50	0,50	0,50	0,500
1,75	0,50	0,50	0,625
2,00	0,50	0,75	0,937
2,25	0,65	0,80	1,600
2,50	0,50	1,00	1,500
2,75	0,75	1,00	1,750
3,00	0,50	1,25	2,185
3,25	0,75	1,25	2,500

Ces tables s'appliquent également au cubage des murs en terrassements qui accompagnent quelquefois les fossés, ou se font même sans fossés, comme dans la Normandie.

Les fossés s'exécutent presque toujours au mètre courant. La quatrième colonne des tables ci-dessus fournira une base d'évaluation en admettant que le mètre cube de fouille doive être payé en moyenne 0f,40; en multipliant le nombre de la quatrième colonne par ce chiffre, on a le prix du mètre courant. Ainsi, pour un fossé de 0m,80 sur 0m,20 et 0m,30, le prix du mètre courant = 0mc,150 × 0f,40 = 0f,06.

La fouille des puits s'évalue comme un cylindre; le métrage des souterrains ou caves présente un peu plus de difficultés en raison de leur voûte qui forme une espèce de section cylindrique posée sur parallélipipède. Les égouts prennent quelquefois une coupe un peu différente, comme dans la figure 95.

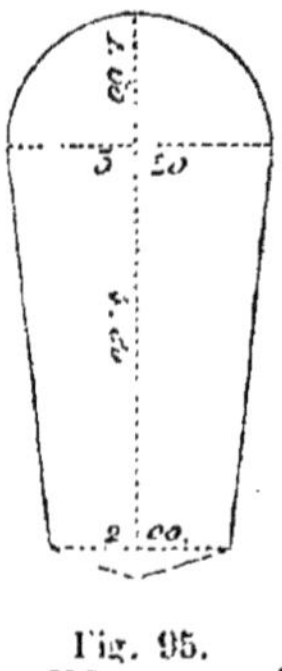

Fig. 95.

Pour cuber un souterrain de ce genre, que nous supposons de 10 mètres de long, il suffit de prendre l'aire du segment cylindrique qui est égale à un demi-cercle de 1m,60 de rayon, ensuite celle du trapèze. (On négligera le petit prisme, ou on en comprendra la moitié de la hauteur dans la hauteur totale.)

Effectuant les opérations, on a :

1o Aire du demi-cercle $\frac{\pi R^2}{2}$ ou $\frac{1^m,60 \times 1,60 \times 3,1416}{2} = 4^m,0228$

2° Aire du trapèze... $\frac{3^m,20+2^m,00}{2} \times 4,80$...... = $12^m,488$

Aire totale. .... $16^m,5028 \times 10$

La plupart du temps les voûtes des souterrains ne sont pas à plein cintre, mais sont surbaissées ou en anse de panier. On peut, en ce cas, les considérer comme des moitiés d'ellipse. La surface de l'éllipse étant, comme celle du cercle, les $\frac{11}{14}$ du rectangle qui lui est circonscrit, on obtient l'aire de cette moitié d'éllipse en multipliant la moitié de la base par la hauteur, et le produit par $3\frac{1}{7}$.

Les fouilles irrégulières telles qu'un *emprunt* de remblais, une inégalité de sol à faire disparaître ou à combler, se cubent en les ramenant à des figures régulières, telles qu'un cône, un cylindre, ou on les décompose en prismes tronqués. On laisse, de distance en distance dans la fouille, de petits cônes de terre ou *témoins* indiquant la hauteur de sol primitif, et servant de point de repère. On vérifie la forme intérieure des fossés à l'aide d'un *gabarit* formé de quatre lattes clouées, représentant le trapèze de la section du fossé.

Les *cavaliers*, remblais que l'on fait pour les routes, chemins de fer, etc., ont 2 de base pour 1 de hauteur; de même que pour les fossés à talus réguliers, on peut en déterminer le cube si on connaît la longueur des bases et la hauteur.

Les masses de terre à déblayer peuvent être ramenées à des polyèdres et mesurées comme ces solides en faisant passer dans la longueur et la largeur des plans de section qui les partagent en prismes et pyramides. La tranche de terre (fig. 96) peut se décomposer en deux pyramides et quatre prismes, savoir : une pyramide quadrangulaire A, pyramide triangulaire B, prisme triangulaire C, un parallélipipède E et deux tranches D et F. Pour plus d'exactitude ces deux tranches se subdivisent en deux parallélipipèdes et deux prismes triangulaires.

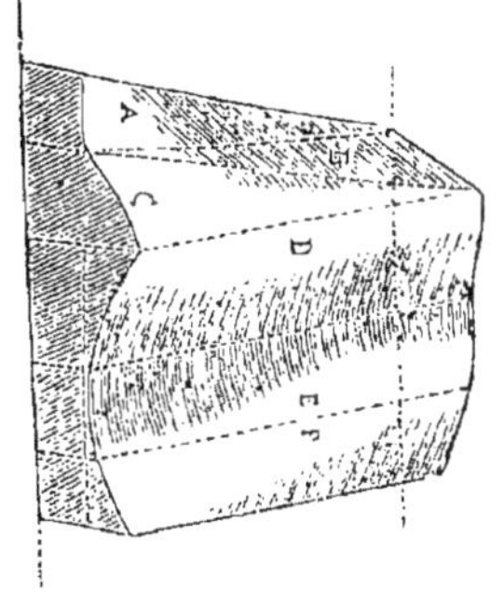

Fig. 96.

Ce procédé toutefois entraîne des calculs fort longs. Dans la pratique de l'évaluation des masses de déblais ou de remblais, on emploie une *méthode expéditive* dont nous allons donner une idée.

Nous supposons que la tranche de terre à cuber est l'entre-profil d'une route limitée par les deux coupes *ab*, *cd* ou profils en travers. La ligne de surface du terrain est indiquée par les lignes *a* et *d*, celle du projet par *b* et *d*. Le profil *a b* est tout en *déblai*, le profil *c d* est en *remblai* seulement vers la partie *a* où la ligne du terrain passe sous celle du projet. Nous avons cru inutile de figurer la coupe même de la route, talus et fossés. L'entre-profil a 2m,6 de large, 25 mètres de longueur. La longueur est supposée interrompue vers le milieu de la figure. Pour avoir le cube, soit en déblai, soit en remblai, de cette masse de terre, on mène sur le plan du profil en travers des plans verticaux parallèles à l'axe de la route par tous les angles saillants ou rentrants que présente le profil de la route ou du terrain. Des lignes ponctuées indiquent, sur la fig. 97, les traces de ces plans qui divisent l'entre-profil en 5 tranches, ABCDE, de formes diverses, mais limitées de 3 côtés au moins par des surfaces planes. La surface irrégulière peut à la rigueur être considérée comme une surface gauche engendrée par des droites s'appuyant aux bords supérieurs des deux profils.

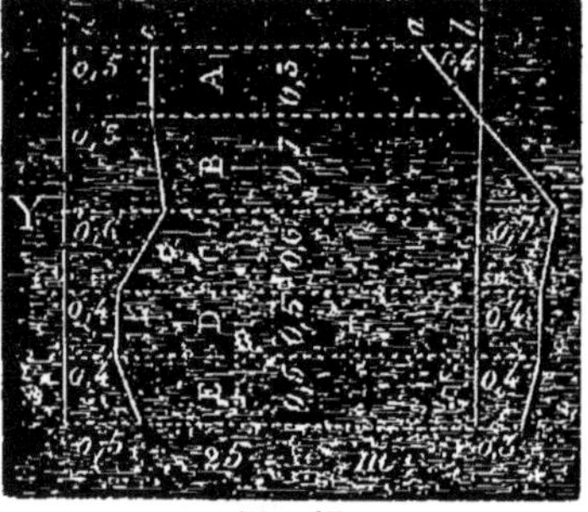

Fig. 97.

Il ne reste plus qu'à mesurer ces divers polyèdres. Les cotes du plan fournissent les éléments du calcul. La largeur de chaque tranche est inscrite au milieu de l'entre-profil.

La première simplification du calcul consiste à considérer toutes ces tranches ABC, etc., comme autant de prismes ayant pour hauteur la distance des deux profils et pour base une moyenne arithmétique entre leurs surfaces; soit la tranche B dont l'un des profils présente un triangle, et l'autre un trapèze, nous aurons :

$$\text{Aire du triangle} = 0^{m},7 \times \frac{0^{m},7}{2} = 0{,}245^{\text{mc.}}$$

$$\text{Aire du trapèze} = \frac{0^{m},5 + 0^{m},6}{2} \times 0^{m},7 = 0{,}385$$

$$\text{Somme des deux aires} \qquad = 0{,}630$$

Aire moyenne $= \frac{0^m,630}{2} = 0,315$

Volume $0^m,315 \times 25^m = 7,875$

On trouvera, par le même calcul, le volume des tranches CDE. La tranche A présente cette particularité que l'une des aires de son profil est en remblai et l'autre en déblai. On les calcule séparément en multipliant chacune par la moitié de la distance moyenne de *la ligne de passage* du déblai au remblai, ou du remblai ou déblai. (Voir pour les diverses formules les traités spéciaux).

Dans le calcul des terrassements les mêmes conditions se présentent fréquemment. On a pu pour un certain nombre de cas établir des calculs faits à l'aide desquels on trouve immédiatement le cube des diverses sections de profils. On a des tables de MM. Coriolis, Lalanne, Macaire, etc.

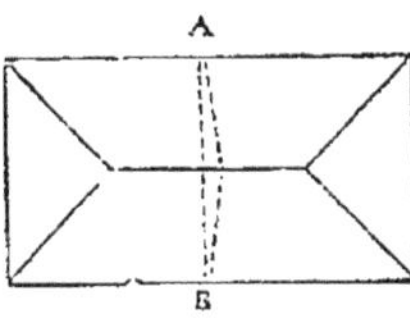

Fig. 98.

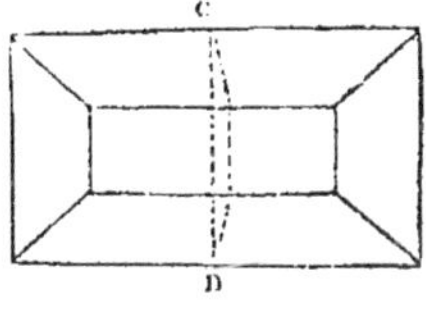

Fig. 99.

Engrais, matériaux, tas de grains, etc. Les formes les plus ordinaires des tas sont, tantôt celles d'une pyramide à trois ou quatre faces, tantôt celles d'un prisme triangulaire ou quadrangulaire droit ou tronqué à ses extrémités (fig. 98 et 99). On détermine la *surface* (fig. 98) en mesurant l'aire d'un des deux trapèzes et de l'un des deux triangles qui limitent les côtés et les extrémités, et on en double la somme. Soit le grand côté de la base, 10 mètres; le petit côté, 3; l'arête supérieure, 8; la distance de l'arête aux côtés, $2^m,20$; la surface $=$ trapèze $\left(\frac{10^m,+8^m}{2} \times 2^m,20 + \text{triangle } 3^m \times \frac{2^m,20}{2}\right) + 2 = 46^m,20^c$. Pour trouver le *cube* on prend la hauteur du prisme $= 1^m,80$, puis on divise ce prisme dans le milieu par une section imaginaire A B en deux prismes tronqués; le cube de chacun de ces prismes $= 3 \times \frac{1^m,80}{2} \times \frac{5^m + 5^m + 4^m}{3} = 12^m,59$; cube total, $12^m,59, \times 2 = 25^m,18$.

Pour emmétrer les cailloux, on les verse dans une espèce de coffre ayant la forme indiquée par la figure 99, ou on emploie un simple gabarit, (fig. 100). C'est un assemblage de règles présentant le profil du tas en long et en travers; la hauteur de chaque profil est de $0^m,50$, le grand profil mesure $2^m,50$ en *a* et $1^m,50$ en *b*, le petit profil $1^m,50$ en *d* et $0^m,50$ en *c*. Lorsque le gabarit, posé en long et en large sur le milieu et les bords du tas,

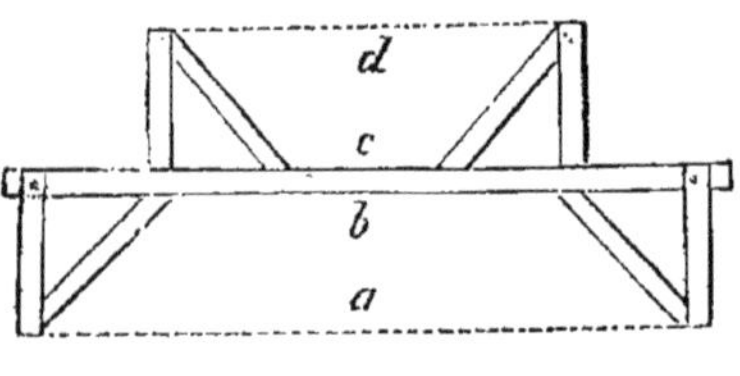

Fig. 100.

touche bien partout, ce tas contient $1^{mc},04$ de pierres considéré comme un mètre. Un tas de cette forme, qui est celle de certains tombereaux, bannes wagons, etc., pourrait se cuber comme le solide (fig. 98), en le divisant par une section en 2 prismes quadrangulaires tronqués, mais on applique ordinairement la formule suivante :

$$V = \tfrac{1}{2}\,T\,h \times \left(\frac{2L+l}{3}\right) + \tfrac{1}{2}\,t\,h\left(\frac{2\,l+L}{3}\right)$$

h hauteur, L et *l* grand et petit côté de la grande base, T et *t* grand et petit côté de la petite base; si les dimensions de la petite et de la grande base ne sont pas très-différentes, la formule suivante, que nous appliquons au tas de pierres dont on vient de donner les dimensions suffirait :

$$V = \frac{TL + tl}{2} + h, \text{ ou } \frac{2^m,50 \times 1^m,50 + 1^m,50}{2} \times 0^m,50 = 1^{mc},12.$$

On emploie aussi un calibre en forme de V destiné à mesurer des tas coniques. Un calibre de cette dernière forme de $1^m,60$ d'ouverture à la base et de $0^m,75$ de hauteur, présente le profil d'un cône de $0^{mc},503$; on aurait $0^m,255$, environ 1/4 de mètre cube, en donnant au tas $1^m,25$ de diamètre à sa base et $0^m,60$ de hauteur; enfin un cône de 3 mètres de diamètre à la base et $1^m,50$ de hauteur contient $1^{mc},06$.

Cubage des meules de gerbes et de fourrage. Les meules de gerbes ou de fourrage sont à base quadrangulaire ou ronde, très-rarement de forme elliptique. La meule quadrangulaire est assez ordinairement semblable au prisme tronqué (fig. 99), renversé et surmonté par un toit à pans coupés (fig. 98). On cube ces meules par le procédé qu'on vient d'indiquer en les divisant en deux prismes tronqués à 5 côtés. Pour les meules quadrangulaires ordinaires on peut admettre les dimensions suivantes comme très-convenables : hauteur du corps, de 3 mètres à

3m,50; hauteur du toit, 1 pour 1 de base; soit, pour le cas qui nous occupe, 6 mètres; section en travers de la base, 5 mètres; section au bord du toit, 6 mètres; soit environ 0m,15 de surplomb des parois. Une meule de cette forme contiendra par mètre courant de longueur 27mc,75, soit 20 a 30 quintaux de foin suivant le fourrage ou environ 30 quintaux de gerbes.

Dans les meules rondes le corps affecte la forme d'un cylindre, mais plus fréquemment d'un tronc de cône renversé. Le toit est un cône plus ou moins régulier. La figure 101 représente la section d'une meule de ce genre, on prendra avec un cordon métré le tour du corps à sa base OP et à la naissance du toit, on pourrait, si la meule était régulière, prendre la moyenne du tronc dans le milieu de la hauteur du corps. On aura aisément, avec un fil à plomb, la hauteur du corps; quant à celle du toit, si sa mensuration présentait trop de difficultés, on mesurerait la longueur de la pente du toit de N en O; avec cette longueur et le rayon de la base du cône R O, on ferait un triangle rectangle dont le côté RN donnerait la hauteur cherchée. Supposons qu'on ait trouvé les dimensions suivantes :

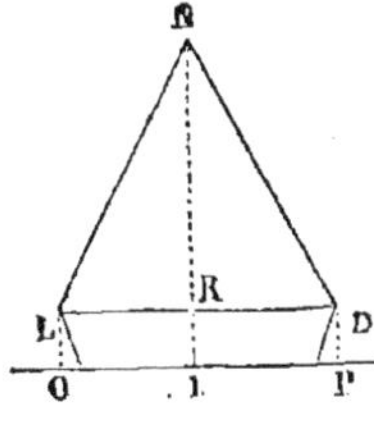

Fig. 101

Corps : circonférence à la base, 16m,85; circonférence à la naissance du toit, 21m,99; hauteur verticale, 3m,50; *toit* : hauteur verticale, 5m,25, hauteur oblique ou apothème, 5m,60. On posera ainsi l'opération :

Corps : surface de la base moyenne

$= (16^{mq},85 \times 16^{m},85) : 4\pi \qquad = 33^{mq},18$

Volume $= 33^{mq},18 \times 3^{m},50 \qquad = 117^{mc},03$

Toit : surface de la base moyenne

$= (21^{mq},99 \times 21^{m},99) : 4\pi \qquad = 38,^{mq},48$

Volume $= (38^{mq},48 \times 4^{m},25) : 3 \qquad = 54,^{mq},18$

Volume total : $117^{mc},18 + 54^{mc},18 = 172^{mc},210$.

Si on désirait connaître la surface de la couverture de la meule, on multiplierait la circonférence de la base du toit par la la moitié longueur même de la pente.

Le cube d'une meule ou d'un tas de gerbes ou de paille étant connu, il reste encore à déterminer quel poids en foin, paille, ou grain ce cube représente. On ne peut évidemment résoudre ce problème d'une manière absolue, la nature de la paille, du grain, l'état de tassement, la grosseur des meules et beaucoup d'autres causes modifient les résultats. Voici toutefois quelques données que nous puisons dans nos propres observations et les chiffres de quelques auteurs.

Foin de pré bon en grandes meules ou tassé sous hangards.	90 à 130
Idem, petites meules.	75 à 90
Idem, médiocre, grandes meules.	70 à 80
Idem, médiocre, petites meules.	60 à 70
Foin de trèfle, sainfoin et vesce, grandes meules.	70 à 90
Foin ordinaire, bottelé, non tassé, 70 kilog., tassé.	90 à 120
Foin de pré, pressé à la presse hydraulique. .	400 à 600

On admet généralement les moyennes suivantes pour le poids du mètre cube de gerbes en meule ou grange.

Froment ou seigle, bon ordinaire non versé, fauché ou sapé.	75 à 100
Les mêmes, faucillés.	100 à 150
Les mêmes, versés (fauchés ou sapés). . . .	55 à 70
Les mêmes, en dizains ou voiture	35 à 50
Avoine ou orge, bonne ordinaire.	80 à 100
Paille de froment ou seigle (cette dernière plus pesante), bottelée ou en meule	55 à 60
Idem, non bottelée ou en botteaux et paille *bourrue*.	30 à 50
Paille d'avoine ou d'orge.	35 à 40

Menue paille : le sac de 2 hectolitres suffisamment tassé pèse 5 à 6 kilogrammes.

Le poids du mètre cube de gerbes, en meule ou en grange, augmente à mesure qu'on descend vers la base du tas dans une proportion variable, mais qu'on peut considérer comme étant en raison de la hauteur du tas. Ainsi soit la hauteur 10 mètres et le poids du mètre cube 60 kilog. au sommet du tas, il serait approximativement à la base de 120 kilog., en supposant un rendement de 2,25 p. 100 en poids, soit 3 hectol. de froment aux 100 kilog. de gerbes ; le mètre cube rendrait à la base 360 litres au mètre cube et 190 à la partie supérieure du tas.

D'après ces données, on déterminera combien une grange ou une meule contiennent en gerbes, poids ou grain. On pourra également, suivant la quantité qu'on devra mettre en tas ou en meule, disposer la base, soit du tas, soit de la meule; disposition importante pour les meules, surtout, auxquelles on doit conserver certains rapports entre la base, le corps, le toit, etc. Pour la facilité du chargement la hauteur doit peu dépasser

4 mètres. Pour l'écoulement des eaux, la pente du toit doit être de 40 à 45°. Enfin, une meule devant être rentrée rapidement ne doit pas excéder un certain volume, 400 à 600 mètres cubes, par exemple.

C'est par le rayon de la base qu'on règle d'ordinaire le volume de la meule. On fixe à un piquet, centre de la base, un cordeau de 3, 4 ou 5 mètres et on décrit la circonférence déterminée par ce rayon. Voici pour 3 meules les rapports du rayon aux autres dimensions. Nous supposerons le mètre égal à 1 quintal métrique. On divisera le poids par les gerbes qui varient en France de 3 à 20 kilog. R est le rayon de la base du toit, r celui de la base inférieure. H. estla hauteur du toit, h la hauteur du corps.

Meule de 150 à 180 qx	R 3m,50	r 3m	» H 4m,25	h 3m.50
180 à 240 »	» 4m	» » 3m,50	» 5m,50	» 3m,50
240 à 350 »	» 4m,50	» 4m	» » 6m,35	» 3m,50

Grains et fourrages. Le cubage des tas de grains, fruits, racines, présente peu de difficultés. Le volume des grains est facilement ramené à l'hectolitre Le mètre cube égalant 1 kilolitre, un tas de grain de 1 mètre carré de base, suivant qu-il aura de hauteur 0m,1, 0m,2, 0m,3, etc., contiendra 1, 2, 3 hectolitres, et si le grain est du froment, le mètre superficiel de plancher supportera un poids de 75 à 150 kilogr. Un tas de 0m,40 de hauteur à pied droit constitue déjà la charge d'un plancher ordinaire, 300 kilogr. par mètre. Pour faciliter le cubage, on maintient les bords du tas par des panneaux mobiles, autrement ces bords non soutenus prennent en général un talus de 1 de base pour 1 de hauteur. Si les bords du tas avaient cette disposition, on mesurerait la partie en talus comme un prisme triangulaire.

Voici quelques chiffres qui pourront guider le cultivateur dans le calcul de l'espace à réserver dans les granges, greniers et silos, suivant l'importance de la récolte. 100 kilogrammes des produits suivants occupent en mètres cubes :

		Mètres cubes.
100k.	gerbes de froment ou seigle = ...	1,333
	d'orge	1,250
	paille de froment et de seigle.	2,500
	paille d'orge.	3,000
	foin de pré, tassé.	1,180
	de prairie artificielle, tassé	1,550
	bottelé.	1.300

		Mètres cubes.
100k	menue paille	3,000
	fumier tassé et humide	0,125
	betteraves, rutabagas, carottes entières	0,166
	les mêmes coupées	0,192
	pulpes de betteraves pressées	0,100
	pommes de terre	0,160
	les mêmes coupées	0,080
	pulpes de pommes de terre	0,190
	navets	0,170
	froment, grains	0,128
	seigle id.	0,139
	orge id.	0,166
	avoine id.	0,200
	maïs id.	0,148
	lentilles id.	0,126

Le mesurage des corps irréguliers se fait indirectement, en plaçant le corps à mesurer dans un vase contenant de l'eau, du sable ou des grains qui peuvent se loger dans les vides laissés par le corps. On demande, par exemple, le volume d'une betterave; on place la racine dans un décalitre, ont remplit les vides avec du sable qu'on mesure ensuite à part; soit le volume du sable 3 litres 5, le volume de la betterave sera égal à $0^{mc},00010 - 0^{mc},0000035 = 65$ centimètres cubes. Veut-on avoir le volume moyen des pommes de terre d'une récolte? on remplit un hectolitre des tubercules présentant la moyenne en grosseur, on y verse de l'eau jusqu'à ce que le liquide affleure les bords, on retire ce liquide qu'on mesure; soit la quantité 20 litres; le volume des tubercules égale 100 décimètres — 20 = 80 décimètres. Admettons qu'il y ait 800 tubercules; le volume moyen de chacun sera égal à $\frac{0^{mc},080}{800} = 0^{mc},000100$.

Souvent on indique le volume par le rapport du nombre ou poids.

Sachant qu'une betterave de 0, kilog. 8, au autrement une betterave de 80 au quintal, est une betterave de grosseur ordinaire, on reconnaît immédiatement qu'une autre betterave de 2 kilog. ou de 50 au quintal, est d'un volume exceptionnel. Sachant encore qu'un gramme de froment ordinaire renferme 32 grains ou est un froment de 32 grains au gramme, on saura qu'un froment de 50 grains au gramme est de grosseur médiocre. Comme base de ce mode d'appréciation, voici les nombres *maxima* et *minima* de quelques racines, fruits ou grains, par quintal, kilogramme et gramme :

On compte par quintal métrique :				On compte par gramme :			
Betteraves à sucre, de	70	à	200	Haricots ordinaires, de.	2	à	4
Id. disette.	40	à	100	Pois	4	à	8
Id. globe	30	à	70	Froment	20	à	40
Turneps.	120	à	500	Graines de colza.	200	à	400
Carottes.	100	à	400	Id. de luzerne.	800	à	1200
Pommes de terre.	300	à	1200	Id. de tabac.	2500	à	4000

On pourrait également apprécier le volume par le nombre de racines ou grains contenus dans un hectolitre, un litre, etc., mais le résultat moins est exact que par le rapport du poids au nombre. On a d'ailleurs également le rapport du volume réel à l'aide de la pesanteur spécifique. *Exemple* : la pesanteur spécifique de la betterave étant 1020 en moyenne, le volume d'une betterave de 7 hectogr. est de $0^{mc},000686$; en effet

$$\frac{1000 \times 0^{mc},001}{1020} \times 0^{k},70 = 0^{mc},000686.$$

On fixe encore le volume de certains objets en les astreignant à passer par une ouverture, un cercle ou une ellipse de grandeur déterminée. Ainsi les cailloux cassés doivent passer à travers un anneau de 4 à 6 centimètres. Pour des objets plus petits on emploie un crible métallique à trous de diverses grandeurs. C'est du reste le moyen vulgaire pour obtenir des semences d'une dimension convenable.

§ V. — *Métrage ou toisé des bois.*

Le bois à métrer est du *bois de chauffage* ou du *bois d'œuvre* :

Bois de chauffage.

Les parties du tronc et des branches susceptibles d'être débitées en bûches de 1 mètre à $1^m,32$, longueur ordinaire, sont empilées de manière à former des parallélipipèdes rectangles, dont il suffit de mesurer la hauteur, la largeur et la longueur pour déterminer le volume en mètres cubes, ou *stères*, unité de mesure du bois. Dans l'ancien système on comptait par *cordes*. Voici les principales de ces mesures et les dimensions en pieds des piles qui les constituaient. (La *largeur* de la pile exprime la longueur des bûches.)

	Longueur. Pieds.	Hauteur. Pieds.	Largeur. Pieds.	Largeur. Pouces.	Stères.
Corde d'ordonnance.	8	4	3	6	3,839
Id. de grand bois.	8	4	4	»	4,380

	Longueur. Pieds.	Hauteur. Pieds.	Largeur. Pieds.	Pouces.	Stères.
Corde des ports.	8	5	3	6	4,790
Id. de Bordeaux.	4	5	4	»	2,960

La corde des ports variait un peu suivant les provenances. Elle était, sur les ports de Clamecy, Briançon, Lery, Sens, Villeneuve-sur-Yonne, de $4^{st},7$; sur les autres ports, de $4^{st},6$; sur la Cure, de $4^{st},9$; sur la Marne, l'Ourcq et le Morin, de $4^{st},8$: sur l'Oise, l'Aisne, la Seine, les canaux (Montargis excepté), 5 stères; sur le port de Montargis, $5^{st},3$.

Le stère de bois en pile ne donne pas le volume réel ou *solide* du bois; le *vide* est au *plein* dans un rapport qui, suivant la grosseur des bûches, leur forme, leur longueur, le mode d'empilage, etc., peut varier de 0, 350 à 0,550.

Un arbre qui, mesuré sans réduction, cuberait 1 mètre, pourrait fournir $1^{st},54$ à $2^{st},22$. Le cubage du volume réel se fait comme celui d'un tronc de cône. On prend la circonférence de l'arbre à égale distance des extrémités, on multiplie ce nombre par lui-même et on divise le produit par $\frac{1}{4}\pi$ pour avoir la surface qui, multipliée elle-même par la longueur de l'arbre, fournit le volume. Si l'arbre est debout on détermine la hauteur à l'aide d'une perche graduée ou par le procédé indiqué page 138 et on prend la circonférence à 1 mètre du sol. Soit la hauteur 10 mètres, la circonférence $2^{m},20$; pour avoir la surface de section moyenne qui est à 5 mètres du sol, on déduit de la circonférence trouvée à 1 mètre, 10, 15 ou 20 centimètres par mètre en montant suivant la forme de l'arbre, ce qui donne à 5 mètres une circonférence moyenne de $1^{m},80$, $1^{m},60$ ou $1^{m},40$.

Bois d'œuvre.

On distingne le *métrage marchand* et le *métrage du bâtiment*, c'est-à-dire du bois employé pour charpente, menuiserie, etc. Le cube déterminé par le métrage ne doit comprendre que la partie de l'arbre utilisable par le travail, c'est-à-dire le prisme fourni par l'*équarrissage*, déduction faite de l'écorce et des *flaches* enlevées pour mettre l'arbre au carré. On estime que l'écorce forme 6 p. 100 et les flaches 10 p. 100 de la surface de section non écorcée; on sait d'un autre côté que le carré inscrit dans un cercle a pour surface le diamètre multiplié par le rayon. En conséquence, si on prend le diamètre au milieu d'une pièce de bois en grume non écorcée, qu'on déduise 6 p. 100 de ce diamètre, et qu'on multiplie le reste par la moitié de ce nombre même, on a la surface de l'équarrissage moyen qu'il suffit de multiplier par la longueur pour obtenir le cube. Lorsqu'on ne peut prendre facilement le diamètre, comme le côté du carré inscrit dans un cercle égale le quart de la circonférence prise au milieu de la pièce de bois, on déduit 6 p. 100 pour l'écorce, puis le quart du reste est l'équarrissage, qu'on multiplie par lui-même et par la longueur. Tel est le système de métrage de l'octroi de Paris.

Les métrés les plus généralement adoptés sont les suivants : 1° au *quart*, avec déduction préalable de 30 millim. pour les diamètres au-dessus de 37 centim., et de 50 millim. pour les diamètres au-dessous; 2° au *quart*, sans déduction, même pour l'écorce; le charronnage se vend à cette mesure; 3° au quart, 10e déduit : ce métrage est employé quelquefois pour le bois dépouillé de son écorce; 4° au quart, 6e déduit avec ou sans déduction de l'écorce, c'est le métré le plus généralement adopté; 5e au quart, 5e déduit : c'est le métré de la marine et de l'artillerie, qui exige des bois de choix et équarris en plein bois.

Les rapports en volume et en valeur d'argent de ces divers modes de cubage se résument ainsi [1] : Une pièce de bois de 3m,54 de circonférence et de 1 mètre de longueur, qui, mesurée comme un solide ordinaire, donne un mètre cube, produira par mètre :

		Produit.	Valeur.
Au quart, sans déduction. .		0st,779	1fr »
Id.	10e déduit . . .	0 635	1 266
Id.	6e déduit . . .	0 544	1 440
Id.	5e déduit . . .	0 504	1 562

Le cubage du bois en grume, réduit à ces formules, est donc très-simple. Soit à cuber, au sixième réduit, un arbre qui a produit :

2m,22 de circonférence et 8m de long, on aura.	2m,22
Dont le sixième est.	0m,37
Reste.	1m,85
Dont le quart est	0m,46

L'équarrissage de l'arbre serait donc de 0m,46. En multipliant ce chiffre par lui-même, plus par 8, longueur de l'arbre, on trouve 1 stère 692 millistères.

1 La troisième colonne indique la proportion dans laquelle il faudrait vendre le stère pour que la pièce de bois ressortît au même prix.

Le bois équarri doit être à vive arête; quand il a conservé une partie de son rond, on dit qu'il est *flacheux*. On déduit, s'il a un côté flacheux, $\frac{1}{4}$ de la largeur de la flache sur l'équarrissage; s'il a deux flaches, la moitié; s'il en a trois, les $\frac{3}{4}$; s'il en a quatre, la moitié de la flache sur chaque face. L'équarrissage se compte par centimètres, en négligeant 0m,004 et en comptant 0m,005 pour 0m,01. On mesure alors la pièce de bois comme un parallélipipède rectangle. Mais comme souvent la pièce est plus grosse d'un côté que de l'autre, *on multiplie la longueur par la largeur, et ce produit par l'épaisseur, la largeur et l'épaisseur étant prises au milieu de la pièce.* Soit une pièce de 5 mètres de longueur sur 0m,32 de hauteur et 0m,2 de largeur, on aura : $0^m,32 \times 0^m,2 \times 5 = 3^m,520$ ou 520 décimètres cubes ou 5 décistères 2 centistères. Autrefois on mesurait la charpente à la *pièce*; on appelait ainsi une unité de mesure représentée par une solive ayant 12 pieds anciens de longueur sur 6 pouces d'épaisseur et autant de largeur. Elle répondait à 0st,1028[1].

Pour trouver le plus grand équarrissage d'un arbre abattu, *on mesure le diamètre du milieu de l'arbre et on élève cette longueur au carré, puis on prend la moitié. La racine de cette moitié du diamètre élevé au carré donne le côté du plus grand carré que puisse fournir l'arbre équarri à vive arête.*

Un procédé beaucoup plus simple dans la pratique consiste à tracer aux deux bouts de la pièce deux lignes qui se coupent à angles droits et qui sont les diagonales d'un carré inscrit dans le cercle formé par la section de l'arbre écorcé et débarrassé d'aubier. On unit les quatreextrémités des diagonales par quatre lignes qui indiquent l'équarrissage qu'on fait à la scie ou à la doloire. On calcule facilement combien, les dosses étant levées, on obtiendra de chevrons, membrures ou planches d'une épaisseur et d'une hauteur données.

La pièce ainsi obtenue n'est pas toujours la plus forte, car l'arbre peut offrir une section un peu elliptique, et d'ailleurs une poutre de section rectangulaire peut être plus forte qu'une

1 La *pièce* se divisait en pieds et en pouces cubes ; elle comprenait 3 pieds cubes. Le pied cube contenait 1,728 pouces et représentait 114 chevilles ou petits prismes quadrangulaires de 1 pied de long avec une section de 1 pouce carré. — Dans la Normandie, la mesure en usage était la *grande marque*, de 3,600 pouces ou 300 chevilles, égale à 0st,071 ; la *petite marque*, de 96 chevilles ou 1,152 pouces, égale à 0st,0023 ; enfin, dans la Picardie, on employait la *somme*, égale à 0st,8227.

poutre de section carrée. Pour obtenir une poutre de cette forme avec le plus grand équarrissage, on procède ainsi : on trace aux deux extrémités de la pièce de bois un cercle (fig. 102) au milieu duquel on mène horizontalement un diamètre EF au moyen du niveau, puis on divise ce diamètre en trois parties égales, d'où résultent deux points de division A et B, desquels on mène deux perpendiculaires AC, BO, qui rencontrent la circonférence tracée en un point. On joint ensemble les quatre points COEF par quatre lignes qui déterminent l'équarrissage.

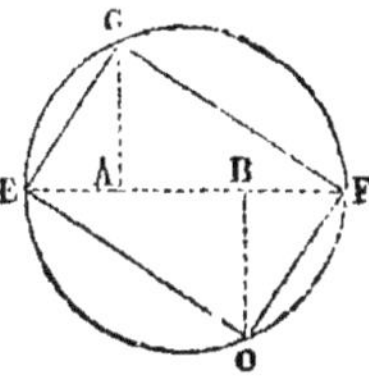

Fig. 102.

Le *sciage* des bois peut également donner lieu à quelques calculs géométriques ; mais on les effectue aisément à l'aide des principes généraux. Connaissant l'épaisseur et la largeur qu'on veut donner aux planches et l'épaisseur qu'emporte le trait de scie, épaisseur qui varie de 5 à 8 millimètres, si on a déterminé l'équarrissage d'une pièce de bois, on trouve facilement, en nombre ou en surface, les planches que fournira cette pièce. Soit une pièce de chêne de 2 mètre de longueur, ayant $0^m,424$ de hauteur sur $0^m,30$ de largeur à scier dans sa largeur en planches de $0^m,04$ d'épaisseur, le trait de scie emportant 6 millimètres, le nombre de traits de scie est de 8 pour 9 planches, dont la dernière aura $0^m,056$; en effet $(0^m,424 - 0^m,006 \times 8) : 0^m,04 = 9$. La surface du sciage $= 0^m,424 \times 2^m \times 8^m = 6^{mq},784$.

Tarif des bois en grume.

La première colonne de ce tarif indique la circonférence en centimètres de l'arbre à cuber, circonférence prise au milieu de la pièce.

Les colonnes du produit donnent, pour chaque espèce de cubage (au quart ou au sixième), la hauteur et la largeur que présenterait la pièce équarrie. Ordinairement ces deux dimensions s'expriment par deux chiffres ; ainsi 50 centimètres de circonférence donnent une pièce équarrie de 12 centimètres sur 12, ce qui s'exprime dans les tarifs ordinaires par les chiffres 12 à 12; 52 centimètres de circonférence donnent 12 de largeur à 14 de hauteur, ou 12 à 14. Pour abréger, nous exprimons le produit par un seul nombre, qui indique à la fois la hauteur et la largeur de l'équarrissage. Cependant, comme il est des cas où la dimension donnée par le produit varie de 2 centimètres en plus, nous indiquons ces cas par un point (.)

placé devant le nombre. Ainsi, 12 signifiera 12 à 12, mais 12. se lira 12 à 14. On obtient le cube total de la pièce en multipliant par la longueur le produit donné par la table.

Circonférence	PRODUIT		Circonférence	PRODUIT		Circonférence	PRODUIT	
	au 1/4	au 1/6		au 1/4	au 1/6		au 1/4	au 1/6
cent.	cent.	cent.	cent.	cent.	cent.	cent.	cent.	cent.
44	10.	8.	116	28.	24	188	46.	38.
46	10.	8.	118	28.	24	190	46.	38.
48	12	10	120	30	24.	192	48	40
50	12	10	122	30	24.	194	48	40
52	12.	10.	124	30.	26	196	48.	40.
54	12.	10.	126	30.	26	198	48.	40.
56	14	10.	128	32	26	200	50	40.
58	14	12	130	32	26.	202	50	42
60	14.	12	132	32.	26.	204	50.	42
62	14.	12.	134	32.	28	206	50.	42.
64	16	12.	136	34	28	208	52	42.
66	16	12.	138	34	28	210	52	42.
68	16.	14	140	34.	28.	212	52.	44
70	16.	14	142	34.	28.	214	52.	44
72	18	14.	144	36	30	216	54	44.
74	18	14.	146	36	30	218	54	44.
76	18.	16	148	36.	30.	220	54.	46
78	18.	16	150	36.	30.	222	54.	46
80	20	16	152	38	30.	224	56	46
82	20	16.	154	38	32	226	56	46.
84	20.	16.	156	38.	32	228	56.	46.
86	20.	18	158	38.	32.	230	56.	48
88	22	18	160	40	32.	232	58	48
90	22	18	162	40	32.	234	58	48
92	22.	18.	164	40.	34	236	58.	48.
94	22	18.	166	40.	34	238	58.	48.
96	24	20	168	42	34.	240	60	50
98	24	20	170	42	34.	242	60	50
100	24.	20.	172	42.	36	244	60.	50.
102	24.	20.	174	42.	36	246	60.	50.
104	26	20.	176	44	36	248	62	50.
106	26	22	178	44	36.	250	62	52
108	26.	22	180	44.	36.	252	62.	52
110	26.	22.	182	44.	38	254	62.	52.
112	28	22.	184	46	38	256	64	52.
114	28	22.	186	46	38	258	64	52.

Circonférence	PRODUIT		Circonférence	PRODUIT		Circonférence	PRODUIT	
	au 1/4	au 1/6		au 1/4	au 1/6		au 1/4	au 1/6
cent.	cent.	cent.	cent.	cent.	cent.	cent.	cent.	cent.
260	64.	54	310	76.	64.	360	90	74.
262	64.	54	312	78	64.	362	90	74.
264	66	54.	314	78	64.	364	90.	76
266	66	54.	316	78.	66	366	90.	76
268	66.	56	318	78.	66	368	92	76
270	66.	56	320	80	66	370	92	76.
272	68	56	322	80	66.	372	92.	76.
274	68	56.	324	80.	66.	374	92.	78
276	68.	56.	326	80.	68	376	94	78
278	68.	58	328	82	68	378	94	78
280	70	58	330	82	68	380	94.	78.
282	70	58	332	82.	68.	382	94.	78.
284	70.	58.	334	82.	68.	384	96	80
286	70.	58.	336	84	70	386	96	80
288	72	60	338	84	70	388	96.	80.
290	72	60	340	84.	70.	390	96.	80.
292	72.	60.	342	84.	70.	392	98	80.
294	72.	60.	344	86	70.	394	98	82
296	74	60.	346	86	72	396	98.	82
298	74	62	348	86.	72	398	98.	82.
300	74.	62	350	86.	72.	400	100	82.
302	74.	62.	352	88	72.	402	100	82.
304	76	62.	354	88	72.	404	100.	84
306	76	62.	356	88.	74	406	100.	84
308	76.	64	358	88.	74	408	102	84.

§ VI. — *Jaugeage des cuves, tonneaux, bateaux, etc.*

Le jaugeage est le cubage intérieur des cuves, tonneaux et récipients destinés à recevoir des matières liquides ou très-divisées.

Les cuves *rondes* ont en général la forme d'un tronc de cône renversé et se cubent de même. Quant aux cuves à fond elliptique, plus rares, leur capacité est représentée par la moyenne des aires du fond et de l'ouverture, multipliées par la hauteur verticale.

Un tonneau peut être considéré comme formé par la réunion

de deux cônes réunis par leur base. Cependant ceci n'est pas complétement exact; la section en long d'un tonneau (fig. 103) présente en réalité une courbe allongée G D, qui se rapproche plus ou moins d'une courbe elliptique ou parabolique. D'après cette observation, on modifie la formule du tronc de cône en multipliant par une fraction trouvée à l'aide du calcul, la différence existant entre le diamètre moyen des fonds A et B, et du *bouge*. La forme des tonneaux étant différente, on ne peut arriver à un cubage rigoureusement exact. Voici le procédé qui en approche le plus. On prend le diamètre moyen des fonds A et B (fig 103), extérieurement dans l'enfoncement des *jables*, puis le diamètre du *bouge* C par la bonde avec un mètre, ou en dehors avec deux fils à plomb en déduisant l'épaisseur du bois; on fait la différence du diamètre réduit des fonds et de celui du bouge; puis on multiplie cette différence par 0m,666 si la courbure du tonneau est très-prononcée, par 0m,56, si cette courbure est moyenne, et si enfin la courbure est peu prononcée par 0m,333. On ajoute à ce produit le diamètre moyen des fonds; la somme donne le *diamètre moyen définitif* qu'on multiplie par lui-même et par $\frac{\pi}{4}$ ou 0,785 pour avoir la *surface moyenne*. Ce dernier produit multiplié par la longueur *intérieure* de la pièce, donne la contenance. On prend ensuite la longueur intérieure en mesurant extérieurement la longueur de la pièce; on déduit les *jables* et l'épaisseur des fonds.

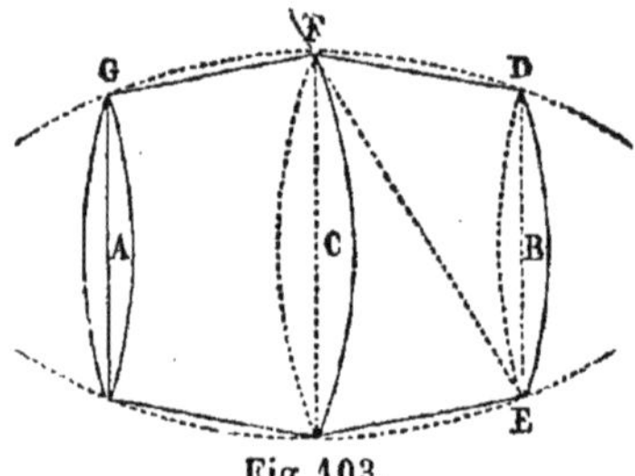

Fig 103.

Soit à jauger une pièce ayant les dimensions suivantes, qui sont celles de la barrique de Bordeaux, établies par la chambre du commerce de cette ville. Diamètre moyen des fonds 0m,594, iamètre moyen du *bouge* 0m,670, longueur totale externe 0m,937, profondeur du jable ou peigne 0m,007, épaisseur des fonds 0m,018.

On a :

Diamètre du bouge.	0m,670
Diamètre moyen des fonds. . .	0m,594
Différence. . . .	0m,076

Produit de la différence par 0m,056. . . . . . 0mc, 0426
Diamètre moyen définitif 0mc,0426 × 0m,594. . . 0mc, 6365
Surface moyenne 0mc,6365 × 0mc,6365 × 0m,785. . 0mc,31800

Contenance, 0mc,31800 × 0m91 — (0m,07 + 0m,018). 0mc,22260 ou 222 lit. 60. La contenance de la pièce de Bordeaux varie de 216 à 228 litres.

Afin d'abréger ces opérations, on emploie, pour mesurer l'intérieur des tonneaux, une tige de fer à quatre ou six faces, nommée *jauge*, qui sert à prendre les longueurs et les diamètres; des échelles, dont les divisions sont indiquées sur chacune de ces faces, par des clous de différentes couleurs, indiquent le rapport du nombre de litres aux longueurs ou hauteurs trouvées. La grande variété de contenance des pièces employées dans le commerce, nécessite l'usage de plusieurs jauges. Il en existe deux principales : la *petite* et la *grande* jauge. La première a quatre faces et peut servir à jauger dix espèces de pièces différentes, ou porte, en termes techniques, dix *barêmes;* la deuxième, dite *grande jauge,* a six faces, et porte six barêmes qui se rapportent aux fûts de plus grandes dimensions. On peut à l'aide de ces seize barêmes, jauger toutes les pièces du commerce des vins et des eaux-de-vie; car toutes portent exactement la contenance de l'espèce de pièce pour laquelle ce barême est fait.

Des clous d'une autres couleur, dits *croissants* ou *décroissants*, suivant que le diamètre moyen ou la longueur trouvée se trouve plus ou moins en rapport avec eux, indiquent une certaine quantité de litres en plus ou en moins.

Chaque barême représente les dimensions d'un fût, exprimées par trois séries de clous. La première s'applique au diamètre des fonds, c'est la plus rapprochée du crochet; la deuxième à la longueur de la pièce; la troisième donne le diamètre du bouge. Cette dernière est placée à part sur un bâton nommé à cause de sa spécialité, *bouge*, et qui porte autant de faces que la *jauge*. Ce bouge est destiné à plonger dans le tonneau pour prendre le diamètre du milieu. Dans la longueur sont toujours comprise la profondeur des jables et l'épaisseur des fonds, mais qui sont comptées, suivant les jauges, de 103 à 117 millim.

Pour opérer, on prend d'abord le diamètre des fonds à gauche et à droite; on cherche ensuite celui du bouge; puis, pour avoir le diamètre moyen, on opère comme il a été dit plus haut : on prend la différence des fonds réduits de celle du bouge; différence qu'on multiplie suivant la courbure de la pièce, mais ordinairement par 60 chiffres de la formule parabolique.

Il en existe encore une autre dite *diagonale* ou velte, employée surtout pour les petites pièces, et dont l'usage est beaucoup plus commode, en ce sens qu'on n'a besoin que d'enfoncer cette jauge obliquement par la bonde F (fig. 103), à droite et à gauche, de manière à ce qu'elle aille toucher l'angle E formé par les douves à l'extrémité inférieure du fond.

Les pièces employées dans chaque localité, ayant une contenance à peu près identique, on peut, pour les besoins du ménage, établir une jauge qui sert à vérifier les consommations. On dépote un tonneau, et à chaque décalitre soutiré, par exemple, on enfonce dans la pièce une tige, et on fait une marque à la limite mouillée, on a ainsi une échelle vérifiant la vidange de 10 litres en 10 litres. Dans de très-grandes pièces on peut même établir un *flotteur*, c'est une simple boule creuse en bois ou en métal, flottant à la surface du liquide, et communiquant au dehors à l'aide d'une chaine ou d'une corde avec un contre-poids qui monte ou descend le long d'une échelle marquée à l'extérieur du fond.

Un moyen très-simple de mesurer approximativement la vidange des tonneaux dont on *connaît la contenance* est indiqué dans le *Manuel du Marchand de vins,* de M. Loudier. On enfonce verticalement dans le tonneau par la bonde, une tige sur laquelle on prend le diamètre intérieur du bouge et le plein du tonneau indiqué par la partie mouillée de la tige. On divise en 10 parties la longueur indiquant le diamètre du bouge, et on vérifie combien la hauteur du liquide occupe de ces parties. Puis on prend dans la table suivante la fraction correspondant à la division; on multiplie par cette fraction, le nombre de litres de la contenance totale du tonneau, le produit indique en litres ce qui reste dans la pièce.

Exemple : La tige enfoncée dans une pièce de Bordeaux de 228 litres, accuse : diamètre du bouge $0^m,670$; hauteur du liquide $0^m,45$; or, $0^m,670$ divisé par $10 = 0^m,067$; chaque division est donc de $0^m,067$; le liquide occupe sept de ces divisions, en effet, $7 \times 0^m,67 = 0^m,45$. La septième division correspondant dans la table, à la fraction $0^m,750$, on obtient $228 \times 0^m,750 = 171$. Le plein de la pièce contient donc 171 litres, et le vide $228 - 171 = 57$ litres.

Dixièmes.	Fractions.	Dixièmes.	Fractions.
1,0	1,000	0,5	0,500
0,9	0,958	0,4	0,370
0,8	0,860	0,3	0,250
0,7	0,750	0,2	0,140
0,6	0,630	0,1	0,050

Nous empruntons au *Journal des comices*, une liste des anciennes mesures de capacité pour les liquides, la plupart en usage, de nom du moins, dans les départements, et des pièces vinaires plus répandues dans le commerce. Nous indiquons ces dernières par un astérisque.

	Litres.
Anée :	
Isère.	76
Rhône	93
Bresse	300
Mâconnais. . .	300
Baral :	
Hautes-Alpes. .	32 à 34
St-Gilles (Gard).	45,5
Côte de Tavel. .	57,5
Isère.	50
Vaucluse. . . .	49
Carpentras. . .	26,5
Bapillo :	
Corse.	150
Bareillé :	
Rhône	228
Barrique :	
Dordogne . . .	216 à 228
Gers.	216 à 228
Gir., Bordeaux. .	216 à 228
Ile-et-Vilaine. .	216 à 228
Lot	216 à 228
Lot-et-Garonne. .	216 à 228
Loire-Inférieure.	216 à 228
Morbihan . . .	216 à 228
Tarn-et-Garonne.	216 à 228
Var	216 à 228
Vendée. . . .	216 à 228
Deux-Sèvres. . .	289 à 305
Vienne	252
Charente-Infér. .	215 à 225
Charente. . . .	205
Isère.	210 à 280
Drôme	210
Landes. . . .	304
Ardèche. . . .	206 à 214
Hérault. . . .	203 à 215
Bouch.-du-Rhône.	214 à 220
Basses-Pyrénées .	270 à 315
Hautes-Pyrén. .	80
Botte :	
Mâconnais. . .	424
Beaujol. envir. .	424
Busse :	
Cognac. . . .	233
Mai.-et-L. (Anjou).	230
Sarthe	240 à 250
Charge :	
Meuse.	40
Meurthe. . . .	39 à 40
Hautes-Alpes . .	88 à 120
Ardèche. . . .	150 à 167
Isère.	100
Narbonne . . .	94
Limoux. . . .	100
Grasse	134
Castelnaudary. .	438
Carcassonne. . .	153

	Litres.
Pyrénées-Or. . .	118
Comporte :	
Hautes-Pyrén . .	43 à 60
Tarbes	52,8
Coupe :	
Digne.	17
Sisteron. . . .	23
Barcelonnette . .	30
Demi-busse :	
Cognac	150 à 180
Demi-char :	
Haute-Garonne. .	325
Demi-muid :	
Yonne (Bourg.). .	136
Languedoc. . . } Roussillon . . . }	340 à 360
Demi-pièce :	
Vaucluse. . . .	275
Châlon-sur-Saône.	112 à 114
Demi-queue :	
Côte-d'Or.. . .	128
Châlons-s-Saône. .	228
Reims.	198 à 200
Château-Thierry .	180 à 190
Les Riceys (Aube)	228
Bar (Meuse). . .	180
Émine :	
Hautes-Alpes . .	22 à 30
Feuillette :	
Yonne (Bourgogne)	128 à 140
Côte-d'Or. . . . } Châlons (S.-et-L.). }	112 à 114
Juste :	
Ariége.. . . .	2 à 4
Longuette :	
Jarnac.. . . .	210
Mesure :	
Moselle. . . . } Meurhe. . . . }	44
Vosges	42 à 45

	Litres.
Millerol : mesure de	$7\,^{1}/_{2}$ à $8/_{34}$
Muid :	
Yonne.	272
Seine-et-Oise . .	266
Aisne.	250 à 266
Haute-Marne . .	230 à 241
Doubs. . . . . } Jura. . . . . }	300 à 318
Aude. . . .	365
Hérault. . . .	685 1/2
Ohm :	
Haut-Rhin . . .	50
Pièce :	
Loiret.	228 à 234
Seine-et-Oise . .	228
Aisne.	182 à 205
Haute-Marne . .	182 à 228
Aube.	172 à 182
Indre-et-Loire. .	240 à 250
Saône-et-Loire. .	212 à 213
Haute-Saône . .	180 à 200
Ain	185 à 248
Épernay. . . .	200
Renaison . . .	180 à 208
Mâcon	210 à 220
Beaune, Nuits. .	228
Languedoc. . .	260 à 290
Auvergne, grande	310 à 340
Idem, petite. . .	260 à 290
Rhum.	310 à 440
Nièvre.. . . .	180 à 230
Pyrénées-Orient. .	228
Pipe :	
Armagnac . . .	380 à [illegible]
Eau-de-vie. . .	[illegible]
Poinçon ou pièce :	
Indre.	218
Chinon	240 à 250
Eure-et-Loir . .	210 à 230
Blois.	224 à 236

	Litres.
Côtes du Cher. .	240 à 250
Pot :	
Auvergne . . .	14,75
Quart :	
Doubs	79
Bordeaux. . . .	110
Mâcon.	106
Quart de bière :	
Paris.	75
Quart de muid :	
Yonne.	68
Quart de botte :	
Mâconnais . . . } Beaujolais . . . }	106
Quart de queue :	
Haute-Bourgogne.	114
Quartaut :	
Reims.	90 à 100
Madère	110 à 125

	Litres.
Queue :	
Côte-d'Or. . . .	456
Setier :	
Doubs.	50
Sixain :	
Languedoc. . .	114
Malaga	115
Tierçon :	
Languedoc. . .	228
Tiercerolle :	
Roussillon . . .	236
Tinne :	
Doubs.	53
Tonneau :	
Bordelais(4 barr.)	912
Vase :	
Condrieux(Rhône)	76
Velte :	
Paris.	13,25
Dans la Vienne. .	2

On emploie encore des jauges pour vérifier le contenu de certains vases; pour vérifier la quantité de lait on enfonce dans le vase qui contient la traite un bâton qu'on a gradué par décilitres, par le procédé indiqué plus haut pour les tonneaux, souvent le vase lui-même porte sa graduation. On peut encore, pour vérifier le contenu des vases, substituer le pesage au jaugeage. Un litre de lait pèse immédiatement après la traite environ 1 kilogr.; supposons qu'un seau contenant le produit de la traite d'une vache pèse 10 kilogr., si le poids de ce vase vide est de $1^k,5$, la traite $= 10$ kilogr. $- 1^k,5 = 8^k,5$ ou 8 lit. 5, avec un peson très-exact on se rendra donc ainsi rapidement compte du volume du lait obtenu. Une feuillette vide pèse 16 kilogr., et pleine de vin $150^k,46 - 16$ kilogr. $\times 0,99 = 136$.

Lorsque les objets à mesurer sont contenus dans des voitures, des bateaux surtout, on est obligé de décomposer le polyèdre total en plusieurs autres. La fig. 104 donne la coupe d'un bateau marnois chargé de charbon de bois. Le cubage, tel qu'il se pratique à l'octroi de Paris, se fait en 3 parties : cubage du fond B, reposant sur le soustrait A; cubage du centre C et du comble D. On mesure plusieurs fois les diverses dimensions en hauteur, largeur, longueur, et on prend la moyenne. On déduit ensuite les cavités nommées *haussets* et *ruelles*, espèces de vides laissés soit en travers du bateau, soit sur ses côtés, pour abriter les conducteurs, servir de passages, etc. Voici le résumé d'une opération; la 1re colonne de chiffres indique la largeur moyenne, la 2e la hauteur, la 3e la longueur.

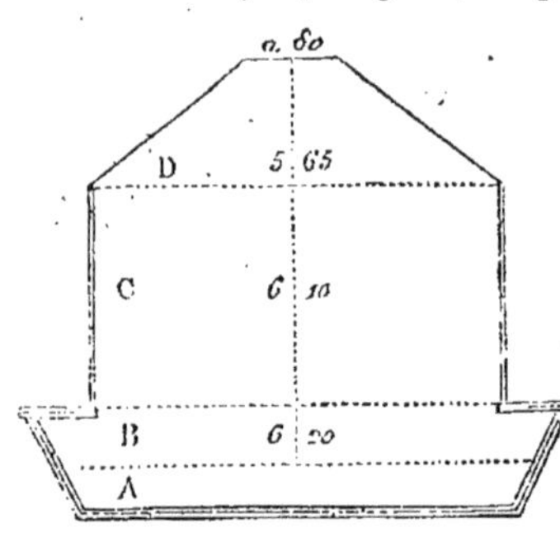

Fig. 104.

Fond.	$6^m,20 \times 1,10 \times 2,480 = 215^{mc}3$
Centre. . . .	$6^m,10 \times 2,65 \times 2,480 = 400^{mc}3$
Comble. . . .	$3^m,22 \times 1,90 \times 2,330 = 142^{mc}5$
Total. . . .	$758^{mc}7$
2 haussets $\times 5^m,20 \times 2,00 \times 6,16 =$	$29^{mc}5$ à déduire.
Reste net. .	$729^{mc}2$

On jauge les bateaux de houille par l'eau qu'ils déplacent. On procède avant le déchargement à un premier mesurage qui consiste à prendre d'abord la distance verticale de la ligne du bord à celle de la ligne de flottaison en 8 endroits différents, savoir : aux extrémités du bateau et de chaque côté du bord du milieu, puis à 2 mètres de l'extrémité; ces mesures prises, l'opération est suspendue jusque après le déchargement du charbon. On reprend alors le mesurage de la distance du bord à la nouvelle ligne de flottaison aux mêmes endroits, puis à l'intérieur on mesure d'abord la *largeur* toujours aux mêmes points, ce qui donne quatre résultats, et enfin la *longueur* à chaque bord et au milieu. A la moyenne de la largeur et de la longueur on ajoute l'épaisseur des panneaux. Si le bateau va en s'élargissant du fond au bord supérieur, présentant une coupe trapézoïdale comme dans la fig. 104, on mesure la largeur et la longueur au niveau des deux lignes de flottaison; nous supposons ici des bords droits. Les éléments de calcul ainsi obtenus, on fait la somme des 8 mesures de la première flottaison, puis celle des 8 mesures de la seconde. On soustrait la première somme de la seconde. On soustraît la première somme de la seconde, et on multiplie ce résultat par les moyennes de la longueur et de la largeur. Exemple :

1re ligne de flottaison, hauteur moyenne. 0m,80
2e id. 1m,60

Hauteur d'eau déplacée = 1m,60 — 0m.80. . . . 0m,80
Largeur moyenne 4 mètres, longueur moyenne 20 millim.
Cube 20 × 4 × 0m,80 = 64 mèt. cub. = 64,000 kilogr.
ou en hectolitres de 80 kilogr. 64,000 : 80 = 800 hectol.

On comprend que par le même moyen on peut cuber du sable, des cailloux ou toutes autres matières contenues dans un bateau.

§ VII. — *Mesurage des animaux.*

On a essayé de déterminer le poids vif et le poids brut des animaux pour la détermination de leur volume. Mais les résultats géométriques sont tellement modifiés par les conditions d'espèce, de race, d'âge, de sexe, d'embonpoint, qu'on ne doit les considérer que comme le point de départ d'une évaluation qui ne peut se faire qu'à l'aide de la connaissance pratique des animaux domestiques.

TABLE DES MATIÈRES

PREMIÈRE PARTIE

Calcul et données numériques.

DEUXIÈME PARTIE

Système des poids et mesures.

TROISIÈME PARTIE

Comptabilité agricole.

QUATRIÈME PARTIE

Applications de géométrie agricole.

FIN DE LA TABLE DES MATIÈRES.

MONTEREAU. — IMP. DE LÉON ZANOTE.

PUBLICATIONS PÉRIODIQUES

JOURNAL D'AGRICULTURE PRATIQUE

RÉDACTEUR EN CHEF, M. BARRAL

Paraissant le 5 et le 20 de chaque mois. Chaque numéro est composé de 64 pages de texte, illustré par de magnifiques gravures noires. Les 24 numéros réunis forment chaque année deux beaux volumes in-8 à 2 colonnes et contiennent en outre 24 grav. col. représentant des animaux domestiques.

Prix de l'abonnement pour l'année. . . . 19 fr.

REVUE HORTICOLE

DIRIGÉE PAR M. BARRAL

Paraissant le 1er et le 16 de chaque mois. Chaque numéro contient une gravure coloriée, de nombreuses gravures noires et 32 pages de texte grand in-8 à deux colonnes.

Prix de l'Abonnement pour l'année 1864. 18 fr.

ANIMAUX DE LA FERME

PAR M. VICTOR BORIE

L'espèce bovine en cours de publication forme vingt livraisons. Chaque livraison renferme 2 ou 3 aquarelles et 16 pages de texte grand in-4° édition de luxe.

QUATRE LIVRAISONS SONT EN VENTE : RACE FLAMANDE. RACE NORMANDE. RACE BRETONNE. RACE PARTHENAISE.

Le prix d'une livraison prise séparément est de 4 fr.
Le prix des 20 livraisons payées à l'avance, est de 60 fr.

En préparation :
Les races : **Chevaline, Ovine, Porcine** et **Galline.**

GAZETTE DU VILLAGE

Publiée sous la direction de M. VICTOR BORIE

PARAISSANT TOUS LES DIMANCHES

Prix d'abonnement, rendu *franco* à domicile : un an. . . 6 fr.
— six mois. . 3 fr. 50

10 centimes le numéro

MONTEREAU. — IMPRIMERIE DE LÉON ZANOTE

Montereau. — Imprimerie de Léon ZANOTE.

www.ingramcontent.com/pod-product-compliance
Ingram Content Group UK Ltd.
Pitfield, Milton Keynes, MK11 3LW, UK
UKHW020454200726
13857UKWH00002B/708

9 782011 930903